Der **Onlineservice InfoClick**
bietet unter www.vogel-buchverlag.de
nach Codeeingabe zusätzliche
Informationen und Aktualisierungen
zu diesem Buch.

InfoClick

In 3 Schritten zum Onlineservice

1. Einfach www.vogel-buchverlag.de aufrufen.
2. Auf das Logo **InfoClick** klicken.
3. Den unten stehenden Zugangscode und eine E-Mail-Adresse eingeben.

Ihr persönlicher Zugang zum Onlineservice ⇨ 315603680003

Kamprath-Reihe

Dipl.-Ing. Walter Wagner

Planung im Anlagenbau

3., überarbeitete und erweiterte Auflage

Vogel Buchverlag

Dipl.-Ing. Walter Wagner

Jahrgang 1941, absolvierte nach einer Lehre als Technischer Zeichner ein Maschinenbaustudium und war 1964 bis 1968 Anlagenplaner im Atomreaktorbau; nach einer Ausbildung zum Schweiß-Fachingenieur war er ab 1968 Technischer Leiter im Apparatebau, Kesselbau und in der Wärmetechnik. 1974 bis 1997 bekam Walter Wagner einen Lehrauftrag an der Fachhochschule Heilbronn, von 1982 bis 1984 zusätzlich an der Fachhochschule Mannheim und von 1987 bis 1989 an der Berufsakademie Mosbach.
Im Zeitraum 1988 bis 1995 war er Geschäftsführer der Hoch-Temperatur-Technik Vertriebsbüro Süd GmbH. Seit 1992 ist er Leiter der Beratung und Seminare für Anlagentechnik: WTS Wagner-Technik-Service. Walter Wagner ist außerdem Obmann verschiedener DIN-Normen und öffentlich bestellter und vereidigter Sachverständiger für Wärmeträgertechnik, Thermischer Apparatebau und Rohrleitungstechnik.

Dipl.-Ing. Walter Wagner ist Autor folgender Vogel Fachbücher der Kamprath-Reihe:

Festigkeitsberechnungen im Apparate- und Rohrleitungsbau
Kreiselpumpen und Kreiselpumpenanlagen
Lufttechnische Anlagen
Planung im Anlagenbau
Regel- und Sicherheitsarmaturen
Rohrleitungstechnik
Strömung und Druckverlust
Wärmeaustauscher
Wärmeträgertechnik
Wärmeübertragung
Wasser und Wasserdampf im Anlagenbau
Dietzel/Wagner: Technische Wärmelehre
Hemming/Wagner: Verfahrenstechnik

Zur Themenreihe gehören ebenfalls aus dem Vogel Buchverlag:

H. J. Bullack: (CD-Rom)
Berechnung von Druckbehälter-Bauteilen
Berechnung von Sicherheitseinrichtungen
Berechnung von Kunststoffbehältern
Flanschberechnungen nach EN 1591
Berechnung metallischer Rohrleitungsbauteile 1
Berechnung metallischer Rohrleitungsbauteile 2
Pipe Elements/Rohrleitungsbauteile

Weitere Informationen unter www.vogel-buchverlag.de

ISBN 978-3-8343-3156-4
3. Auflage. 2009

Printed in Germany

Vorwort

Bei der Planung, dem Bau und Betrieb von Anlagen müssen übergreifende Ingenieurtätigkeiten und betriebswirtschaftliche Aspekte ständig berücksichtigt und koordiniert werden. Von der Grundkonzeption an sind immer wieder Bilanzen, bau- und maschinentechnische Konstruktionen sowie laufende Kosten zu überprüfen und zu vergleichen. Dadurch kann man wesentliche Fehler und Verteuerungen bereits im Entstehungsstadium und für den zukünftigen Betrieb vermeiden. Auch sicherheits- und umwelttechnische Notwendigkeiten, die einen entscheidenden Einfluss auf die Anlagentechnik haben, sind dabei zu berücksichtigen. Deshalb wurden hier besonders Bilder, Tabellen und Diagramme in einem eigenen Kapitel zusammengefasst, die es ermöglichen, ohne großen Rechenaufwand überschlägig Prüfungen durchzuführen.

Das Buch enthält für Studenten der technischen Fachrichtungen Maschinenbau, Verfahrens-, Versorgungs-, Kraftwerks-, Umwelt- und Heizungstechnik entscheidende Informationen über den Planungsablauf. Projektierungs-, Konstruktions- und Betriebsingenieure sowie Techniker, die in ihrer Berufspraxis mit der Anlagenplanung bzw. der Konstruktion und der Betreuung von Anlagen im betrieblichen Einsatz zu tun haben, erhalten hiermit wichtiges Planungsmaterial.

Resonanz zum Buch ist stets willkommen, weil eine lebendige Wissensvermittlung Praxis und Lehrbetrieb immer wieder neu motivieren und inspirieren kann. Den schnellsten Kontakt erfüllt eine E-Mail an: wagner@wts-online.de

Dem Vogel Buchverlag danke ich für die gewohnt hervorragende Zusammenarbeit.

St. Leon-Rot

Walter Wagner

Inhaltsverzeichnis

1 Planung von Anlagen

Die Gründe zur Realisierung eines Projektes sind für diese Abhandlung unwesentlich. Ist einmal die Entscheidung zur Verwirklichung einer Anlage gefallen, muss das immer zu einem strukturellen Planungsvorgang führen, da von der Planung bis zum Bau und den Betrieb viele Einzelheiten zu berücksichtigen sind (s. Tabelle 1.1). Nur eine effiziente Planung kann erforderliche praktische und betriebswirtschaftlich kostendeckende Maßnahmen miteinander koordinieren. Der Schlüssel zum Erfolg ist hierbei, die Berührungsfelder unterschiedlichster Details zu erkennen und mit dem notwendigen technischen und betriebswirtschaftlichen Know-how zu einem funktionierenden Ganzen zusammenzufügen. Auf dem Stand der Technik müssen Gesetze, Vorschriften, Normen und Richtlinien eingehalten und umgesetzt werden. Von besonderer Bedeutung sind dabei sicherheits- und umwelttechnische Interessen.

Investitionsanregung	Aufgrund bestimmter Anstöße wird der Entscheidungsprozess ausgelöst
↓ Suchen von Lösungsmöglichkeiten	
↓ Darstellung der Alternativen	Für die sinnvoll erscheinenden Vorschläge werden Investitions- und Instandhaltungskosten sowie die möglichen Erlöse ermittelt
↓ Bewertung der Alternativen Wirtschaftlichkeitsberechnungen (I) Berücksichtigung nicht messbarer Einflussfaktoren (II) Bewertung der möglichen Veränderungen der Entscheidungsgrundlagen (III)	Auf der Grundlage der ermittelten Daten werden Alternativen nach bestimmten Kriterien untersucht, berechnet und verglichen: I) Statische oder dynamische Wirtschaftlichkeitsrechnung → geldwerte Betrachtung II) Bewertungsverfahren für Einflussfaktoren, die sich nicht in Geldeinheiten darstellen lassen → Zielerreichungsbetrachtung z. B.: Vorgriff auf mögliche rechtliche oder technische Regeländerung Berücksichtigung von ökologischen Entwicklungen III) Risikoanalyse der Investition zur Ermittlung der möglichen Auswirkungen auf die Wirtschaftlichkeit → Risikobetrachtung
↓ Investitionsentscheidung	Auswahl einer Alternative unter Berücksichtigung der vorhergehenden Ergebnisse
↓ Investitionsdurchführung	Abwicklung von Planung, Bau und Inbetriebnahme
↓ Investitionskontrolle	Die nachfolgende Kontrolle vergleicht die IST-Daten mit den Plandaten.

Tabelle 1.1 Koordination der sich überschneidenden technischen und betriebswirtschaftlichen Maßnahmen

1.1 Grundkonzeption

Vor dem Bau einer Anlage muss das Anlagenkonzept umfangreichen Analysen unterworfen werden, um alle wichtigen Informationen über Ursachen, Auswirkungen und Einflüsse, d.h. alle Interaktionen sowohl technischer als auch wirtschaftlicher Art, gewinnen und einplanen zu können (z.B. die Effizienz der Energieumwandlung oder -nutzung, Umwelteinwirkungen usw.).

Für Verfahren, bei denen prinzipiell in Bild 1.1 dargestellte Einflussgrößen eine Rolle spielen, sind eine Vielzahl übergreifender Betrachtungen maßgebend.

Es sind u.a. folgende Informationen zu analysieren:

- welche Produkte sollen erzeugt werden, und welche Nebenprodukte entstehen dabei?
- wieviel Energie, Roh- und Hilfsstoffe müssen dazu eingesetzt werden?
- welche Umstände sind bei der Rohstoffumsetzung einzuplanen?
- welche Abfallstoffe (Sorten und Mengen) sind zu erwarten?
- wieviel Abwärme entsteht, und kann sie wieder genutzt werden?
- welche Emissionen können auftreten?
- wie groß ist der Bedienungsaufwand?
- welche Genehmigungsrichtlinien sind zu berücksichtigen?
- welche Zuverlässigkeit kann die Anlage garantieren?
- wie ist die Störfallsicherheit zu bewerten?
- welche Restrisiken bleiben?
- welcher Wirkungsgrad ist real erreichbar?
- mit welcher Lebensdauer ist zu rechnen?
- wie ist der Stand der Technik?
- welche Akzeptanz hat die Anlage bei Behörden und in der Bevölkerung?
- ist der Standort richtig gewählt?
- welche Anlagenverfügbarkeit eröffnet der Markt?
- welche Anlagengrößen sind sinnvoll?
- wie hoch sind die Investitionskosten?
- wie hoch sind die Betriebskosten und wie ist die Kostenentwicklung für Personal und allen Roh- sowie Hilfsstoffen zu beurteilen?
- welche Produktmärkte sind vorhanden und mit welcher Marktentwicklung ist zu rechnen?
- gibt es konkurrierende Produkte?
- wie ist die Entwicklung der Märkte für diese Produkte zu beurteilen?
- gibt es konkurrierende Herstellungsverfahren?
- welche Finanzierungsmöglichkeiten sind zu vergleichen?

Aus dieser Liste erkennt man, dass für eine umfassende Anlagenplanung weit mehr Analysen durchzuführen sind als über die Produktherstellung.

Entsprechend den aufgelisteten Informationen ist es z.B. notwendig, folgende Arbeiten auszuführen:

- Aufstellen von Fließschemata,
- Erstellen von Maschinen- und Apparatelisten,
- Funktionsbeschreibungen,
- Erstellen von Mengen- und Energiebilanzen für das Gesamtverfahren, für Bereiche sowie für Komponenten,
- Ermittlung von Wirkungsgraden, Umwandlungsgraden und Ausbeuten,
- Zusammenstellung der Anforderungen an Maschinen und Apparate,

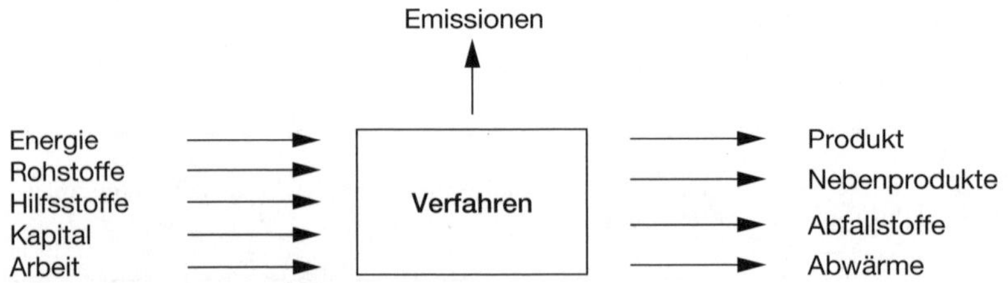

Bild 1.1 Einflussgrößen eines Verfahrens

Tabelle 1.2 Notwendige Informationen im Rahmen von Verfahrensanalysen

1. Stoffe	physikalische Eigenschaften chemische Eigenschaften Qualitätsmerkmale Gefährlichkeit (Sicherheitsdatenblatt)
2. Verfahren	physikalische Verfahren chemische Verfahren Voraussetzungen, Zeiträume, Verweilzeiten Abhängigkeiten von Geschwindigkeit, Druck, Temperatur und Konzentration Hilfsstoffe, Katalysatoren, sonstige Hilfsmittel
3. Stoff- und Energietransport	mechanische Antriebe Austauschvorgänge (Gefälle von Druck, Temperatur und Konzentration) Bilanzen (stationär, instationär) Ausbeuten (Gesamtausbeute, einzelne Komponenten, Energie, Umsetzung, Ursachen von Verlusten)
4. Maschinen und Apparate	Prinzipien Schaltungen (innere und innerhalb der Anlage) Konstruktion spezifische Leistungen Durchsatzmengen, Bedarfswerte Temperaturen, Drücke, Stoffe Baustoffe, Resistenzen, Herstellungsverfahren Dimensionierungen, Statik, Festigkeit, Lebensdauer gegenseitige Abhängigkeiten und Wirkungen Sicherheits- und Umwelttechnik
5. Betrieb	Einstellung, Variation Regelung und Steuerung, Messtechnik Bedienung, Personal, Organisation Wartung, Prüfung, Instandhaltung Reparatur Sicherheit erforderliche Genehmigungen
6. Kosten	Investitionskosten Betriebskosten Entwicklungskosten Lebensdauer, Abschreibungsmodalitäten Verfügbarkeit Erlöse, Gewinne, Renditen Kostenentwicklung Risiken

- Dimensionierung von Maschinen und Apparaten,
- Ermittlung von Bauteilbelastungen,
- Ermittlung besonderer Betriebsbedingungen,
- Beurteilung des Standes der Technik bei Verfahren und Komponenten,
- Analyse von Verfahrensvarianten und Verfahrensalternativen,
- Optimierung von Verfahren und Komponenten,
- Lebensdauerbeurteilungen,
- Behandlung von Genehmigungsfragen,
- Untersuchung von Standortbedingungen,
- Beurteilung von Auswirkungen auf die Umwelt,
- Behandlung von Entsorgungsmöglichkeiten,
- Sicherheits- und Störfallanalysen,
- Kostenermittlungen, Marktanalysen, Prognosen,
- Termingrobplanung (s. Abschnitt 5.1).

Damit diese und andere umfangreiche Arbeiten durchgeführt werden können, müssen für die im

Verfahren eingesetzten Stoffe, Prozesse, Maschinen und Apparate genaue und vollständige Informationen zusammengestellt werden. Gleiches gilt für die Fragen des Stoff- und Energietransportes, für Betriebsfragen sowie für Kosten. Tabelle 1.2 zeigt dazu eine Auflistung wesentlicher Fakten.

Ein Beispiel dafür, welche Vielfalt von Gesichtspunkten schon bei der Planung oder Beurteilung einer einzelnen Komponente berücksichtigt werden müssen, sind Wärmeaustauscher, die in allen Bereichen des Anlagenbaues in großen Stückzahlen zum Einsatz kommen.

- Thermodynamische Auslegung, Dimensionierung:
- α-Koeffizient, k-Koeffizient, logarithmische Temperaturdifferenzen, Strömungsführung, Heizflächenbelastung, volumetrische Leistung, Druckverlust, Rohrwandtemperatur, Apparateabmessung, Fouling.
- Mechanische Auslegung und Werkstoffauswahl: Wandstärken, mechanische Spannungen im Normalbetrieb und in Störfällen, stationäre und instationäre thermische Spannungen, Beulen, Kriechen, Bersten, Ermüdung, Korrosion, Versprödung.
- Auslegung gegen Schäden durch Schwingungen, Erosion usw.,
- Verschmutzungseffekte, primär- und sekundärseitig,
- Zugänglichkeit, Prüfbarkeit, Überwachung, Reparatur, Austauschbarkeit,
- Betriebskonzepte,
- Fertigungsverfahren,
- Baugrößen, Extrapolierbarkeit von Erfahrungen,
- Erprobungsmöglichkeit,
- Stand der Technik,
- Schadensfälle und
- Herstellungskosten.

In Bild 1.2 sind die möglichen Entwicklungsphasen einer Anlage dargestellt.

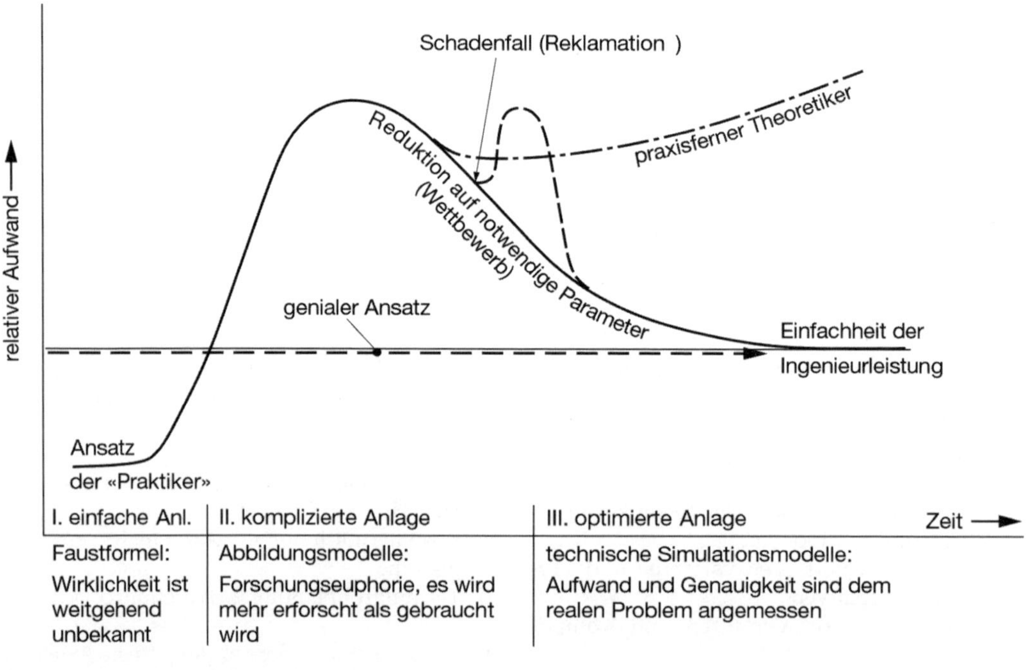

Bild 1.2 Entwicklungsphasen für Anlagen

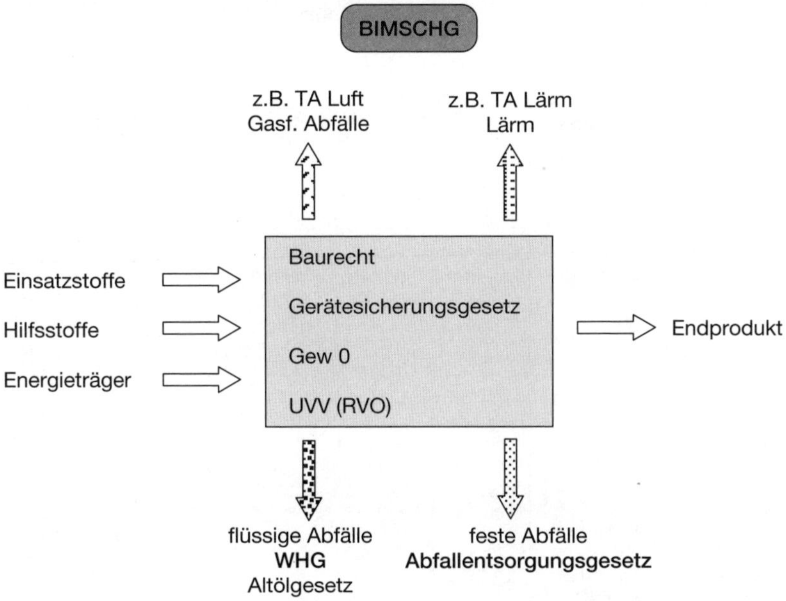

Bild 1.3 Grundkonzeption von sicherheits- und umwelttechnischen Anforderungen

Rechtsgebiet	Schutzziel
Gerätesicherungsgesetz	Schutz der Beschäftigten und Dritter vor Brand, Explosion, Vergiftung, Verätzung
Wasserrecht	Schutz vor Verunreinigungen im Sinne des Besorgnisprinzips bzw. des Prinzips der höchstmöglichen Sicherheit.
Baurecht	Standsicherheit, Festigkeit der Konstruktion, Bemessung, Ausbildung der Konstruktionsteile im Hinblick auf die physikalischen und chemischen Betriebsbedingungen, Brandsicherheit.
Umweltschutzrecht	Schutz vor Verunreinigungen von Wasser und Luft, vor unsachgemäßer Nutzung und Vernichtung: Natur- und Landschaftsschutz; Schutz vor Lärm und Erschütterungen.

1.2 Sicherheits- und umwelttechnische Anforderungen

Die Grundkonzeption von sicherheits- und umwelttechnischen Anforderungen zeigt Bild 1.3.

1.2.1 Gesetze, Verordnungen, Normen, Vorschriften

Gesetze, Verordnungen, Normen, Vorschriften usw. sind Ordnungsmittel einer Gemeinschaft (Bild 1.4). Das Gesetzeswerk ist in jedem geordneten Gemeinwesen der Maßstab, mit dem die einzelnen, sich widerstrebenden Interessen objektiv gemessen und in eine Rangfolge gebracht werden können.

1.2.2 Sicherheitstechnik

Sicherheitsrelevante Überlegungen müssen während der Entwicklung bzw. Optimierung eines Verfahrens in allen Phasen mit einbezogen werden. Der Umfang einer sicherheitstech-

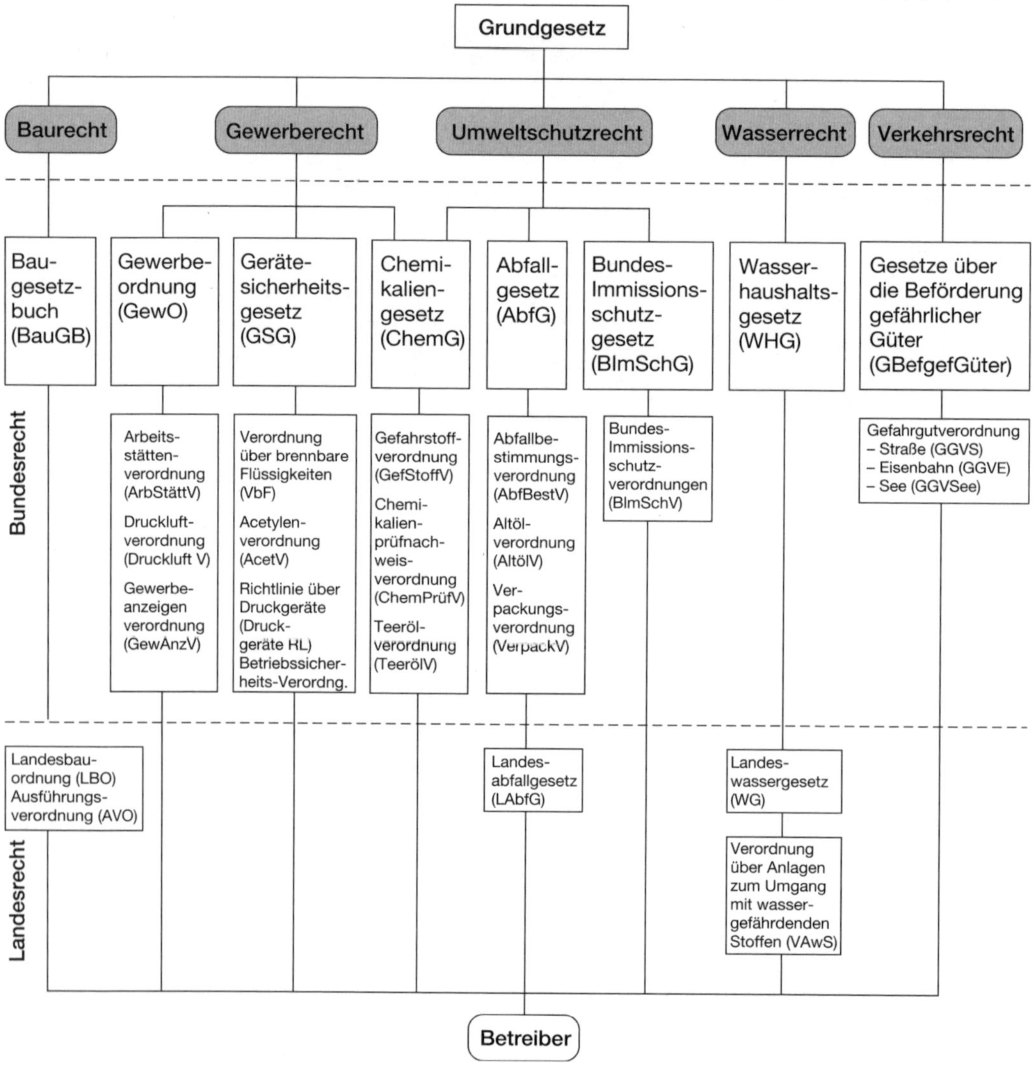

Bild 1.4 Übersicht von Gesetzen und Verordnungen (Beispiele)

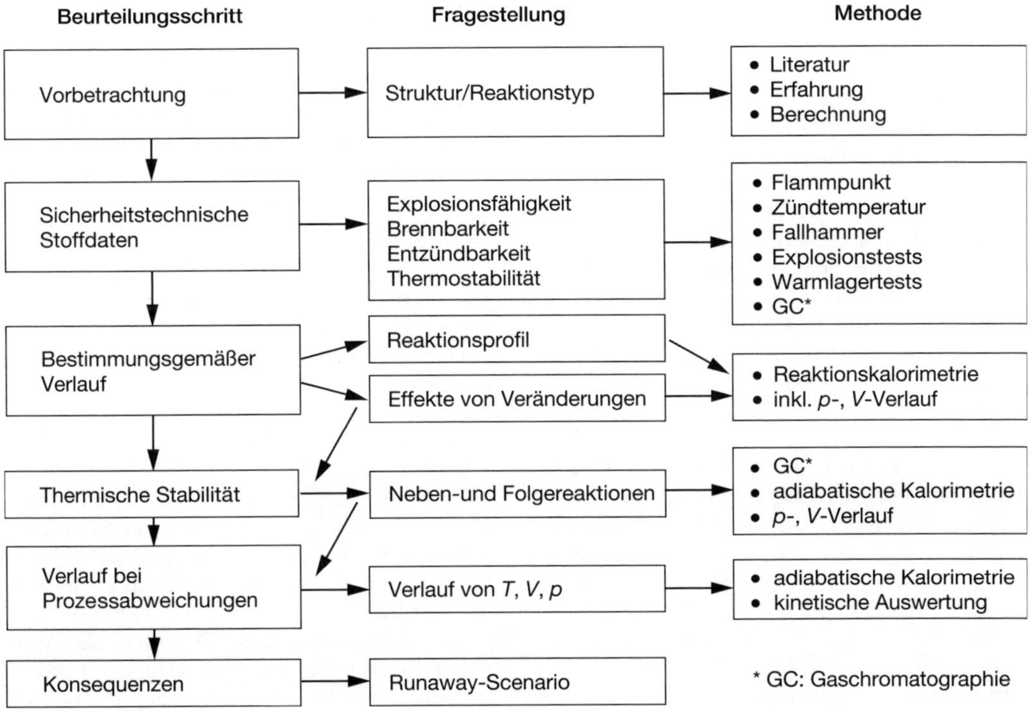

Bild 1.5 Ablauf sicherheitstechnischer Beurteilungen – Fragestellungen und Methoden

nischen Untersuchung hängt von der Stufe der Prozessentwicklung und -durchführung ab. In Bild 1.5 ist der Ablauf sicherheitstechnischer Beurteilungen dargestellt.

1.2.3 Sicherheitseinrichtungen

Bild 1.6 zeigt schematisch am Beispiel eines Rührkessels die verschiedenen Behälterabsicherungen. Sie können folgenden Typen zugeordnet werden:

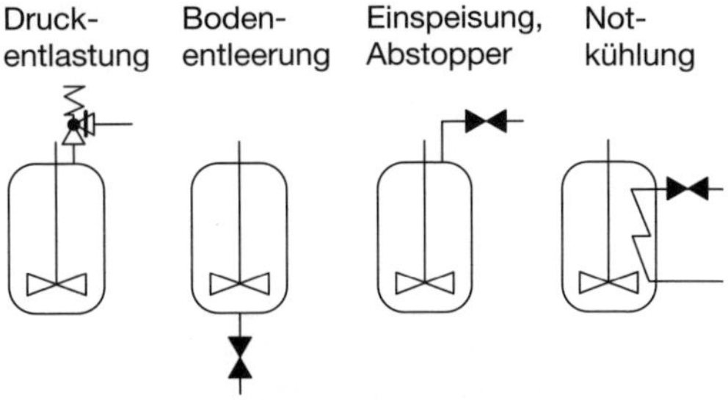

Bild 1.6 Absicherungsformen für Reaktionsbehälter

- Druckentlastung, auch Notentspannung genannt. Berstscheiben und gewichts- oder federbelastete Sicherheitsventile öffnen bei einem voreingestellten Druck. Wenn die im Behälter verbleibenden Stoffmengen so groß sind, dass die Reaktion weiter durchgeht, muss eine zusätzliche Absicherung gemäß einem der nachstehenden Typen vorgesehen werden.
- Bodenentleerung ist als alleinige Absicherung in der Regel ungenügend.
- Ein Abstopper ist für Mehrzweckanlagen ungeeignet, wegen der Vielzahl von Reaktionen.
- Notkühlung durch Kühlflächen im oder am Reaktor.
  Wenn mit Verkrustung der Kühlflächen zu rechnen ist, bietet die Notkühlung als alleinige Absicherung zu wenig Sicherheit.

Eine Variante der Notkühlung ist das Fluten mit einer geeigneten Flüssigkeit. Dadurch entstehen in großen Mengen verunreinigte Flüssigkeiten, die entsorgt werden müssen.

- Mit Hilfe der Mess- und Regelungstechnik kann man ebenfalls Absicherungen konzipieren. Dabei werden Prozessgrößen (z.B. die Temperatur im Behälter) gemessen und bei Überschreitung von Grenzwerten entsprechende Aktionen (z.B. Öffnen eines gesteuerten Sicherheitsventils oder Abpumpen des Behälterinhalts) ausgelöst.
  Die Zuverlässigkeit derartiger Absicherungen mit Hilfe der Mess- und Regelungstechnik ist begrenzt (s. AD – A6).

Nur in einfachen Fällen genügt eine Absicherung nach einem einzigen der oben genannten Typen. Im Normalfall ist eine Kombination erforderlich. Die Druckentlastung wirkt grundsätzlich als Kombination von Druckentlastung und Entleerung, weil dabei auch eine Reduktion der Stoffmengen im Reaktor erfolgt.

Druckentlastungsvorgang

Zu Beginn einer Druckentlastung öffnet sich die Druckentlastungsarmatur. Das sog. kritische Druckverhältnis für ideale Gase ist 0,5, d.h., bei einem Innendruck von 2 bar und einem Umgebungsdruck von 1 bar wird die Schallgeschwindigkeit im Ausströmquerschnitt erreicht.

Der Reaktordruck zu Beginn der Druckentlastung ist in den meisten Fällen höher als 2 bar, so dass auch für ein nichtideales Gas mit Schallgeschwindigkeit in der Druckentlastungsarmatur zu rechnen ist. Nach dem Öffnen der Druckentlastungsarmatur sinkt der Druck im Reaktor ab. Bei hoher Reaktortemperatur verdampft ein Teil der Flüssigkeit, was jedoch durch den Siedeverzug behindert wird. Nach Beendigung des Siedeverzugs desorbiert der Dampf aus der Flüssigkeit, wobei Tropfen mitgerissen werden. Durch den Flüssigkeitsanteil erhöht sich der Strömungswiderstand in der Druckentlastungsarmatur.

Dies hat zur Folge, dass der Reaktordruck in dieser Phase der Druckentlastung ansteigt. Danach sinkt er langsam und stetig. Bei einer Druckentlastung laufen somit verschiedene thermohydraulische und chemische Vorgänge ab. Im einzelnen sind dies:

- Strömung mit Schallgeschwindigkeit in der Druckentlastungseinrichtung,
- Desorbtion von Gasen und Dämpfen aus Flüssigkeiten,
- 2-Phasen-Strömung in der Druckentlastungseinrichtung,
- chemische Reaktionen mit ihrer Reaktionskinetik.

Diese Vorgänge können berechnet oder mindestens qualitativ beurteilt werden.

Für die Strömung von einem Dampf-Flüssigkeits-Gemisch mit Schallgeschwindigkeit und die Desorbtion von Gasen und Dämpfen aus Flüssigkeiten finden sich Angaben in der Literatur.

Um eine Aussage über den Charakter der 2-Phasen-Strömung machen zu können, müssen experimentelle Ergebnisse oder betriebliche Erfahrungen über den Flüssigkeitsanteil verwendet werden.

Bei Mehrzweckanlagen legt man die maximalen Temperaturen und Drücke fest und dimensioniert die Druckentlastungseinrichtung unter Annahme der Schallgeschwindigkeit.

1.2.4 Prozessleittechnik (PLT) sichert Anlagen

In der Richtlinie VDI/VDE 2180 ist die Sicherung von Anlagen der Verfahrenstechnik durch die Prozessleittechnik (PLT) beschrieben, und es werden allgemeine Grundsätze vorgestellt, die für die Planung, Errichtung und den Betrieb derartiger Einrichtungen hilfreich sind. Vorzugsweise werden verfahrenstechnische Einrichtungen mit Nicht-PLT-Einrichtungen abgesichert. PLT-Einrichtungen zur Anlagensicherung kommen dann zum Einsatz, wenn andere Maßnahmen nicht anwendbar, nicht ausreichend oder bei vergleichbarer Risikoreduzierung nicht wirtschaftlich sind. Die Anwendung möglichst einfacher, überschaubarer und unmittelbar wirkender Maßnahmen führt in der Regel zu sicheren und gleichzeitig wirtschaftlichen Lösungen. Komponenten von Einrichtungen der Prozessleittechnik zur Anlagensicherung sind:

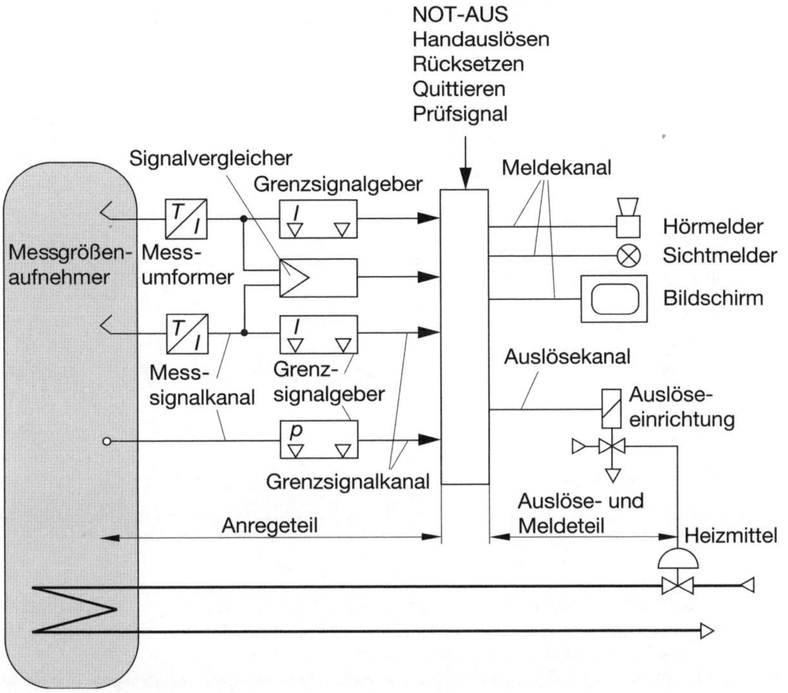

Bild 1.7 Grundsätzliche Wirkungsweise von PLT-Einrichtungen zur Anlagensicherung

- Anregeteil, z.B. bestehend aus Messgrößenaufnehmer, Messumformer, Grenzsignalgeber und ggf. Signalvergleicher für redundante analoge Signale,
- Einrichtungen zur Signalverarbeitung,
- Auslöseeinrichtungen und Melder.

Die für die Anlagensicherung bedeutende Prozessgröße, die «Prozesssicherungsgröße», wird von einem Messgrößenaufnehmer erfasst und häufig über einen Messumformer in ein analoges oder ein digitales Signal umgeformt. Ihr Wert wird in einem Grenzsignalgeber mit einem vorgegebenen Grenzwert oder in einem Signalvergleicher mit einem anderen Signal verglichen (Bild 1.7). Das Ausgangssignal des Grenzsignalgebers ist ein Grenzsignal, das vom Signalvergleicher ist ein Plausibilitätssignal. Beide Signale haben binäre Signalzustände.

Überschreitet der Wert der Prozesssicherungsgröße einen Grenzwert im zulässigen Fehlbereich, so wird aus dem Gutsignal des Grenzsignalgebers ein Fehlsignal.

1.2.4.1 Klassifizierung von PLT-Einrichtungen

Die Sicherung von Anlagen der Verfahrenstechnik mit Mitteln der Prozessleittechnik setzt eine eindeutige Unterscheidung zwischen sicherheitsrelevanten und betrieblichen Anforderungen voraus. Daher werden die Einrichtungen der Prozessleittechnik klassifiziert in (Bild 1.8):

- PLT-Betriebseinrichtungen,
- PLT-Überwachungseinrichtungen,
- PLT-Schutzeinrichtungen,
- PLT-Schadensbegrenzungseinrichtungen.

Die Klassifizierung hat zum Ziel, PLT-Einrichtungen aufgabengerecht und mit wirtschaftlich angemessenem Aufwand auszulegen. Sie ermöglicht klare Abgrenzungen, sowohl bei der Planung, Errichtung und Betrieb als auch bei späteren Änderungen von PLT-Einrichtungen. Über den Einsatz von PLT-Einrichtungen zur Anlagensicherung, über ihre Aufgabenstellung

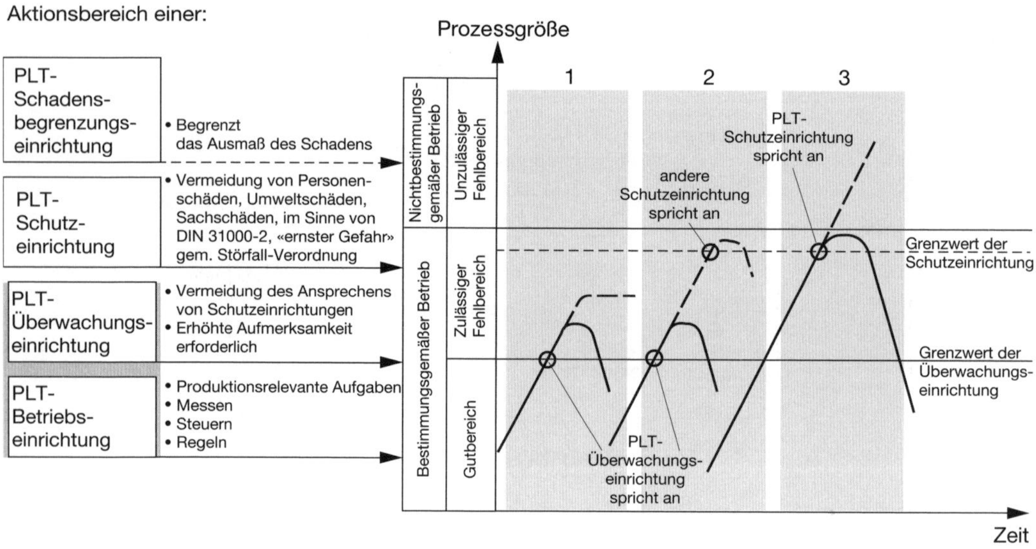

Beim Kurvenverlauf 1 kann die Prozeßgröße verfahrensbedingt den unzulässigen Fehlbereich nicht erreichen. Eine Überwachungseinrichtung ist ausreichend. Durch selbsttätigen oder – nach einer Meldung – manuellen Eingriff wird die Prozeßgröße in den Gutbereich gebracht.
Beim Kurvenverlauf 2 kann die Prozeßgröße die Grenze zum unzulässigen Fehlbereich überschreiten. Da eine andere Schutzeinrichtung (wie Sicherheitsventil, Berstscheibe, Schnellöffungsventil, Schnellschluß-ventil) vorhanden ist, ist eine vorgeschaltete PLT-Einrichtung, die das Ansteigen der Prozeßgröße meldet oder begrenzt, als Überwachungseinrichtung klassifiziert.
Im Kurvenverlauf 3 verhindert die PLT-Einrichtung, daß die Prozeßgröße den unzulässigen Fehlbereich erreicht. Sie ist deshalb Schutzeinrichtung.
Die Schadensbegrenzungseinrichtung wirkt nicht auf die Prozeßgröße.

Bild 1.8 Schematische Darstellung der Wirkungsweise von PLT-Schutz- und PLT-Überwachungseinrichtungen

und ihre Ausführung wird in der Sicherheitsbetrachtung entschieden.

1.2.4.2 Klassifizierungsbeispiele

Die in Bild 1.7 aufgeführten Beispiele geben Hinweise, wie PLT-Einrichtungen in typischen verfahrenstechnischen Einrichtungen entsprechend der Aufgabenstellung klassifiziert werden können. Aus der zur Erläuterung beispielhaft gewählten prozessleittechnischen Ausstattung kann keine Verbindlichkeit oder Empfehlung für vergleichbare Anwendungsfälle abgeleitet werden. Vielmehr ist für den konkreten Anwendungsfall eine jeweils darauf zugeschnittene Lösung zu erarbeiten. Die zeichnerischen Darstellungen der verfahrenstechnischen Anlagen enthalten nur die zum Verständnis der Aufgabenstellung notwendigen Anlagenteile und PLT-Einrichtungen. Nicht dargestellt sind PLT-Einrichtungen zur Vermeidung von Produktschäden und Sachschäden, die in unternehmerischem Eigeninteresse betrachtet werden und bei denen Personen- und Umweltschäden ausgeschlossen werden können.

Die Kennbuchstaben für die PLT-Funktionen sind in Anlehnung an DIN 19227 gewählt, wobei die Folgebuchstaben S für PLT-Überwachungseinrichtungen und Z für PLT-Schutzeinrichtungen nach durchgeführter Klassifizierung zu ergänzen sind.

1.2.4.3 Anwendungsbeispiel Absicherung von Rührkesseln

Verfahrensbeschreibung

Der Rührkessel (Bild 1.9) wird mit Einsatzstoff gefüllt. Danach leitet man unter Zugabe von Luft die Reaktion ein. Der Sauerstoff wird vollständig umgesetzt. Als Inertgas fällt Stickstoff mit Kohlenwasserstoffanteilen an, das man einem Abgasnetz zuführt. Dieses Netz muss weitgehend sauerstofffrei sein.

Messgrößen

Arbeitstemperatur T, Arbeitsdruck P1, Regelung der Prozesszusammensetzung im Rührkessel QC1, Drehzahl des Rührers S, Kühl- bzw. Heizmitteldurchfluss F, Sauerstoffkonzentration im Abgas Q2, Regelung Abgasdruck PC2.

Exotherme Reaktionen können im Störfall einen exponentiellen Temperatur- und Druckanstieg aufweisen. Für dieses Durchgehen einer Reaktion gibt es verschiedene Ursachen, z.B. falsches Mischungsverhältnis oder Verunreinigung der Rohstoffe bzw. Verkrustung von Kühlflächen. Das eventuelle Durchgehen einer Reaktion erfordert technische Maßnahmen bei der Planung. Hierzu gehört die redundante Ausführung von Komponenten. Redundanz heißt, dass mehr Komponenten vorhanden sind als für die Erfüllung der vorgesehenen Aufgabe erforderlich ist.

Kühlwasserpumpen können z.B. 2fach, parallel geschaltet installiert werden, wobei jeweils nur 1 Pumpe betrieben wird und die 2. erst beim störungsbedingten Ausfall der 1. startet. Die Zuverlässigkeit erhöht sich dadurch wesentlich.

Für die Betriebsführung von durchgehenden Reaktionen werden entsprechende Betriebsvorschriften aufgestellt. Die dadurch erreichte Betriebssicherheit ist von der Zuverlässigkeit des Bedienungspersonals abhängig.

Derartige Maßnahmen bei Planung und Betrieb sind in der Regel nicht ausreichend. Zusätzlich ist eine Absicherung erforderlich, um Schäden am Reaktionsbehälter selbst und an der Umgebung zu verhindern.

1.2.5 Emissionen und Emissionsminderung

Wenn die bei der Druckentlastung freigesetzten Stoffe toxisch oder aus anderen Gründen umweltbelastend sind, ist zu prüfen, ob sie unbehandelt an die Umwelt abgegeben werden dürfen (s. Immissionsschutz-Gesetz).

Es gibt verschiedene technische Verfahren zur Behandlung von umweltbelastenden Stoffen, die bei einer Druckentlastung entweichen. Flüssigkeitsabscheider sind geeignet, wenn die bei der Druckentlastung mitgerissene Flüssigkeit umweltbelastend ist, die freigesetzten Gase jedoch unschädlich sind. Zyklone oder Tropfenabscheider sind besser geeignet als leere Behälter.

Eine Dampfkondensation ist empfehlenswert, falls die bei einer Druckentlastung freigesetzten Dämpfe umweltbelastend sind. Meist wird eine Dampfkondensation in einem liegenden Behälter durchgeführt, wobei Wasser oder eine organische Flüssigkeit als Vorlage dient. Wärmeaustauscherkondensatoren, z.B. Rohrbündelapparate mit Wasser als Kühlmedium, benötigen eine Pumpe, die permanent laufen oder bei Bedarf rasch und sicher starten müsste. Deshalb sind Rohrbündelapparate weniger geeignet. Als Dampfkondensator ist noch die Kältespeicherung zu erwähnen. Hier dient ein Salz mit geeignetem Schmelzpunkt oder ein gefrorener Stoff (Eis) zur Kondensation von Dampf aus der Druckentlastung.

Wäscher sind geeignet, wenn eine Waschflüssigkeit zur Reinigung der freigesetzten Gase und Dämpfe bekannt ist. In einem Wäscher können mehrere Verfahrensschritte gleichzeitig durchgeführt werden:

- Abscheidung der Flüssigkeit,
- Kondensation des Dampfes,
- Absorption und Kühlung des Gases.

Bei einer vollständigen Rezeption werden alle bei der Druckentlastung freigesetzten Stoffe in einem geschlossenen Behälter aufgefangen. Auch Taschen aus flexiblem Material, die sich bei der Druckentlastung aufblähen, kommen zum Einsatz. Da aber die benötigten Auffangvolumina groß sind, ist eine vollständige Rezeption nur schwer realisierbar.

Zeichnerische Darstellung in Anlehnung an DIN 19 227	Anwendungsbeispiel	PLT-Betriebseinrichtung	PLT-Überwachungs-einrichtung	PLT-Schutzeinrichtung	PLT-Schadens-begrenzungseinrichtung
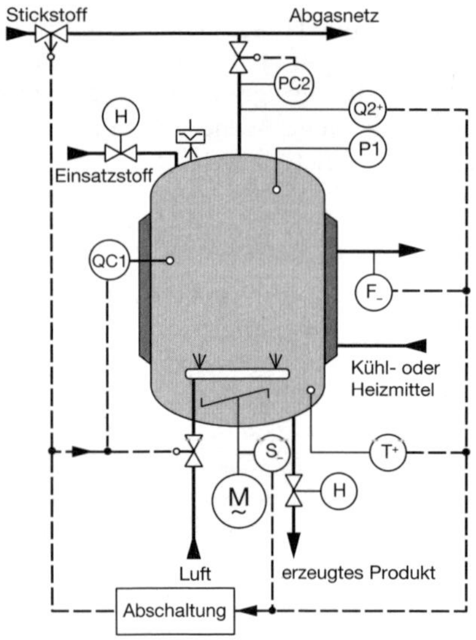	**Endotherme Reaktion** Bei Ausfall der Heizung oder des Rührers ist keine Gefahr unkontrollierter Reaktion gegeben. Durch unvollständigen Umsatz der Reaktionsluft kann die Sauerstoffkonzentration im Abgas ansteigen.	P1 T QC1 PC2	S_- F_-	$Q2^+$ F_-	
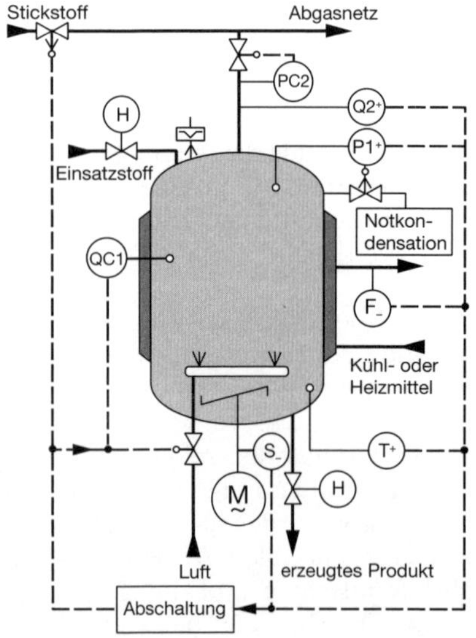	**Exotherme Reaktion** Bei Ausfall der Kühlung oder des Rührers kann die Reaktionsgeschwindigkeit so stark ansteigen, daß der Druck über PC2 nicht abgeführt wird. Um ein Ansprechen der Berstscheibe und einen damit verbundenen Verlust großer Produktmengen zu vermeiden, wird bei unzulässigem Druckanstieg die Gasphase in einer Notkondensation verflüssigt.	QC1 PC2	S_- F_- $P1^+$ T^+	$Q2^+$	

Bild 1.9 PLT-Schutz- und PLT-Überwachungseinrichtungen am Beispiel eines Rührkessels nach VDI/VDE 2180

Folgende Verfahren kommen nur in speziellen Fällen zur Anwendung:

- Abfackeln
  Bei einer Verbrennung entstehen oft stark umweltbelastende Stoffe,
  z.B. aus chlorierten Kohlenwasserstoffen. Deshalb ist das Abfackeln für Mehrzweckanlagen ungeeignet.
- Katalytische Abgasreinigung
  Sie arbeitet nur bei einer bestimmten Temperatur und einer bestimmten Gasgeschwindigkeit optimal. Da solche konstanten Bedingungen bei der Druckentlastung naturgemäß nicht gegeben sind, kommt die katalytische Abgasreinigung bei Druckentlastungen kaum zur Anwendung.
- Aktivkohle-Adsorbtion
  Bei diesem Verfahren können sich infolge der hohen Gastemperatur beim Durchgehen von Reaktionen Brände einstellen.

Je nach Anforderung lassen sich verschiedene Verfahren auch kombinieren. Nach einer Druckentlastungsarmatur kann z.B. ein Wäscher installiert werden, der durch Kondensation der Dämpfe und Kühlung der Gase das freigesetzte Stoffvolumen reduziert. Wenn die verbleibenden Stoffe nicht an die Umwelt abgegeben werden dürfen, ist das Nachschalten einer vollständigen Rezeption möglich. Durch das reduzierte Gasvolumen kommt man dann mit einem relativ kleinen Behältervolumen aus.

1.2.6 Abfall oder Reststoff?

Für den Umgang mit Abfällen ist eine Unterscheidung zwischen Abfall und Reststoff wichtig:

- Abfälle sind bewegliche Dinge, deren sich der Besitzer entledigt, unabhängig davon, ob sie verwertet werden.
- Reststoffe sind bewegliche Sachen, die bei der Herstellung, Be- oder Verarbeitung bzw. im Rahmen sonstiger wirtschaftlicher Unternehmen unbeabsichtigt anfallen und vom Besitzer verwertet oder Dritten zur Verwertung überlassen werden können.

In Bild 1.10 ist der Abfall- oder Reststoffkreislauf eines abfallerzeugenden Betriebs grafisch dargestellt. Neben den gewünschten Produkten erzeugt der Betrieb Emissionen (E) in Form von Abluft und flüssigem und festem Abfall (W). Die Reststoffe werden einer internen oder externen Verwertung bzw. Aufarbeitung zugeführt, wobei Wertstofftraktionen zurückgeführt werden (Closed-loop-Verwertung).

Der Betrieb entledigt sich der Abfälle, indem er sie einer der folgenden 5 Betriebsarten zuführt:

- stoffliche und
- energetische Abfallverwertung,
- Abfallbehandlung,
- Abfallverbrennung oder/und
- Abfalldeponierung.

1.2.7 Umgang mit wassergefährdenden Stoffen

Der Begriff «wassergefährdender Stoff» und die Ermächtigung zu einer näheren, abgestuften Bestimmung entsprechend der Gefährlichkeit der Stoffe, ist in § 19g, Abs. 5 WHG festgelegt. Er umfasst im Gegensatz zu den «gefährlichen Stoffen» (§ 7a WHG) grundsätzlich alle Stoffe: «Wassergefährdende Stoffe im Sinne der §§ 19g bis 19l sind feste, flüssige und gasförmige Stoffe, ... die geeignet sind, nachhaltig die physikalische, chemische oder biologische Beschaffenheit des Wassers nachteilig zu verändern.»

In diesem Zusammenhang werden Anforderungen gestellt, die sich zum Schutz des Grundwassers (§ 34 Abs. 2) ableiten lassen (Bild 1.11). Mit den vorgesehenen Regelungen zu § 19g bis l WHG liegt eine geschlossene Konzeption vor, um unbeabsichtigte Boden- und Grundwasserkontaminationen bei dem Umgang mit Stoffen vorsorglich auszuschließen. Die Art und Schärfe der technischen Anforderungen an die Sicherheitssysteme richtet sich nach

- der stoffspezifischen Gefährdung (Wassergefährdungsklasse, WGK), s. Tabelle 1.3,
- der Stoffmenge, s. Tabelle 1.4,
- der Art der Anlage,
- der Standortempfindlichkeit, s. Bild 1.11.

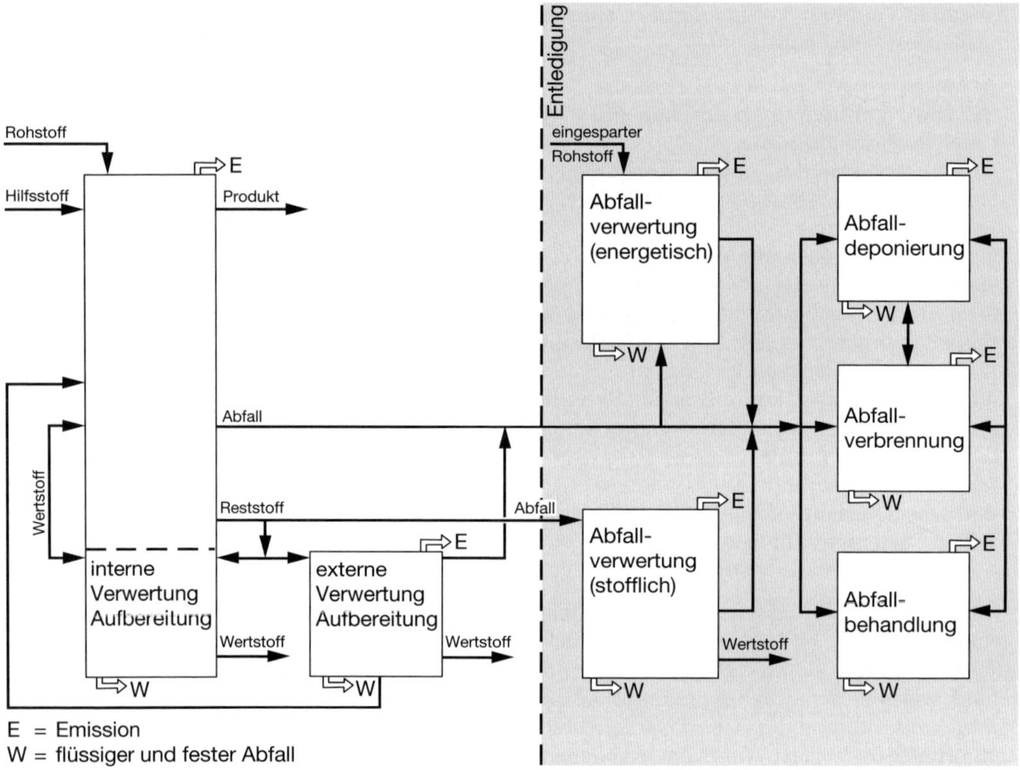

Bild 1.10 Abfall- und Reststoffkreislauf eines Betriebs

Tabelle 1.3 Einteilung wassergefährdender Stoffe in Wassergefährdungsklassen

Stoffbezeichnung	**WGK**
Benzol	3
Schmieröle, emulgierbar	3
Dieselkraftstoff	2
Formaldehyd	2
Methanol	1
Ottokraftstoffe	2
Farben und Lacke	1, 2, 3
Verdünnung	1, 2, 3
Klebstoffe	1, 2, 3
Motor- und Getriebeöle a) unbekannter Herkunft b) bekannter Herkunft	 3 2

Tabelle 1.4 Anforderungen an Anlagen zum Lagern, Herstellen, Behandeln und Verwenden wassergefährdender flüssiger Stoffe

Volumen in m³	**WGK 1**		**WGK 2**		**WGK 3**	
$\leq 0{,}1$	$F_0+R_0+I_0$	A	$F_0+R_0+I_0$	A	$F_0+R_0+I_0$	A
$> 0{,}1$ ≤ 1	$F_0+R_0+I_0$	A	$F_1+R_1+I_0$/ $F_1+R_0+I_1$/ $F_0+R_2+I_0$	A	$F_1+R_1+I_1$/ $F_2+R_2+I_0$/ $F_0+R_3+I_0$	B
> 1 ≤ 10	$F_1+R_1+I_0$/ $F_1+R_0+I_1$/ $F_0+R_3+I_0$	A	$F_1+R_1+I_1$*)/ $F_2+R_2+I_0$/ $F_0+R_3+I_0$	B	$F_1+R_1+I_1+I_2$/ $F_2+R_2+I_1$/ $F_0+R_3+I_0$	C
> 10 ≤ 100	$F_1+R_1+I_1$/ $F_1+R_2+I_0$/ $F_0+R_3+I_0$	A	$F_1+R_1+I_1+I_2$/ $F_2+R_2+I_1$**/ $F_0+R_3+I_0$	C	$F_2+R_2+I_1+I_2$/ $F_1+R_3+I_1+I_2$	D
> 100	$F_1+R_1+I_1+I_2$/ $F_2+R_2+I_1$/ $F_0+R_3+I_0$	B/C	$F_2+R_2+I_1+I_2$/ $F_1+R_3+I_1+I_2$	D	$F_2+R_2+I_1+I_2$/ $F_1+R_3+I_1+I_2$	D

*) Bei GFK-Behältern bis 2 m³ Rauminhalt zur Lagerung von Heizöl und Dieselkraftstoff entfällt R_1, wenn die Behälter auf einem flüssigkeitsdichten Boden aufgestellt sind und am Aufstellungsort im Umkreis von 5 m keine Abläufe vorhanden sind.

**) An Heizölverbraucheranlagen werden keine über die betrieblichen Anforderungen hinausgehenden Anforderungen an die Infrastruktur gestellt.

Erläuterungen: + zusätzlich
/ wahlweise

Bezeichnungen

Anforderungen an die Befestigung und Abdichtung von Bodenflächen.

F_0 = keine Anforderung an Befestigung und Abdichtung der Fläche über die betrieblichen Anforderungen hinaus.

F_1 = stoffundurchlässige Fäche.

F_2 = wie F_1, aber mit Nachweis der Beständigkeit.

Anforderungen an das Rückhaltevermögen für austretende wassergefährdende Flüssigkeiten.

R_0 = kein Rückhaltevermögen über die betrieblichen Anforderungen hinaus.

R_1 = Rückhaltevermögen für das Volumen wassergefährdender Flüssigkeiten, das bis zum Wirksamwerden geeigneter Sicherheitsvorkehrungen auslaufen kann (z.B. Absperren des undichten Anlagenteils oder Abdichten des Lecks).

R_2 = Rückhaltevermögen für das Volumen wassergefährdender Flüssigkeiten, das bei Betriebsstörungen freigesetzt werden kann, ohne dass Gegenmaßnahmen berücksichtigt werden.

R_3 = Rückhaltevermögen ersetzt durch Doppelwandigkeit mit Leckanzeigegerät.

Soweit das Volumen wassergefährdender Flüssigkeiten, das bis zum Wirksamwerden geeigneter Sicherheitsvorkehrungen auslaufen kann, nicht ermittelbar ist, kann das erforderliche Rückhaltevermögen R_1 ersatzweise nach folgendem Ansatz berechnet werden:

R_1 = VB × T/TL

Dabei ist

R_1 Rückhaltevolumen in Kubikmetern.

VB Behältervolumen in Kubikmetern.

T Zeit in Stunden bis zum Wirksamwerden vorhandener geeigneter Sicherheitseinrichtungen.

TL Zeit, die für das völlige Leerlaufen des Behälters erforderlich ist in Stunden, bei Behältern mit einem Rauminhalt von weniger als 480 Kubikmetern ist TL = VB/20 anzusetzen.

Anforderungen an infrastrukturellen Maßnahmen organisatorischer oder technischer Art.

I_0 = keine Anforderungen an die Infrastruktur über die betrieblichen Anforderungen hinaus. Soweit sich aus den betrieblichen Anforderungen nichts anderes ergibt, ist eine Betriebsanweisung nach § 3 Nr. 6 der Verordnung nicht erforderlich.

I_1 = Überwachung durch selbsttätige Störmeldeeinrichtungen in Verbindung mit ständig besetzter Betriebsstätte (z.B. Messwerte) oder Überwachung mittels regelmäßiger Kontrollgänge; Aufzeichnung der Abweichungen vom bestimmungsgemäßen Betrieb und Veranlassung notwendiger Maßnahmen.

I_2 = Alarm- und Maßnahmeplan, der wirksame Maßnahmen und Vorkehrungen zur Vermeidung von Gewässerschäden beschreibt und mit den in die Maßnahmen einbezogenen Stellen abgestimmt ist.

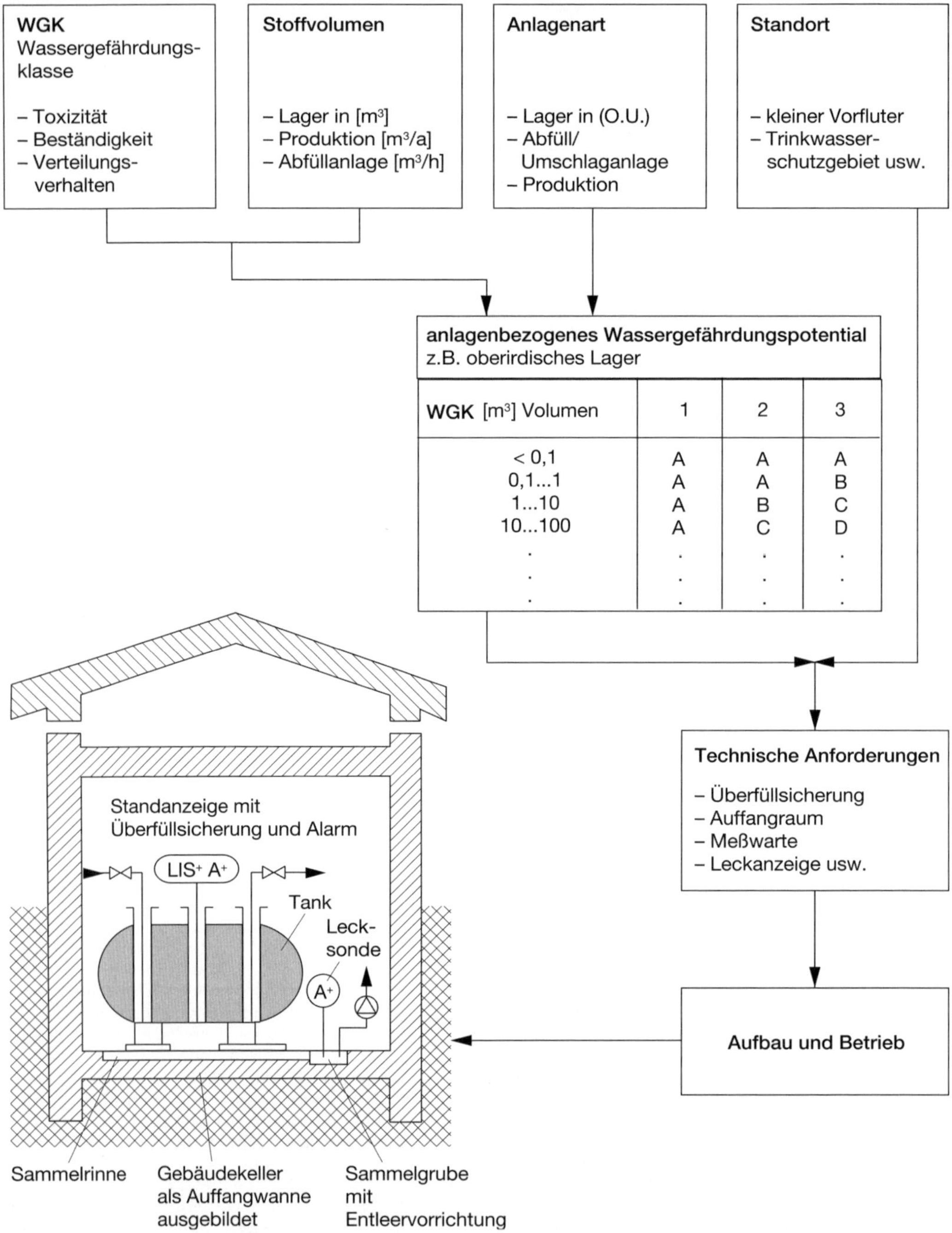

Bild 1.11 Ablaufschema

Tabelle 1.5 Einteilung brennbarer Flüssigkeiten in Gefahrenklassen, gem. VbF

1. Gefahrenklasse A	Flüssigkeiten, die einen Flammpunkt nicht über 100 °C haben und hinsichtlich der Wasserlöslichkeit nicht die Eigenschaften der Gefahrklasse B aufweisen.
Gefahrklasse A I	Flüssigkeiten mit einem Flammpunkt unter 21 °C.
Gefahrklasse A II	Flüssigkeiten mit einem Flammpunkt von 21 °C bis 55 °C
Gefahrklasse A III	Flüssigkeiten mit einem Flammpunkt von 55 °C bis 100 °C.
2. Gefahrklasse B	Flüssigkeiten mit einem Flammpunkt unter 21 °C, wasserlöslich. Brennbare Flüssigkeiten der Gefahrklasse A III, die auf ihren Flammpunkt oder darüber erwärmt sind, stehen den brennbaren Flüssigkeiten der Gefahrenklasse A I gleich.

Tabelle 1.6 Anzeigebedürftige Lagerung von brennbaren Flüssigkeiten

Lagerort	**Behälterart**	**Lagermenge in Litern** **A I**	 **A II oder B**
Lagerräume über und unter der Erdgleiche	zerbrechliche Gefäße, sonstige Gefäße	60 – 200 450 – 1 000	200 – 1 000 3 000 – 5 000
Läger für oberirdische Behälter im Freien	zerbrechliche Gefäße, sonstige Gefäße	– 450 – 1 000	25 – 100 3 000 – 5 000

1.2.8 Explosionsgefahr und brennbare Flüssigkeiten

Explosionsgefährdete Bereiche sind Bereiche, in denen aufgrund der örtlichen und betrieblichen Verhältnisse eine gefährliche explosionsfähige Atmosphäre durch Dampf-/Luft-Gemische auftreten kann. Die Bereiche werden nach der Wahrscheinlichkeit des Vorkommens gefährlicher explosionsfähiger Atmosphären in die Zonen 0, 1 und 2 eingeteilt. Die explosionsgefährdeten Bereiche können dauernd oder zeitweise vorhanden sein. Die Einteilung in die Zonen dient als Grundlage für die Beurteilung des Umfangs von Schutzmaßnahmen.

- **Zone 0** umfasst Bereiche, in denen eine gefährliche explosionsfähige Atmosphäre ständig oder längere Zeit vorhanden ist,
- **Zone 1** umfasst Bereiche, in denen damit zu rechnen ist, dass eine gefährliche explosionsfähige Atmosphäre gelegentlich auftritt,
- **Zone 2** umfasst Bereiche, in denen damit zu rechnen ist, dass eine gefährliche explosionsfähige Atmosphäre nur selten und dann auch nur kurzzeitig auftritt.

Die Verordnung über brennbare Flüssigkeiten (VbF) teilt diese Flüssigkeiten in Gefahrenklassen ein (Tabelle 1.5).

Bei der Lagerung von brennbaren Flüssigkeiten müssen die technischen Regeln (TRbF) beachtet werden (s. Tabelle 1.6)

1.2.9 Umweltverträglichkeitsprüfung (UVP)

Gegenstand der Umweltverträglichkeitsprüfung ist die Ermittlung, Beschreibung und – erforderlichenfalls – Beurteilung der Auswirkungen eines Bauvorhabens auf die einzelnen Umweltmedien einschließlich ihrer Wechselwirkungen. Hierbei sind nach § 6 UVPG besonders die möglichen erheblichen Beeinträchtigungen der Umwelt sowie sämtliche Maßnahmen zur Vermeidung, Verminderung oder zum Ausgleich bzw. zum Ersatz der erheblichen Umweltbeeinträchtigungen zu berücksichtigen.

Anwendungsbereich

Genehmigungspflichtig nach BlmSchG sind alle in Nr. 4.1 des Anhangs zur 4. BlmSchV genannten Chemieanlagen. Nach § 1 der geänderten

9. BlmSchV sind alle Anlagen, die unter Nr. 1 der Anlage zur UVPG aufgeführt sind, einer Umweltverträglichkeitsprüfung zu unterziehen. Für den Bereich der Chemieanlagen gilt hier der Begriff

- «Anlagen zur fabrikmäßigen Herstellung von Stoffen durch chemische Umwandlung, die mindestens mit einer weiteren derartigen Anlage in einem verfahrenstechnischen Verbund stehen».

Diese Formulierung resultiert aus dem entsprechenden Begriff der EG-Richtlinie (85/337/EWG).

Beispielhafter Untersuchungsrahmen
Generell sind als UVP-relevante Unterlagen nach § 4e der 9. BlmSchV vorzulegen:

- Beschreibung der Umwelt
- Beschreibung der erheblichen Auswirkungen
- Geprüfte technische Verfahrensalternativen
- Hinweise auf Schwierigkeiten bei der Zusammenstellung der Unterlagen

1.2.9.1 Umweltdokumentation

Da die meisten Betriebe auf dem Betriebsgelände mehrere bis zahlreiche Anlagen haben, wird i.d.R. vor dem Anlagenbau der Zustand der Umwelt untersucht, erfasst und beschrieben. Die erhaltenen Daten können zu einem erheblichen Anteil über viele Jahre hinweg für Neuanträge und ggf. für Änderungsanträge als Grundlage dienen. Über relativ kurze Zeiträume veränderliche Daten, wie z.B. Luftbelastungswerte, misst man in der Regel ohnehin ständig, so dass für diesen Bereich jederzeit aktuelle Daten vorliegen, die jeweils in die bestehende «Umweltdokumentation» eingefügt werden können.

Der erforderliche Untersuchungsaufwand für die einzelnen Umweltmedien sollte vom potentiellen Ausmaß der Beeinträchtigung durch die geplante Anlage abhängig sein. Insofern macht es keinen Sinn, wenn Biotopkartierungen im Umfeld des Betriebsgeländes durchgeführt werden müssen, wenn zusätzliche Belastungen für Flora und Fauna durch eine Anlage kaum feststellbar sind.

Allgemeines

- Lage und Besonderheiten des Anlagenstandortes
- allgemeine vergangene und zukünftige Tendenzen im Hinblick auf die betriebliche Entwicklung, Art der Produktionsbereiche des Betriebs, Stellung der geplanten Anlage im Rahmen des Gesamtbetriebs

Bewertung der Umweltsituation – Ist-Zustand
Boden

- Bodenart bzw. Art des Untergrundes und Mächtigkeit der Schichten
- Untergrundaufbau als Profil oder Schichtverzeichnis
- Bodeneigenschaften (im Hinblick auf Empfindlichkeit und Durchlässigkeit gegenüber Schadstoffen)
- Vorbelastung des Bodens

Hydrologische und hydrogeologische Verhältnisse
Die nachfolgend aufgelisteten Grunddaten sind in der Regel verfügbar:

- jährliche mittlere Niederschlagsmenge
- Grundwasserneubildungsrate
- höchster Grundwasserstand/geringster Flurabstand
- Untergrunddurchlässigkeit/Schichtaufbau des Untergrundes
- Mächtigkeit von Deckschichten
- Grundwasserfließverhältnisse (Fließrichtung, Fließgeschwindigkeit)
- Grundwasserqualität am geplanten Standort wie auch im Grundwasseran- und -abstrom
- Grundwassernutzung im Abstrombereich (Entfernung, Richtung, Entnahmemenge)

Oberflächengewässer (Einleitgewässer für Abwasser aus der Anlage; andere Gewässer am Standort und in der Standortumgebung)

- Lage, Größe, Durchflussmenge
- Wasserqualität/Gewässergüteklasse
- durchschnittliche Wassertemperatur (ggf. Monatswerte), sofern Kühlwassereinleitungen relevant sind

- die aquatische Lebenswelt kann an dieser Stelle oder im Zusammenhang mit der Beschreibung von Natur und Landschaft dargestellt werden
- Nutzung der betrachteten Oberflächengewässer

Luft, Klima, Lärm

- Grundbelastung nach Parametern der TA Luft
- Verdeutlichen besonderer Luftbelastungswerte (einschließlich Gerüche, sofern sie für die geplante Anlage relevant sind)
- Verursacher bestehender Luftbelastungen
- Entwicklung der Luftbelastung in der Vergangenheit
- klimatische Situation im Hinblick auf die Ausbreitungsbedingungen von Luftemissionen
- derzeit bestehende Lärmbelastung und Belastungsursachen

Fauna, Flora, Biotope

- Registrierung der Arten
- Kartierung der Biotope / Biozenosen
- Beschreibung der Landschaftsformen
- Feststellung der Lebensbedingungen bestehender Arten und Biotope

Gesamteinschätzung des Geländes und seiner Umgebung im Hinblick auf Schutzgüter

- Leistungsfähigkeit
- Vorbelastung
- Empfindlichkeit

1.2.9.2 Umweltrisikoanalyse

Flächen- und Raumbedarf der geplanten Anlage

- Festsetzung von Gebäudegrößen
- Bemaßung von Rohstoff- und Tanklagern
- Versiegelungsbereiche

Abluft bzw. Abgase (einschließlich möglicher Gerüche, sofern sie für die geplante Anlage relevant sind)

- Mit welchen Mengen ist zu rechnen?
- Welche Art Emission liegt vor?
- Wie ist die genaue Zusammensetzung?
- Abstände zu empfindlichen Nutzungsgebieten (Wohngebiete, Erholungsgebiete, Krankenhäuser, Altenheime, Schulen, Landwirtschaftsflächen, NSG usw.)

Lärm

- Feststellung und Ortung von Schallquellen (Anlage, Verkehr)
- Messung von Schalleistungs- und -druckpegeln
- Messung von auftretenden Frequenzen

Abwasser

- Wie groß ist die Abwassermenge?
- Welche Abwasserqualität entsteht (im Hinblick auf den Gehalt und die Mengen an Schadstoffen, organische Belastung, Nährstoffe und Salze)?

Abfall/Reststoffe

- Art und Menge
- Wie kann die Verwertung aussehen?
- Entscheidung über die Entsorgungsart/Festlegung vom Entsorgungsort
- Begründung für die Nichtverwertung von Reststoffen
- Untersuchung über mögliche Reststoffe aus Betriebsstörungen und Anlagenwartungen

Abwärme

- Wieviel Abwärme entsteht: Menge?
- Wie verläuft das Temperaturniveau?
- Was dient als Übertragungsmedium (Luft, Wasser)?

- In welcher Form ist eine Abwärmenutzung möglich?

Sicherheit der Anlage bzw. Störfallbetrachtungen

- Sind alle Sicherheitsvorkehrungen gegen Brände, Explosionen usw. getroffen?
- Wie ist die Freisetzung ungereinigter Abluft beherrschbar?
- Wird das Auslaufen betrieblich verwendeter gefährlicher Stoffe verhindert?

Umwelteinwirkungen und Rohstoffverbrauch

Wasserbedarf

- Menge des eingesetzten Wassers (Produktionswasser, Spül- und Reinigungswasser, Kühlwasser sind jeweils getrennt aufzuführen)
- Herkunft des eingesetzten Wassers (Grundwasser, Flusswasser, Kreislaufwasser aus anderen Prozessen)
- im Kreis geführtes, nach Zwischenaufbereitung rückgeführtes Wasser

Energieverbrauch

- Berechnung vom Primärenergiebedarf
- rückgeführte bzw. wieder eingesetzte Abwärme
- Energieversorgungssituation im betrachteten Gebiet

Rohstoffbedarf (ohne Energieträger), Effizienz der eingesetzten Rohstoffe
Wie wirken sich Emissionen, Immissionen und Verbräuche auf die Schutzgüter aus?

Vorbelastung → Einwirkung → Auswirkung

In Verbindung mit Nutzungsansprüchen sind die erheblichen Auswirkungen der geplanten Anlage und den damit zusammenhängenden Maßnahmen (Transport, Abfallentsorgung, Abwasserreinigung usw.) darzustellen.

Anmerkungen:
Wichtig ist es, zu Beginn des Scoping-Termines die Belastungsparameter festzulegen. Es sollte möglichst frühzeitig entschieden werden, mit welchen Größen die Auswirkungen der geplanten Anlage beschrieben werden können und sollen. Um dies zu beurteilen, sollte der Vorhabenträger aussagekräftige Unterlagen vorlegen. Es sind generell die zu erwartenden Umweltbeeinträchtigungen im Normalbetrieb und im nicht bestimmungsgemäßen Betrieb bzw. dem Störfall zu beschreiben. Die Notwendigkeit einer Störfallanalyse für bestimmte Anlagentypen ist davon unberührt.

1.2.9.3 Geprüfte technische Verfahrensalternativen

Verfahrensalternativen beziehen sich bei Anlagen im wesentlichen auf die Bereiche:

- Produktion,
- Reingewinnung,
- Konfektionierung,
- Abluftreinigung,
- Reststoffvermeidung und -verwertung,
- Abwasserreinigung.

Mindestens für die 3 letztgenannten Bereiche, meist auch für die eigentlichen Produktionsbereiche, sind i.d.R. eine Reihe von Alternativen möglich, bei denen mit unterschiedlichen Emissionen in unterschiedliche Medien zu rechnen ist. Im Hinblick auf Emissionen und Immissionen ist es ratsam, wesentliche Verfahrensalternativen aufzuführen und Vor- und Nachteile gegenüberzustellen. Die Ausführungen müssen so angelegt sein, dass man erkennen kann, welches Verfahren das aus gesamtökologischer Sicht günstigste Herstellungsverfahren ist.

Hinweise auf Schwierigkeiten bei der Zusammenstellung der Unterlagen:

- Die Datenlage muss auf der Basis von Gutachten erkennen lassen, dass die Beurteilung der Sachlage keine Irrtümer zulässt und auf dem Stand der Technik erfolgt.

- Die Erfassung indirekter Auswirkungen ist dabei ebenso von grundlegender Bedeutung.
- Wissenschaftliche Kenntnislücken über Stoffauswirkungen und wechselseitige Einwirkungen müssen zur Beurteilung der Lage einer Einschätzung zugänglich sein.

1.2.10 Druckgeräte

Druckgeräterichtlinien: EG-Richtlinie zur Anleitung der Rechtsvorschrift der Mitgliedstaaten.
Die Druckgeräterichtlinie (DGRL) RL 97/23/EG gilt für die Auslegung, Fertigung und Komformitätsbewertung von Druckgeräten und Baugruppen mit einem maximal zulässigen Druck (PS) von über 0,5 bar (Überdruck).
Druckgeräte sind Behälter, Rohrleitungen, Ausrüstungsteile mit Sicherheitsfunktion und druckhaltende Ausrüstungsteile. Der Hersteller ist verpflichtet, eine **Gefahrenanalyse** vorzunehmen, um die mit seinem Gerät verbundenen druckbedingten Gefahren zu ermitteln; er muss das Gerät dann unter Berücksichtigung seiner Analyse auslegen und bauen.
Druckgeräte werden nach zunehmendem Gefahrenpotential in Kategorien eingestuft (Bild 1.12). Auf die verschiedenen Kategorien (I, II, III und IV) sind entsprechende zugeordente Komformitätsbewertungsverfahren anzuwenden, z.B.: Kategorie I → Modul A

- Liste der angewandten Normen,
- Ergebnisse der Konstruktionsberechnungen.

In einer EG-Konformitätserklärung muss u.a. das Konformitätsbewertungsverfahren bestätigt werden.

Geräte- und Produktsicherheitsgesetz: Nationales Recht
Das Geräte- und Produktsicherheitsgesetz (GPSG) dient u.a. der Umsetzung der Druckgeräterichtlinie. Dieses Gesetz gilt auch für die Errichtung und den Betieb überwachungsbedürftiger Anlagen, die gewerblichen oder wirtschaflichen Zwecken dienen oder durch die Beschäftigte gefährdet werden können.
Gemäß der 14. Verordnung zum GPSG dürfen Druckgeräte und Baugruppen nur in Verkehr gebracht werden, wenn diese die technischen Anforderungen der DGRL erfüllen.

Betriebssicherheitsverordnung: Verordnung u. a. für überwachungsbedürftige Anlagen
Die Betriebssicherheitsverordung (BetrSichV)

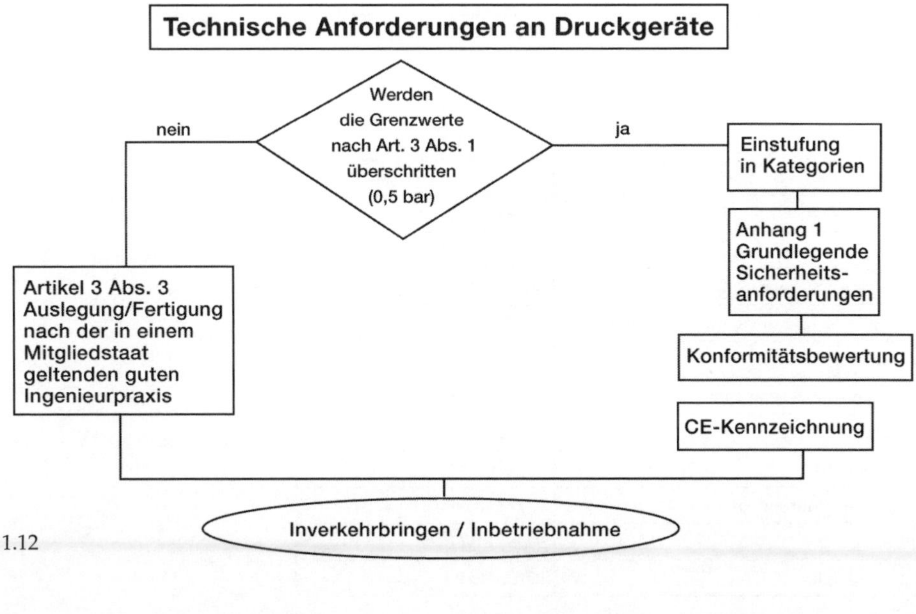

Bild 1.12

gilt auch für überwachungsbedürftige Anlagen im Sinne des § 2 (7) des GPSG. Geltungsbereich z.B. für:

- Druckgeräte n. RL 97/23/GE
- einfache Druckbehälter n. RL 87/404/EWG
- Maschinen n. RL 98/37/EG
- Anlagen in explosionsgefährdeten Bereichen n. RL 94/9/EG

In Abschnitt 3 der BetrSichV sind die besonderen Vorschriften für überwachungsbedürftige Anlagen genannt, sowie in § 17 die Prüfung von besonderen Druckgeräten aufgeführt, welche im Anhang 5 beschrieben und nach §§ 14 bis 16 zu prüfen sind.
Hierbei werden 26 besondere Druckgeräte genannt, wie z.B.:
Pos. 1 Außenliegende Heiz- und Kühlschlangen,
Pos. 14 Rotierende dampfbeheizte Zylinder,
Pos. 18 Druckgeräte in Wärmeübertragungsanlagen,
Pos. 21 Wassererwärmungsanlagen für Trink- und Brauchwasser.

1.2.11 CE-Kennzeichnung

Im Zusammenhang mit dem freien Warenverkehr innerhalb der Europäischen Gemeinschaft hat die EU beschlossen, technische Richtlinien innerhalb Europas zu vereinheitlichen. Alle Produkte, die innerhalb Europas in Verkehr gebracht werden sollen, müssen diesen Richtlinien entsprechen. Mit dem Anbringen des CE-Zeichens (Bild 1.13) auf seinem Produkt erklärt der Hersteller bzw. Importeur eigenverantwortlich, dass sein Erzeugnis allen für sein Produkt maßgeblichen europäischen Gesetzen, Normen und Richtlinien entspricht (Konformitätserklärung). Das CE-Zeichen ist also kein Gütesiegel. Er macht sich strafbar, wenn er kennzeichnungspflichtige Produkte ohne CE-Zertifizierung verkauft.

Maßnahmen vor der CE-Kennzeichnung
Bevor ein Hersteller oder Importeur das CE-Zeichen an einer Maschine bzw. Anlage anbringen darf, müssen alle für das Produkt und seine Benutzung relevanten Normen und Richtlinien berücksichtigt werden (s. Tabelle 1.7).
Im allgemeinen sind dies:

- Maschinen-Richtlinie 89/392/EWG,
- EMV-Richtlinie 89/378/EWG,
- Niederspannungsrichtlinie 73/23/EWG,
- DIN EN 292 für die Sicherheit von Maschinen,
- DIN EN 50 081, Elektromagnetische Verträglichkeit, und
- DIN EN 60 204, Elektrische Ausrüstung von Maschinen.

Tabelle 1.7
EU-Richtlinien

Titel	Richtlinie
einfache Druckbehälter	87/404/EWG
Sicherheit von Spielzeug	88/378/EWG
Bauprodukte	89/106/EWG
elektromagnetische Verträglichkeit	89/336/EWG, 91/31/EWG
Maschinensicherheit	2006/42/EG
persönliche Schutzausrüstungen	89/686/EWG
nichtselbsttätige Waagen	90/384/EWG
aktive, implantierbare medizinische Geräte	90/385/EWG
Gasverbrauchseinrichtungen	90/396/EWG
Telekommunikationsendgeräte	91/263/EWG
Warmwasserheizkessel	92/42/EWG
Medizinprodukte	93/42/EWG
NSR (Niederspannungsrichtlinie)	73/23/EWG, 93/68/EWG
Ex-Schutz	92/9/EWG
Druckgeräterichtlinie	97/23/EG

Entsprechend der Eigenheiten des jeweiligen Erzeugnisses kommen jedoch noch weitere Normen und Richtlinien in Betracht (Bild 1.13). Nach der Erfassung aller Normen und Richtlinien ist die Maschine bzw. Anlage auf die Normenkonformität zu prüfen. Anschließend ist eine Gefahrenanalyse durchzuführen. Dabei wird jeder Bedienschritt einzeln betrachtet, das Gefahrenpotential und die Eintrittswahrscheinlichkeit einer Gefahr ermittelt.

Hier ist die FMEA-Methode (Failure Mode and Effect Analysis: Analyse potentieller Fehler und Folgen) hervorzuheben. Sie ist zwar aufwendig in der Durchführung, aber das Produkt wird in seiner gesamten Bedienung – von der Inbetriebnahme bis zur Stillsetzung – systematisch auf Gefahren bei der Handhabung überprüft. Sind alle Normen und Richtlinien erfüllt, darf das CE-Zeichen geführt werden.

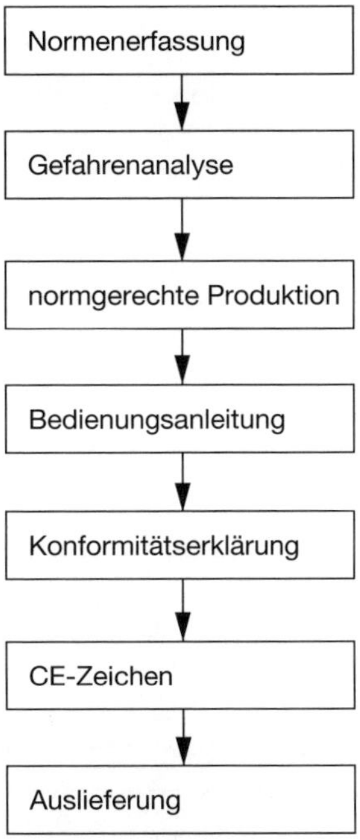

Bild 1.13 Erforderliche Schritte zum CE-Zeichen

CE-Zeichen

1.3 Zusammenfassung der wichtigsten Planungsschritte

Von der Anlagenplanung bis zum Produktionsbeginn von Industrieanlagen sind folgende Phasen zu durchlaufen (Tabelle 1.8)

1.4 Vor- und Grobplanung

Die Vor- und Grobplanung enthält vor allem die Beschreibung von besonderen Einzeltätigkeiten (s. Abschnitt 5.2).

1.4.1 Festlegung der Aufgabenstellung

Vor Beginn jeder Planung muss möglichst umfassend die grundsätzliche Funktion der Anlage fixiert sein:

- Produkte und Betriebsanforderungen,
- Kapazität und mögliche Erweiterung,
- Standort und Transporterfordernisse,
- Sonderbedingungen, z.B. Einbindung in vorhandene Anlagen.

1.4.2 Datenerfassung

Für die Planung und die erforderlichen Berechnungen benötigt man folgende Informationen:

- Physikalisch-chemische Daten aller Produkte und deren Auswirkung auf den Umweltschutz und die Sicherheitstechnik,
- Geländeplan mit Höhenangaben und Koordinaten,
- Bodenuntersuchungen bzw. Bodenbelastbarkeit und zu erwartende Setzungen,
- Klimadaten: Regen, Wind, Schnee, Temperaturen, Luftfeuchtigkeit, Erdbebengefahr, Hochwassergefahr, Korrosivität der Atmosphäre,
- Erforderliche Werkstoffe und zu erwartende Korrosion,
- Liste der erforderlichen zu beantragenden Genehmigungen,
- zu beachtende Vorschriften und Genehmigungsauflagen,

Tabelle 1.8 Projektbearbeitungsschema bis zur Inbetriebnahme

1.	**Vorplanung**
1.A	Grundidee
1.B	Grobes Anlagenschema mit den Hauptdaten und erforderlichen Hilfssystemen
1.C	Projektbeschreibung und Überschlagrechnung
1.D	Grobkostenschätzung und Wirtschaftlichkeitsbetrachtungen, Terminvorstellung
1.E	Entscheidung über Weiterführung des Projektes
2.	**Verfahrensgrobplanung**
2.A	Festlegung eines Projektleiters
2.B	Anlagenschema mit den wichtigsten Parametern und Liefergrenzen!
2.C	Systemabgrenzung (z.B. Gebäude)
2.D	Ablaufbeschreibung
2.E	Instrumentierungsdiagramme
2.F	Gebäudepläne mit Grobfestlegung der Aufstellung
2.G	Zusammenstellung der elektrischen Daten einschließlich Stromverbrauch (Motordaten)
2.H	Betrachtung über kritische elektrische Strompfade (z.B. bei Stromausfall)
2.I	Explosionsgefahrenbereiche festlegen
2.J	Grober Terminplan
2.K	Festlegung der erforderlichen Genehmigungen für Umwelt (z.B. Luft (TA Luft), Wasser (WHG), Lärm (TA Lärm), Baurecht (BauGB), Sachschutz (TRB) und Personalschutz (UVV)
2.L	Kosten (Erstellungs- und Betriebskosten)
	KICK OFF MEETING
3.	**Verfahrensdetailplanung**
3.A	Projektbearbeitungsplan und -Anweisungen
3.B	R + I-Schemata für Anlagen- und Hilfssysteme (Liefergrenzen!)
3.C	Anlagendatenlisten für die Auslegung der Instrumentierung
3.D	Elektroteileliste
3.E	Grobe Aufstellungspläne und Rohrleitungsstudien
3.F	Überprüfung der: Montagemöglichkeit, Entleerung, Entlüftung, Zugänge, Fluchtwege und Löschanlagen
3.G	Liste über empfohlene Unterlieferanten
3.H	Erstellung von Spezifikationen der Teile mit langen Lieferzeiten
4.	**Anlagendetailplanung**
4.A	Detailaufstellungs- und Rohrleitungspläne
4.B	Materialstücklisten
4.C	Arbeitsspezifikationen
4.D	Bearbeitung der Genehmigungsunterlagen
4.E	Angebotseinholung und Vergleiche
4.Ea	Inspektionsberichte und -planung
4.F	Montageplanung
4.G	Genehmigungsverfahren
4.H	Erstellung von Ersatzteillisten
4.I	Terminplanüberprüfung
4.J	Kostenüberprüfung
4.K	Bestellungen
5.	**Montage**
5.A	Terminkoordination (Soll-Ist-Vergleich)
5.B	Montageberichte als Rückkopplung für die einzelnen Planungsabteilungen und Kosten
5.C	Überprüfung der Liefergrenzen, Kostenüberwachung
5.D	Druck- und Dichtheitsprüfungen
5.E	Reinigung der Anlagen (innen und außen)
5.F	Installation der Wärme- bzw. Kältedämmung
5.G	Abnahmeprüfungen
6.	**Inbetriebnahme**
6.A	Reinigung, Austrocknung
6.B	Justierung der Mess-, Regelungs- und Steuerungstechnik (MSR), Überprüfung der Motordrehrichtungen
6.C	Füllen der Anlage
6.Ca	Dichtheitskontrolle
6.D	Funktionsprüfung
6.Da	Kennzeichnung
6.E	Inbetriebnahme
6.F	Messprotokoll
6.Fa	Überarbeitung der Dokumentation auf den Ist-Zustand!
6.G	Übergabe
6.H	Nachkalkulation

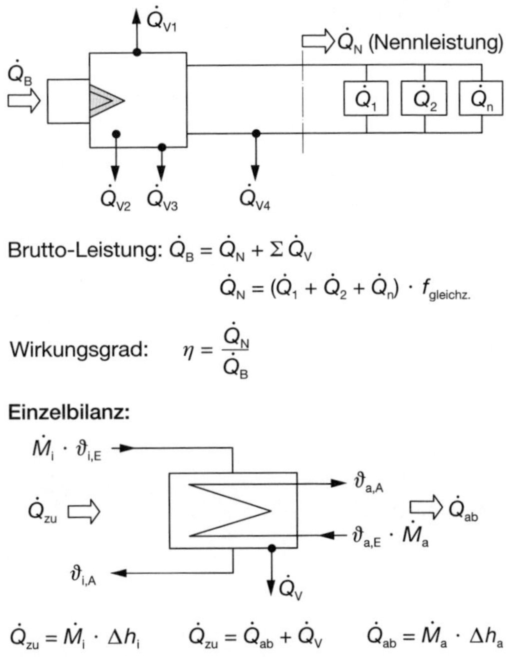

Bild 1.14 Bilanzen am Beispiel einer Wärmeerzeugungsanlage

- Daten und Versorgungsmöglichkeit für Strom, Wasser, Brennstoffe,
- Infrastruktur, Transportmöglichkeiten (auch im Fabrikgelände: Straßen, Geleise, Wasser)
- Personalsituation und Versicherungen,
- übliche Standards und empfehlenswerte Lieferanten

1.4.3 Verfahrensbeschreibung mit Mengen- und Energiebilanzen

Zunächst wird ein grobes Blockdiagramm (Blockfließbild) mit Mengenbeschreibungen und Energieverbräuchen (Bild 1.14) für Prozess- und Nebenanlagen angelegt. Dieses Blockdiagramm wird in einer Verfahrensbeschreibung erläutert. Im wesentlichen wird ein vorläufiges Grobkonzept formuliert. In dieser Phase wird

Bild 1.15 Anlagenaufbau

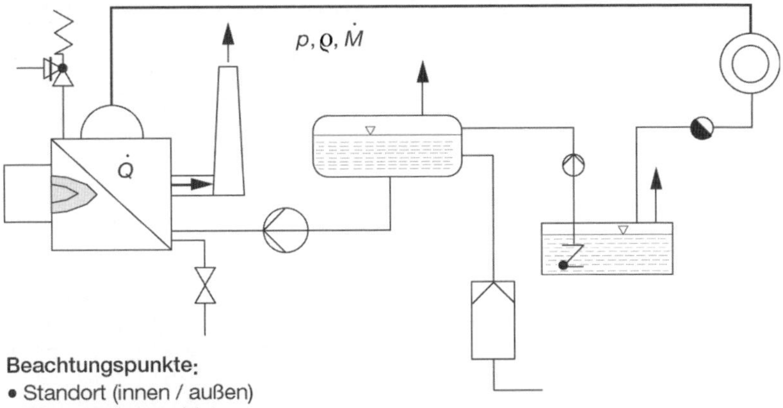

Beachtungspunkte:

- Standort (innen / außen)
- Wasserschutzgebiet
- Bergwerksbereich
- Erdbebengebiet
- Flugzeug / Flugplatz
- Klimatische Verhältnisse (z.B. Tropen)
- Grund- und Hochwasser
- Wohngebiete / Grenzen
- Bodenbeschaffenheit
- Höhenlage
- Betriebsstunden / Jahr
- Lebensdauer
- Verfügbarkeit

$\dot{M} = \dot{Q} / \Delta h_V$
$\dot{V} = \dot{M} / \rho$
$\dot{V}$ ⇒ ergibt Rohrleitungsabmessung
$\dot{Q}$ = Wärmestrom
$\dot{M}$ = Massenstrom
$\dot{V}$ = Volumenstrom
Δh_V = Verdampfungsenthalpie
ϱ = Dichte

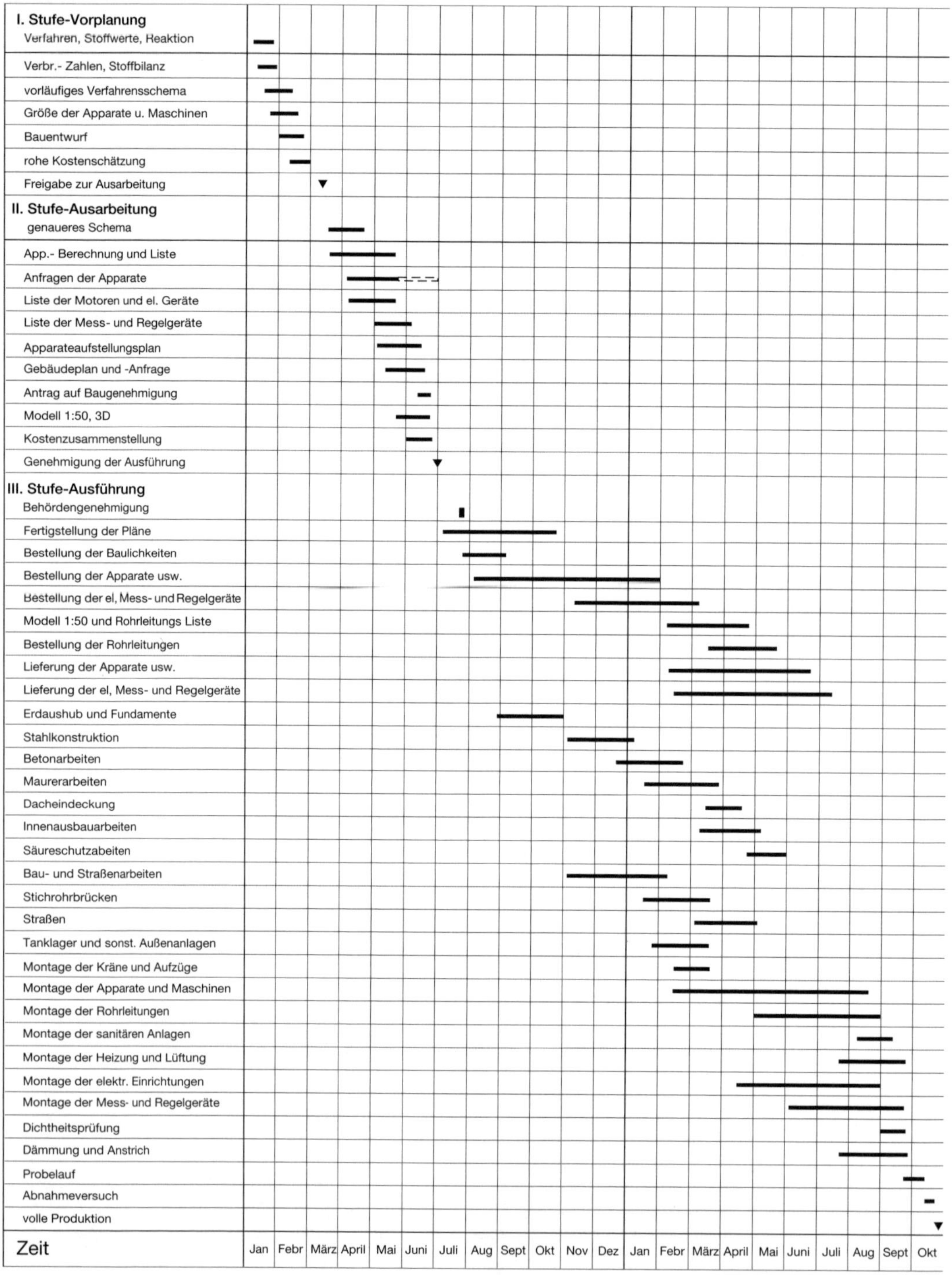

Bild 1.16 Terminplan als Balkendiagramm [1.1]

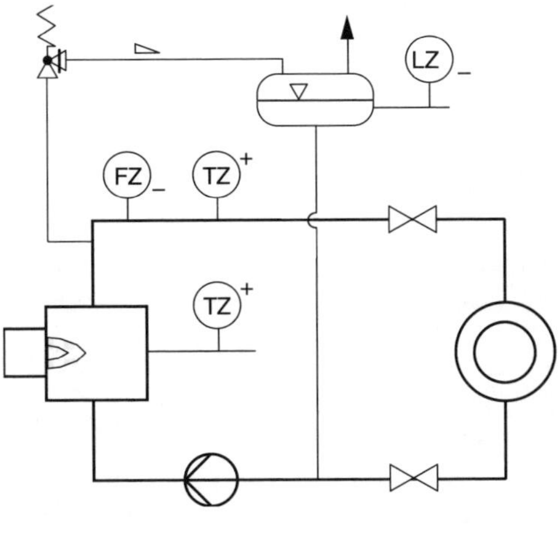

Bild 1.17 Sicherheitstechnik am Beispiel einer Wärmeträgeranlage

auch der Planungsaufwand für die Grobplanung abgeschätzt (Termine und Kosten).

1.4.4 Verfahrenstechnische Grobauslegung

Apparate, Reaktoren, Kolonnen und Maschinen innerhalb der Prozessanlagen werden überschlagsmäßig für die angenommene Kapazität ausgelegt. Es entstehen vorläufige Fließbilder mit Mengen-, Temperatur- und Druckangaben (Bild 1.15). Außerdem werden erste Optimierungsüberlegungen angestellt (Energie, Ausbeute, Personal) und der Energiebedarf der Einzelanlagen ermittelt.

1.4.5 Auslegung der Nebenanlagen

Alle Nebenanlagen sind der Produktionskapazität anzupassen, wobei auch zukünftige Erweiterungen und Zusätze in vorhandene Systeme berücksichtigt werden müssen.

- Verladestationen,
- Behälter- und Tanklager für Produkte und Verbrauch-Chemikalien,
- Feuerlöschsystem, Straßen, Geleise, Zäune,
- Stromversorgung, -verteilung sowie Erdungssystem,
- Wärmeenergie, Kessel und Wasseraufbereitung sowie Brennstoffversorgung,
- Wasserversorgung z.B. mit Rückkühlung über Kühltürme bzw. Luftkühler,
- Rohrleitungen und Rohrbrücken,
- Kläranlagen und Kanalisation sowie Abluftreinigung,
- Gebäude und Waagen,
- Druckluft- und Stickstoffversorgung,
- Heißwasser und Dampf,
- Elektroenergie, eigene Energieversorgung oder Fremdbezug,
- Be- und Entlüftungssysteme von Räumen,
- Grundwasser-, Emissions-, Immissions-, Lärm-, Gebäude- und Personenschutzmaßnahmen.

1.4.6 Lageplanentwurf

In diesem vorläufigen Entwurf werden alle bisher gesammelten und berechneten Informationen von Prozess- und Nebenanlagen, ihren Aufgabenstellungen entsprechend, dargestellt. Dabei sind folgende Informationen zu berücksichtigen:

- Klimadaten,
- Bodenverhältnisse,
- Transportabläufe,
- Vorschriften und Genehmigungsauflagen,
- Erweiterungsmöglichkeiten,
- Vorgespräche mit den Behörden,
- beim Betreiber: Benachrichtigung von Betriebsrat, Sicherheitsfachkraft, Störfallbeauftragter sowie dem Brandschutz.

1.4.7 Projektbeschreibung, Kostenschätzung, Terminplan

Anhand von vorliegenden Unterlagen wird eine vorläufige Projektbeschreibung mit Fließbildern und Lageplan erstellt. In diesem Konzept werden alle Apparate, Maschinen usw., einschließlich der Nebenanlagen, und deren Anordnung bzw. Aufstellung unter Berücksichtigung der Vorschriften (Abstände, Ex-Schutz) beschrieben.

Sobald alle zuständigen Gremien diesem Konzept zugestimmt bzw. ihre Änderungswünsche mitgeteilt haben, wird eine erste Kostenschätzung und ein Terminplan für die Detailplanung, Abwicklung und Montage vorgenommen. Hierfür genügt in den meisten Fällen ein Terminplan in Form eines Balkendiagrammes [1.1] gemäß Bild 1.16.

1.4.8 Projektierungshilfen

Um größere Fehler beim Abschätzen der Anlagendimensionierung zu vermeiden, hat es sich als äußerst nützlich erwiesen, wichtige Daten einer Anlage mit Hilfe von Diagrammen und Tabellen, wie sie im Anhang zu finden sind, zu überprüfen bzw. in der Vorplanung auszulegen.

Tabelle 1.9 Beispiel einer Verbrauchsliste

Stromanschluss	(kVA)
Stromnetz, Datennetz	(V/Hz)
Transformatorleistung	(kVA)
Notstromnetz	(kW)
Feuerwarnanlage	(-)
Kaltwasser	(m^3/h)
Brunnenwasser	(m^3/h)
Stadtwasser	(m^3/h)
Flusswasser	(m^3/h)
Kühlturmwasser	(m^3/h)
Feuerlöschwasser	(m^3/h)
Feuerlösch-Schaum	(kg)
Heizgas	(mN^3/h)
Heizöl	(kg/h)
Druckluft	(mN^3/h)
Instrumentenluft	(m^3/h, bar)
Stickstoff	(mN^3/h)
Warmwasser	(m^3/h, °C)
Heißwasser	(m^3/h, °C)
Wärmeübertragungsanlage	(kW, °C)
Dampf 3 bar	(kg/h)
Dampf 12 bar	(kg/h)
Dampf 30 bar	(kg/h)
Wasseraufbereitung	(m^3/h)
Kondensatanfall	(m^3/h)
Vakuum	(mbar)
Abwasser	(m^3/h)
Sole	(m^3/h, °C)
Kälteanlage	(kW)
Sanitärabwasser	(m^3/h)
Rohware	(kg/h)
Chemikalien	(kg/h)
Endprodukt	(kg/h)

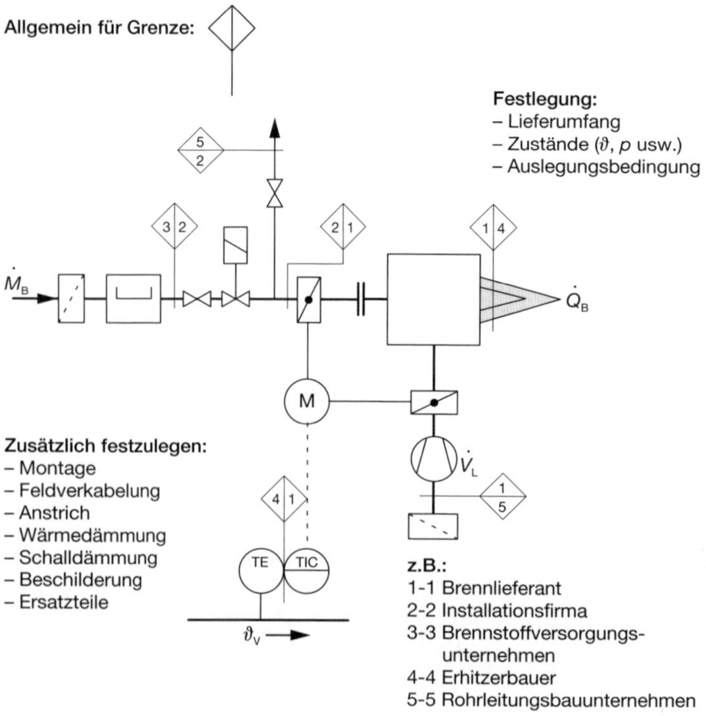

Bild 1.18 Detailplanung mit Liefergrenzen/Grenzen

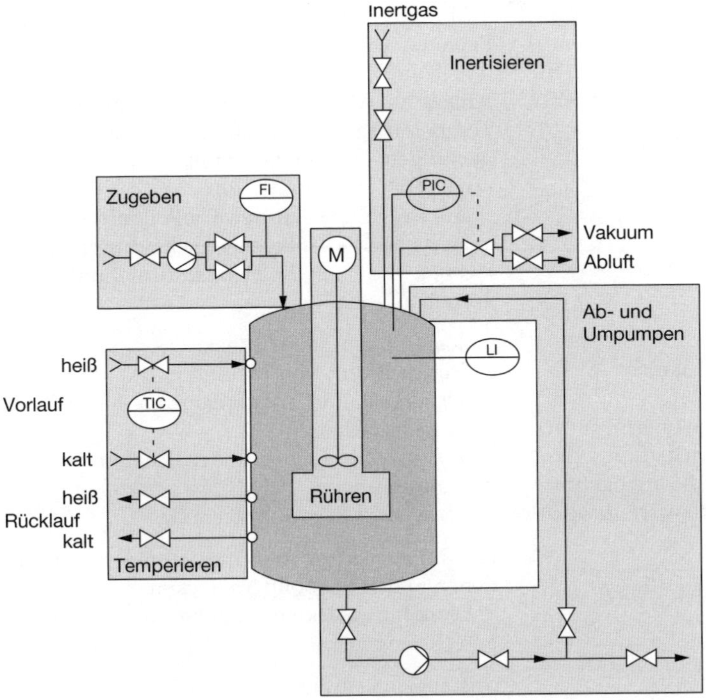

Bild 1.19
Strukturierung einer Teilanlage in mehrere technische Einrichtungen (grau unterlegt) mit Angabe der zugehörigen technischen Funktion (z.B. Rühren)

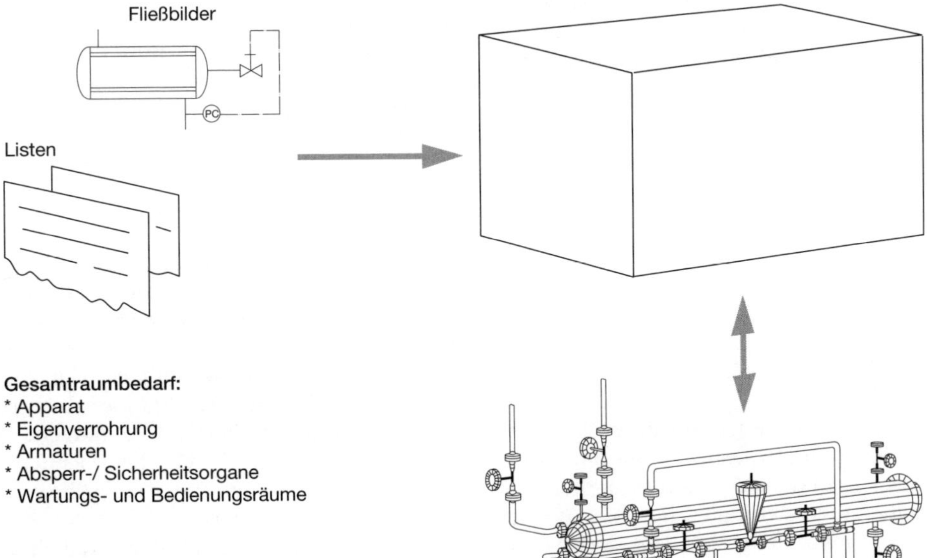

Bild 1.20 Erstellung der Detailaufstellungspläne und Platzabschätzung von Ausrüstungen

1.4.9 Betriebskostenschätzung

Die in diesem Konzept zusammengestellten Informationen werden für eine erste Betriebskostenrechnung genutzt:

- Kapitalkosten,
- Energiekosten,
- Personalkosten,
- Gemeinkosten.

> ! Die Ergebnisse einer solchen Betriebskostenschätzung führen oft zu einer Änderung der Aufgabenstellung.
> Dann müssen die Positionen abermals für die neuen Bedingungen durchlaufen werden, bis eine wirtschaftliche Lösung gefunden ist oder das Projekt verworfen wird (KICK OFF MEETING)!

1.5 Detailplanung

1.5.1 Allgemeine Hinweise

Wenn nach Abschnitt 1.4.9 die Entscheidung gefallen ist, die Anlage zu bauen und das endgültige Konzept vorliegt, kann mit der praktischen Umsetzung begonnen werden. Dazu gehören zunächst:

- Exakte Mengen- und Energiebilanzen,
- genaue verfahrenstechnische Auslegungen mit den zulässigen Grenzdaten,
- richtige Dimensionierung der Nebenanlagen,
- gültige Lagepläne,
- detaillierte Fließbilder, auch für Energie und Abwasser,
- Hilfssysteme und Instrumentation (R + I-Fließbilder).

Zu empfehlen ist eine Überprüfung der Fließbilder anhand einer Checkliste und eine Kontrolle des Gesamtkonzepts auf Sicherheit und einzuhaltende Vorschriften (Bild 1.17). Aus den Fließbildern muss erkennbar sein, welche Apparate, Maschinen, Regelungsgeräte, Armaturen usw. vorgesehen sind, z.B. Armaturen für 300 °C. Außerdem erhalten alle Teile eine Kenn-Nummer, auch die Rohrleitungsabschnitte.

Hilfreich sind auch Verrohrungsschemata für Behälter, Tanks, Pumpstationen, Abfüllbühnen usw. und ein Gesamtrohrleitungsschema der Anlage mit Angaben von Nennweiten, Drücken, Temperaturen, Werkstoffen, Wandstärken, Beheizungen, Wärmedämmungen und Armaturen (s. DIN EN ISO 10 628).

Als Ergänzung zu den Fließbildern sind für entsprechende Anlagenbereiche Listen anzulegen, aus denen alle Detailinformationen hervorgehen:

- Lagerbehälter und Tanks,
- Pumpen und Kompressoren,
- Druckbehälter, Wärmeaustauscher, Rührwerksbehälter,
- Elektroverbraucher, Kabel, Schaltanlagen,
- Rohrleitungen,
- Mess- und Regelungstechnik.

Die Numerierung der Listen muss sich mit denen in den Fließbildern decken.

Diese Informationen benötigt man für Detailberechnungen:

- Kabelauslegung,
- Wandstärkenberechnungen,
- Gerüstauslegungen,
- Fundamente,
- Flexibilitätsanalyse der Rohrleitungen (z.B. DIN EN 13 480-3),
- Windkräfte und
- Ankerschrauben.

Außerdem werden Listen über den Einsatz bzw. Verbrauch von Rohstoffen (Tabelle 1.9) aufgestellt. Alle diese Unterlagen gewährleisten eine gute Kommunikation innerhalb des Planungsteams und erleichtern die Planungsarbeit.

Besondere Bedeutung kommt bereits in dieser Phase dem Lageplan für unterirdische Installationen zu. Es muss genügend Platz an den richtigen Stellen für Kanalisation, Feuerlöschwasserleitungen, Kabel und Fundamente vorgesehen werden. In bereits bestehenden Anlagen müssen Planungsänderungen die vorhandenen ober- und unterirdischen Installationen bei der Festlegung von Rohr- bzw. Kabeltrassen und Fundamenten berücksichtigt werden.

Zur besseren Übersicht werden von den unübersichtlichen Teilanlagen im Gesamt-R + I-Fließbild Einzeldetail-R + I-Fließbilder erstellt, die insbesondere auch Grenzen (Liefergrenzen, Werkstoffgrenzen, Druck-/Temperaturgrenzen usw.) angeben (siehe Bild 1.18). Für eine lückenlose Generalübersicht sowie für die spätere Inbetriebnahme ist eine Strukturierung einer Teilanlage gem. Bild 1.19 vorzunehmen. Nachdem die R + I-Fließbilder in der Detailplanungsausführung vorliegen, sind die Aufstellungspläne zu erstellen (s. Bild 1.20).

1.5.2 Genehmigungsantrag

Die erstellten Unterlagen dienen als Grundlage für den Genehmigungsantrag. Zusätzlich müssen noch Emissionsberechnungen durchgeführt werden. Mit dem Genehmigungsantrag sind einzureichen:

- Topografische Karten,
- Bauvorlagen mit Lageplan,
- Anlagen- und Betriebsbeschreibungen,
- schematische Darstellungen,
- Aufstellungspläne,
- Immissionsprognosen,
- Angaben zur Verwertung und Beseitigung von Reststoffen.

1.5.3 Erstellung von Spezifikationen

Die Genehmigungszeit wird oft benutzt zur Formulierung der Spezifikationen für die zu liefernden Bauteile und durchzuführenden Montagearbeiten. Man unterscheidet allgemeine und Detailspezifikationen.
Beispiele für allgemeine Spezifikationen:

- Einkaufs- und Abwicklungsbedingungen,
- Baustellen- und Montagebedingungen,
- geforderte technische Unterlagen,
- allgemeine Druckbehältervorschrift,
- allgemeine Wärmeaustauschervorschrift,
- allgemeine Oberflächenschutzrichtlinien,
- allgemeine Richtlinien für Elektroinstallationen,
- allgemeine Richtlinien für Instrumentation,
- allgemeine Richtlinien für Edelstahlverarbeitung,
- Verpackungs- und Importrichtlinien,
- allgemeine Verrohrungsrichtlinien.

Es ist sicherzustellen, dass die Betreiber- bzw. Auftraggeberspezifikation berücksichtigt und eingehalten wird.

In den Detailspezifikationen sind

z.B.: für Reaktoren, Behälter, Tanks, Kolonnen mit Bühnen und Leitern, Wärmeaustauscher, Pumpen, Vakuumaggregate, Armaturen, Erhitzer, Kessel, Luftkühler, Kühltürme, Kompressoren und Druckluftstationen, Transformatoren und MS-Einspeisungen, Straßen- und Geleisbau, Niederspannungsverteiler und Kabel, Instrumentation, Beleuchtung, Waagen, Rohrleitungsmaterialien, Füllbühnen usw.,

alle wesentlichen Anforderungen für den Anbieter verständlich formuliert, auch die geforderten Informationen, Abnahmen und Prüfungen.

Die Spezifikation ist so klar abzufassen, dass unnötige Rückfragen vermieden werden. Andererseits ist dem Anbieter die Möglichkeit zu lassen, seine optimale Lösung vorzuschlagen. Auf die jeweils gültigen Vorschriften, also AD-Merkblätter, Druckbehälterverordnung, DIN-Normen, VDI/VDE-Richtlinien, Arbeitsstätten- bzw. Arbeitsstoffverordnung, TRbF oder ASME, API, NEC usw., muss unbedingt verwiesen werden.

Die Ausschreibung sollte sich immer den ortsüblichen Standards anpassen (z.B. keine DIN-Flansche in USA). Es ist empfehlenswert, die Spezifikationen für Apparate und Behälter durch möglichst detaillierte Zeichnungen zu ergänzen. Die Bearbeitung erfolgt dann schneller und man vermeidet Missverständnisse.

Wärmeaustauscher sind so exakt wie möglich auszulegen, weil man sonst die widersprüchlichsten Angebote erhält und spätestens dann nachrechnen muss. Bei Behältern und Apparaten sind wenigstens die Mindestwandstärken vorzugeben. Zusätzliche Wanddicken nach Vorliegen der genauen statischen Berechnung (Druck, Temperatur, Wind, Schnee, Erdbeben, Schwingung) oder wegen eines höheren Korrosionszuschlags, können z.B. auf kg-Basis verrechnet werden.

Für Gleitringdichtungen empfiehlt sich eine generelle Spezifikation mit Angabe der Gleitflächen, Nebendichtungen und Betriebstemperaturen, weil die Pumpenlieferanten oft bevorzugt und preiswerter mit einem bestimmten Fabrikat arbeiten.

Für die Erstellung der Spezifikationen benötigt man sehr erfahrenes Personal, das geeignet ist, die abstrakten verfahrenstechnischen Informationen in verständliche Ausschreibungen umzusetzen, wobei auch die spätere gute Bedienbarkeit, Wartung und Haltbarkeit der Anlagen zu sichern ist.

In dieser Phase sind zwar meist die erforderlichen Informationen für die Montagearbeiten noch nicht vollständig, aber trotzdem können schon die Montagespezifikationen und -ausschreibungen auf Einheitsbasis erstellt werden:

- Erdarbeiten und Fundamentierungen,
- Stahlbauarbeiten,
- Verrohrungsarbeiten,
- regelungstechnische und elektrische Montagen
- Wärme-, Kälte- und Schalldämmung,
- Anstriche.

Die mit viel Aufwand erstellten Anfragespezifikationen werden nicht wahllos an aus dem Telefonbuch gesuchte, sondern an ausgewählte Firmen verschickt, die auf dem jeweiligen Gebiet über Erfahrung und Reputation verfügen.

Anmerkung:
Da die Anfragespezifikationen oft parallel zum Genehmigungsantrag erarbeitet werden, müssen bisweilen nachträglich zusätzliche Genehmigungsauflagen in die Ausschreibungen eingearbeitet werden.

1.6 Anfragen und Bestellungen

Der Ablauf von der Anfrage über die Bestellung bis zur Abnahme von Lieferantenbauteilen ist in Tabelle 1.10 dargestellt.

1.6.1 Anfragen

1.6.1.1 Angebote

Angebote werden üblicherweise ohne Kosten und Verbindlichkeiten für den Anfragesteller abgegeben. Der Anbieter kann die Gültigkeit eines Angebotes befristen. Die Vergabe erfolgt nach dem Ermessen des Bestellers.

1.6.1.2 Unterlieferanten

Wenn beim Besteller besondere Vorstellungen über eventuelle Unterlieferanten (z.B. für Rohre, Platten, Armaturen usw.) bestehen, ist es günstig, sie bereits mit der Angebotsabgabe zu nennen. Im Verkehr mit seinem Unterlieferanten ist der Lieferer federführend. Der Besteller behält sich vor, in besonderen Fällen an den technischen Verhandlungen teilzunehmen. Dadurch wird der Lieferer seiner Gewährleistungspflicht in keiner Weise enthoben.

1.6.1.3 Liefergrenzen und Leistungsgrenzen des Lieferers

Die Liefer- und Leistungsgrenzen sind im Angebot, den Zeichnungen bzw. dem Liefervertrag eindeutig festzulegen. Sofern in der Anfrage nichts anderes angegeben ist, enthält der Liefer- und Leistungsumfang üblicherweise nachfolgend aufgeführte Positionen:

- die erforderlichen Berechnungen und Vorprüfunterlagen,
- Ausführungszeichnungen,
- Apparate und Zubehör,
- Verpackungen,
- Transporte und Transportversicherungen,
- Montage,
- Montageversicherungen,
- Inbetriebnahme und Probebetrieb,
- sachliche und persönliche Kosten für die Abnahme, die durch die amtlich vorgeschriebenen Prüfungen entstehen,
- Bescheinigungen über Werkstoffprüfungen,
- Betriebs- und Wartungsanweisungen,
- Terminablaufplan, späteste Termine.

1.6.1.4 Angebotsvergleich

Trotz der recht genauen Anfragespezifikationen ist es meist nicht einfach, aus den verschiedenen Angeboten mit den beigefügten Informationen

Kurzzeichen Φ	Tätigkeit/Vorgang	zuständige Stelle	Zeitbedarf Δt_Φ (Wochen)	Festtermin $t_{\Phi,SE}$ (Datum)
A	Rührer beschaffen	Einkauf	5	–
B	Fundament erstellen (einschl. Abbinden d. Betons)	Bauabteilung	8	–
C	Behältnismaterial beschaffen	Einkauf	2	–
D	Behälter fertigen	Werkstatt	5	–
E	Behälter und Rührer zusammenbauen	Werkstatt	3	–
F	Vorhandene Bühne erweitern	Bauabteilung	6	–
G	Rührbehälter aufstellen und anschließen	Montage	12	–
H	Abbinden d. Betons (Bühne)	–	4	–

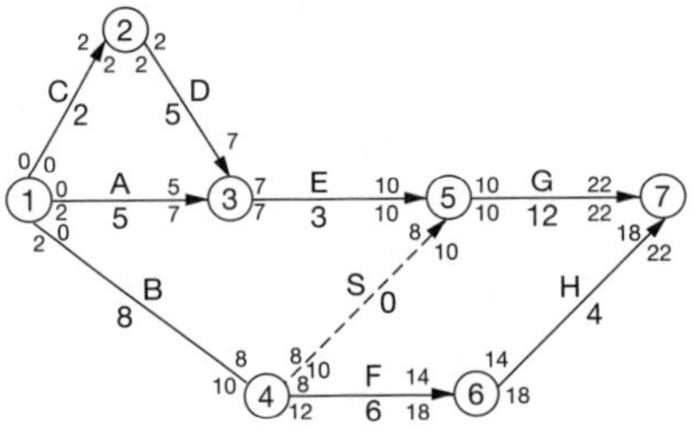

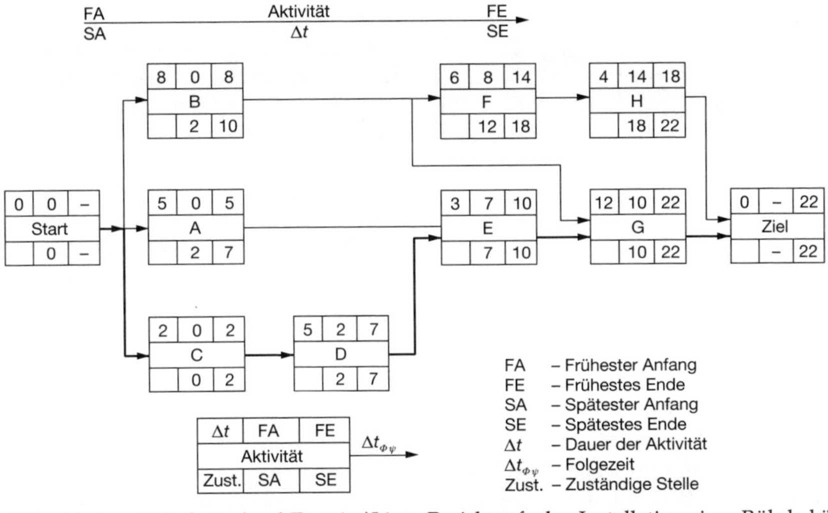

Bild 1.21 Beispiel einer Tätigkeits-(und Termin-)Liste. Projektaufgabe: Installation eines Rührbehälters. Auf der Basis bereits vorliegender technischer Unterlagen ist ein Rührbehälter zu bauen und aufzustellen sowie eine Beton-Bedienungsbühne zu erweitern; Behältermaterial und Rührer sind zu kaufen [1.2].

die optimale Offerte auszuwählen. Es ist z.B. wenig sinnvoll, eine etwas billigere Pumpe mit höherem Leistungsbedarf zu kaufen. Bei den derzeitigen Stromkosten kann man den Leistungsmehrbedarf eines Aggregates mit ca. 2000 €/kW und Jahr Volllaststunden ansetzen. Siehe hierzu auch die Berechnung der Life-Cycle-Kosten in Abschnitt 2.5. Ähnliche Betrachtungen gelten z.B. für:

- Kessel mit unterschiedlichem Wirkungsgrad,
- Luftkühler mit verschiedenem Kraftbedarf am Ventilator,
- Dampfstrahler mit unterschiedlichen Dampf- und Wasserverbräuchen,
- Wärmeaustauscher mit hohen Druckverlusten und unterschiedlichen Fouling-Faktoren,
- Pumpen mit unterschiedlichen Drehzahlen.

Tabelle 1.10 Tätigkeiten von Anfragesteller/Besteller und Anbieter/Lieferer

Anfragesteller/Besteller	Anbieter/Lieferer
Anfrage →	**Eingang der Anfrage** □ Rückfragen □ Entscheidung ob angeboten wird: ja ↓ □ Technische Auslegung □ Erstellung eines Schemas □ Liefergrenzen □ Anfragen an Unterlieferanten □ Preisermittlung □ Lieferzeitermittlung □ Erarbeitung von Vertrag und Zahlungsbedingungen
	← **Angebotserstellung**
Angebotsvergleich Zusatzinformation →	Angebotsüberarbeitung
	← **Neues Angebot**
Vergabeverhandlung	
Bestellung →	**Auftrag** ← **Auftragsbestätigung** ← z.B. Rechnungsstellung für erste Teilzahlung □ Detailplanung bis Stücklisten Bestellungen an Unterlieferanten □ Werkstattfertigung
□ Koordination und Prüfung der eingehenden Unterlagen	□ Prüfungen □ Montageplanung □ Verpackungen
Wareneingang	← **Versand** ← z.B. Rechnungsstellung für zweite Teilzahlung
□ Wareneingangskontrolle	
Montage	← **Montagepersonal**
□ Baustelleneinrichtung	← Baustellenüberwachung
□ Prüfungen □ Inbetriebnahme	← Prüfungsanweisungen
Abnahme/Übergabe	← Schlussrechnung

Beim Angebotsvergleich ist also die wirtschaftlich optimale und betriebssicherste Lösung auszuwählen. Z.B. muss bei Wärmeaustauschern eine sinnvolle Verschmutzungsreserve oder eine Reinigungsmöglichkeit eingeplant werden.

1.6.2 Bestellungen

Bestellungen erfolgen auf der Basis des günstigsten, nicht des billigsten Angebots. Zuvor wird das Lieferpaket nochmals im Detail mit dem Lieferanten durchgegangen, um alle Unklarheiten zu beseitigen und eventuelle Änderungen oder Verbesserungen gegenüber der Anfragespezifikation festzuhalten. Diese Änderungen müssen in der schriftlichen Bestellung klar fixiert werden.

Ferner muss man sich vor der Auftragsvergabe vergewissern, dass die Lieferfirma in der Lage ist, die spezifizierten Teile zu liefern (Referenzen, Werksbesichtigung). Meist erkennt man schon in der Detaildiskussion des Lieferumfangs die Qualifikation eines Auftragnehmers. Die Bestellung sollte immer auf der Basis der Anfragespezifikation, nie nur auf der Basis des Angebots erfolgen. Als Auftragsbestätigung ist eine Bestellkopie zu verwenden, um den lästigen Vergleich zwischen eigener Bestellung und der Auftragsbestätigung des Lieferanten zu vermeiden.

Der wichtigste Punkt neben Preisen, Zahlungsbedingungen und Garantien ist die Lieferzeit, die gem. vorliegendem Terminplan zu fixieren ist, möglichst mit Pönalien für verspätete Lieferung. Hierbei sollte ein Terminplan nach dem Netzplansystem vorliegen, in dem man sehr schnell Terminänderungen vornehmen und den kritischen Terminpfad erkennen kann (Bild 1.21). Erfahrungsgemäß bereiten Terminüberschreitungen (Lieferfirmen sind im Erfinden von Begründungen für Verspätungen oft sehr kreativ) den meisten Ärger beim Bau von Anlagen. Auch die Verbrauchsdaten oder Wirkungsgrade von Pumpen, Kompressoren, Dampfstrahlern, Luftkühlern, Öfen usw. sollten pönalisiert werden.

Für die Planung ist die schnelle und termingerechte Lieferung der Zeichnungen, Fundamentlasten und Berechnungen wichtig, damit genaue Fundament-, Lage- und Aufstellungspläne erstellt werden können, evtl. auch Modelle und Isometrien. Um die Bereitstellung dieser Unterlagen zu beschleunigen, sollte die erste Anzahlung nicht bei Auftragsbestätigung, sondern z.B. nach Vorliegen der geforderten technischen Informationen erfolgen. Den Fortgang der erfolgten Bestellungen kann man optisch anhand der Fließbilder verfolgen, wenn alle bestellten Aggregate farbig markiert werden. Zusätzlich sind Bestell-Listen zu führen. Einige typische Bestellfehler, die später unweigerlich Ärger bereiten:

- Vereinbarung eines Pauschalfestpreises bei ungenauer Angabe des Lieferumfangs für Montagearbeiten.
- Kolonnen ohne Bühnen und Leitern oder ohne Tragringe für Einbauten oder ohne Toleranzangaben.
- Unterschiedliche Abmessungen für Apparate und Einbauten.
- Vergessene Verankerungen und Ankerschrauben.
- Molchsysteme ohne Abstimmung mit Rohrleitungen und Armaturen.
- Fehlende Angaben über Verbindungen von Rohr/Rohrboden bei Wärmeaustauschern.
- Unterschiedliche Flansche bei Apparaten von verschiedenen Lieferanten.
- Unverstärkte Stutzen an Apparaten und Behältern.
- Nicht genau festgelegte und spezifizierte Liefergrenzen.

1.6.2.1 Lieferungen und Leistungen des Bestellers

Zu den Lieferungen und Leistungen des Bestellers gehören:

- Strom und Brauchwasser müssen an den Anschlussstellen der Baustelle verfügbar sein. (Die weitere Energieverteilung obliegt dem Lieferer unter Beachtung der vom Besteller gegebenen Richtlinien.)
- Eine Installation der allgemeinen Beleuchtung ist vorhanden.
- Die auf Baustellen allgemein üblichen sanitären Einrichtungen stehen zur Verfügung.
- Eine Beheizung der Baustelle, soweit es der Montageablauf erfordert, wird gewährleistet. (Beheizung der Baubuden ist Sache des Lieferers, wobei der Besteller bei der Beschaffung des Brennstoffes behilflich ist.)

Im übrigen gilt die jeweilige Baustellenordnung.

1.7 Abwicklung

1.7.1 Auftragsverfolgung

Zeichnungen, Berechnungen und sonstige Unterlagen des Lieferanten müssen mit der Anfrage- bzw. Bestellspezifikation verglichen werden. Die durchgesehenen und gegebenenfalls korrigierten Unterlagen werden umgehend zurückgeschickt, um Lieferverzögerungen zu vermeiden.

Alle Bestellungen müssen routinemäßig auf Termin und Qualität kontrolliert werden (Werksbesuche).

1.7.2 Ergänzende Detailplanung

Auf der Basis kontrollierter und eventuell berichtigter Unterlagen und Zeichnungen von Lieferanten werden die endgültigen Lage- und Aufstellungspläne, Fließbilder, Modelle, Rohrleitungspläne oder Isometrien, Schalt-, Kabel-, Erdungs-, Beleuchtungs-, Instrumentations- und Fundamentpläne für die Montagearbeiten erstellt. Dies ist die zeitaufwendigste Planungsphase, wegen der umfangreichen Konstruktions- und Zeichenarbeit.

Sobald diese Unterlagen fertiggestellt sind, können die Montagearbeiten in Auftrag gehen. Aufmaßaufträge können parallel zur Detailplanung vergeben werden.

Außerdem benötigt man die Detailpläne und Berechnungen für die bautechnische Genehmigung. Die Hauptgenehmigung – z.B. nach dem BlmSchG – sollte vor Beginn der Auftragsvergabe vorliegen.

1.7.3 Dokumentation

Für ein Anlagenprojekt sind viele Informationen zu verarbeiten und zwischen den am Projekt beteiligten Stellen auszutauschen. Fehler, Missverständnisse und Irrtümer lassen sich weder bei den Beiträgen der einzelnen Spezialisten und Fachabteilungen noch bei der Kommunikation völlig ausschließen. Da Fehler jedoch in der Regel Kosten, Termine oder Leistungen einer Anlage negativ beeinflussen und zu finanziellen

Konsequenzen für die verantwortliche Stelle bzw. Firma führen, besteht ein unbedingtes Interesse an einer nachprüfbaren Erfassung und Aufbewahrung aller projektrelevanten Unterlagen, Nachrichten und Informationen. Die einzelnen – im allgemeinen schriftlichen oder grafischen – Belege bezeichnet man als Dokumente, die Gesamtheit aller Dokumente die Dokumentation. Die Abwicklungsdokumentation erfasst die bei der Projektabwicklung während der Planungs- und Bauphase anfallenden und nur dafür wesentlichen Vorgänge, die technische Dokumentation bezieht sich auf die technische Realisierung der Anlage, und die Betriebsdokumentation betrifft insbesondere den Betrieb.

Die folgenden Abschnitte geben Empfehlungen für den Inhalt der verschiedenen Dokumentationen. Sie ermöglichen eine erste Orientierung. Im konkreten Einzelfall ist der Umfang selbstverständlich je nach Bedarf zu modifizieren, zu ergänzen oder zu vereinfachen. Die Dokumentation eines Projekts muss schon bei der Abwicklung (nicht erst danach!) dem aktuellen Stand entsprechen.

Ein konsequenter Änderungsdienst stellt sicher, dass jede Änderung so schnell wie möglich auch in der Dokumentation erscheint. Ein Nichteinhalten dieses Prinzips kann bei größeren Projekten zu heilloser Verwirrung mit vielen kostspieligen und zeitraubenden Nacharbeiten in der Endphase der Abwicklung führen!

1.7.3.1 Abwicklungsdokumentation

Die Abwicklungsdokumentation (Auftragsordner) umfasst alle Dokumente, die sich auf technische und kommerzielle Abwicklungsgrundlagen, Organisation und Koordinierung der Abwicklung sowie deren Steuerung und Überwachung, externen und internen Schriftverkehr sowie Abwicklungsformalitäten beziehen. Der Anlagenbauer legt das Konzept der Abwicklungsdokumentation bei Beginn der Projektabwicklung fest, arbeitet die dafür nötigen Anweisungen bzw. Richtlinien aus und leitet diese allen am Projekt beteiligten Stellen (auszugsweise und nach Bedarf) zu. Als Standort für die Abwicklungsdokumentation empfiehlt sich bis zum Ende der Abwicklung das Projektmanagement, nicht etwa die Registratur! Die Anweisungen bzw. Richtlinien für die Abwicklungsdokumentation regeln im wesentlichen:

Erfassung und Aufbewahrung (Ablage) der Abwicklungsgrundlagen

- aller Angebote,
- der Verträge einschließlich aller dazugehörigen Dokumente (Zusatzvereinbarungen, Änderungen usw.),
- Rechte und Pflichten Dritter (Patente, Lizenzvereinbarungen, Zusammenarbeitsverträge, Konsortialverträge usw.),
- einschließlich aller internen Vertragsgrundlagen (sachlicher Leistungsumfang mit Selbstkosten- und Terminvorgaben);

Ausführung der technischen Dokumentation und der Betriebsdokumentation

- Umfang der technischen Dokumentation (Art und Informationsinhalt der geforderten Dokumente),
- Umfang der Betriebsdokumentation,
- in welcher Sprache Texte, Beschreibungen und Zeichnungsbeschriftung auszuführen sind (gegebenenfalls sind Übersetzungen erforderlich),
- Einhaltung von Normen und Vorschriften für technische Berechnungen und Konstruktionen,
- Besorgung von Genehmigungsverfahren für technische Dokumente,
- Einhaltung von Normen und Vorschriften für Texte und grafische Darstellungen (Vordrucke, Formate, Papiersorten, Schriftfelder und Beschriftung von Zeichnungen usw.),
- Registrierung, Kennzeichnung und Numerierung technischer Dokumente,
- Bestimmung eines Änderungsdienstes;

Abwicklungsmanagement

- Projektorganisation mit Organisationsplan, Zuständigkeiten der für das Projekt verantwortlichen Bearbeitern (Namen, Rufnummern, Anschriften),
- Aufgaben- bzw. Dokumentationsmatrix (Zusammenstellung der erforderlichen, vorhan-

denen oder noch zu erstellenden Dokumente mit Angabe der ausarbeitenden, zu informierenden, prüfenden, weiterverarbeitenden Stellen usw.),

- Festlegung der Datenverarbeitung (Datenfluss-, Programmablaufpläne),
- Einrichtung eines Netzplans (Erstellung, laufende Terminkontrolle, Änderungen);

Externer und Interner Schriftverkehr

- Eingehende Post einschließlich Fax, Zeichnungen usw. (Registrierung, Kennzeichnung und Numerierung, Angabe der für die Bearbeitung zuständigen Stellen, Festlegung der Kopienzahl und des Verteilers, Übersetzungen, Ablage),
- Ausgehende Post einschließlich Fax, Zeichnungen usw. (Registrierung, Kennzeichnung und Nummerierung, Korrespondenzsprachen, Briefpapiervordrucke, Zahl und Verteiler für Kopien, Unterschriftenregelung, Versandvorschriften)
- Interner Schriftverkehr (Aktennotizen, Besprechungsberichte und -protokolle, Telefonnotizen usw.; Registrierung, Kennzeichnung und Numerierung, Zahl und Verteiler für Kopien, Ablage)

Dokumente zur internen Regelung einzelner Vorgänge

- Allgemeine Einkaufsbedingungen
- Spezielle projektspezifische Einkaufsbedingungen (Festlegung der Lieferanten und/oder Lieferländern, Lieferquoten, Rechnungslegung usw.)
- Vordrucke für Materialanforderungen, Personalanforderungen, Änderungsmitteilungen, Projektüberwachung (Netzplankontrolle über Rückmeldungen), Abnahmedokumente usw. einschließlich ihrer firmeninternen Laufwege, Registrierung, Kennzeichnung und Numerierung, Verteiler, Ablage
- Markierungsvorschriften für Versand von Waren und Anlagenteilen
- Abrechnungsvorschriften
- Projektspezifische, speziell hervorzuhebende Besonderheiten bei der Abwicklungsdokumentation

1.7.3.2 Technische Dokumentation

Die technische Dokumentation erfasst alle schriftlichen und grafischen Unterlagen, die sich – unabhängig von der Projektabwicklung – auf den technischen Aufbau und die Wirkungsweise der einzelnen Ausrüstungsteile und der Gesamtanlage, die prozesstechnischen Verknüpfungen zwischen den Einzelteilen, Auslegungsdaten, Rohstoff- und Betriebsstoffverbräuche sowie Qualitäten und Produktionszahlen für entstehende Fertigprodukte beziehen. Die technische Dokumentation ermöglicht in der Planungs- und Bauphase dem für das Gesamtprojekt zuständigen Anlagenbauer (Projektingenieur), in der Betriebsphase dem Betriebsingenieur einen schnellen Zugriff. Günstigerweise ist sie daher zuerst beim Projektingenieur, später beim Betriebsingenieur untergebracht. Zur technischen Dokumentation zählen im wesentlichen folgende Unterlagen:

Verfahrenstechnische Dokumente

- Fließbilder und zugehörige Beschreibungen
- Ablaufpläne
- Materialbilanzen, Materialfließbilder
- Energiebilanzen, Energiefließbilder
- Ausrüstungslisten
- Datenblätter
- Apparateskizzen
- Lagepläne
- Aufstellungspläne
- Gefahrenzonenpläne
- Mess-, Probenahme- und Analysevorschriften
- Übersichten über Auslegungsdaten, Verbrauchs- und Erzeugungszahlen

Dokumente des Maschinen- und Apparatebaus

- Konstruktionszeichnungen (Zusammenstellungs-, Detail-, Montagezeichnungen) einschließlich Angaben bezüglich Isolierung und Anstrich
- Stücklisten und Materialauszüge
- Fundamentbelastungspläne
- Statik- und Festigkeitsnachweise (für die Genehmigungsbehörde)
- Technische Abnahme- und Prüfvorschriften, Abnahmedokumente (Werkstoffzeugnisse usw.)

Dokumente des Rohrleitungsbaus

- Übersichtspläne mit Hauptrohrbrücken, Sammelkanälen, Hauptkabeltrassen
- Rohrleitungs- und Kabelpläne, Isometrien
- Listen über Rohrleitungen, Rohrteile und Rohrklassen mit Materialauszügen
- Festigkeitsnachweise
- Technische Abnahme- und Prüfvorschriften, Abnahmedokumente
- Dämm- und Anstrichspezifikationen

Dokumente der Elektrotechnik

- Elektrische Schaltpläne mit Beschreibungen
- Aufstellungspläne und Ausführungszeichnungen für elektrische Anlagen und Einrichtungen
- Beleuchtungspläne
- Kabelpläne
- Erdungspläne einschließlich Blitzschutz
- Listen über Verbraucher, Motoren, Kabel, Installationsmaterial
- Materialauszüge
- Datenblätter

Dokumente der MSR-Technik

- Schaltpläne mit Beschreibungen
- Funktionspläne für Steuerungen und Verriegelungen
- Aufstellungspläne und Ausführungszeichnungen für Messtafeln, MSR-Stromversorgung
- Kabelpläne
- Datenblätter
- MSR-Gerätelisten
- Signallisten
- Kabellisten mit Materialauszügen

Dokumente der Bauabteilung einschließlich Stahlbau

- Übersichtspläne für Gebäude, Bauwerke, Stahlgerüste usw.
- Detailzeichnungen für Gerüstteile, Bühnen, Treppen, Leitern usw.
- Fundamentpläne
- Schalungs- und Bewehrungspläne für Betonbauwerke und Fundamente
- Statik- und Festigkeitsnachweise
- Abnahmedokumente
- Pläne für Straßen, Gleisanlagen, Brücken, Unterführungen usw.
- Material- und Massenaufzüge
- Kanalisations- und Entwässerungspläne
- Ausschachtungspläne (Erdarbeiten)

Technische Dokumente des Anlagenbaues, allgemein

- Zeichnungslisten
- Ersatzteillisten
- Technische Abnahme- und Prüfvorschriften, Abnahmedokumente
- Anlagenmodelle

1.8 CAE in der Anlagentechnik

Da die Anlagenplanung sowie auch die Betriebsbetreuung sehr viele, stark unterschiedliche und weit weniger voneinander abhängige Fachgebiete umfasst und tangiert als oftmals angenommen, kann ein CAE-Einsatz nur dann sinnvoll funktionieren, wenn er gründlich analysiert, sinnvoll strukturiert und anwendungsorientiert organisiert wird. Dabei kann nicht auf die vermeintlich bewährten Muster herkömmlicher Firmenstrukturen zurückgegriffen werden. Sie sind, wie die Vergangenheit deutlich zeigte, dem ständigen Wandel durch neue wirtschaftliche Gegebenheiten unterworfen.

Somit erscheint ein CAE-Einsatz, neben allen Vorteilen die er bieten kann, nur dann sinnvoll, wenn leistungsstarke Softwaremodule in den einzelnen Fachgebieten, mit der Gewähr eines Datenaustausches mit anderen Anwendungen, zur Verfügung stehen (Bild 1.22).

Praxisnahe Lösung
Eine Analyse der Arbeitsabläufe und die Grundzüge der Kommunikation und Zusammenarbeit der Fachgruppen ergibt ein System der dezentralen fachspezifischen Lösungen mit einer zentralen Projektsteuerung und Kommunikationsebenen (Mailbox).

Die Realisierung der zentralen Mailbox (Data Mail System) mit projektsteuernden und -überwachenden Elementen ist als einzige auch für weitere Fremdkopplungen als geeignet anzusehen.

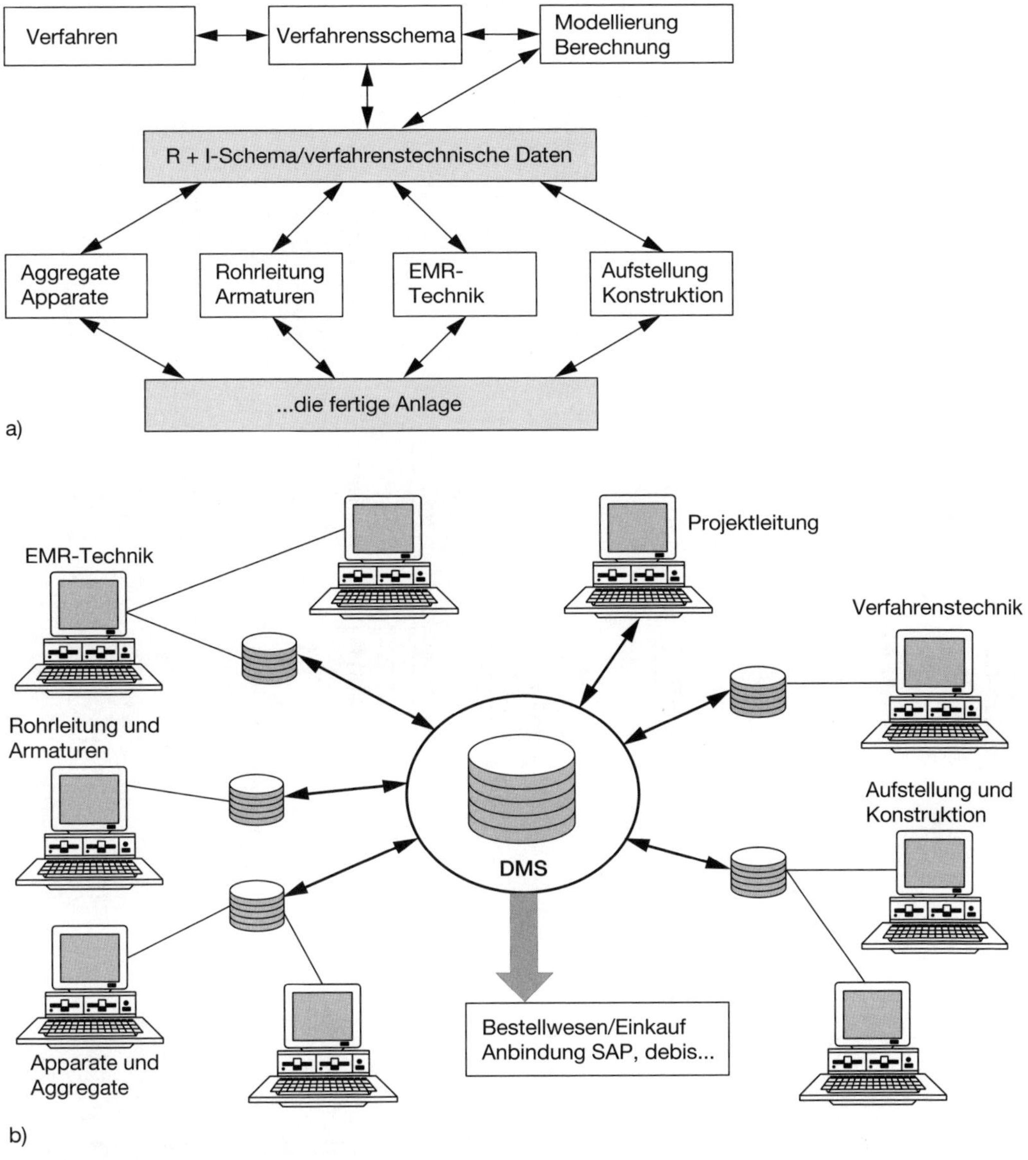

Bild 1.22 Schema eines CAE-Systems:
a) Abwicklungsschema, b) Zugehöriges CAE-System

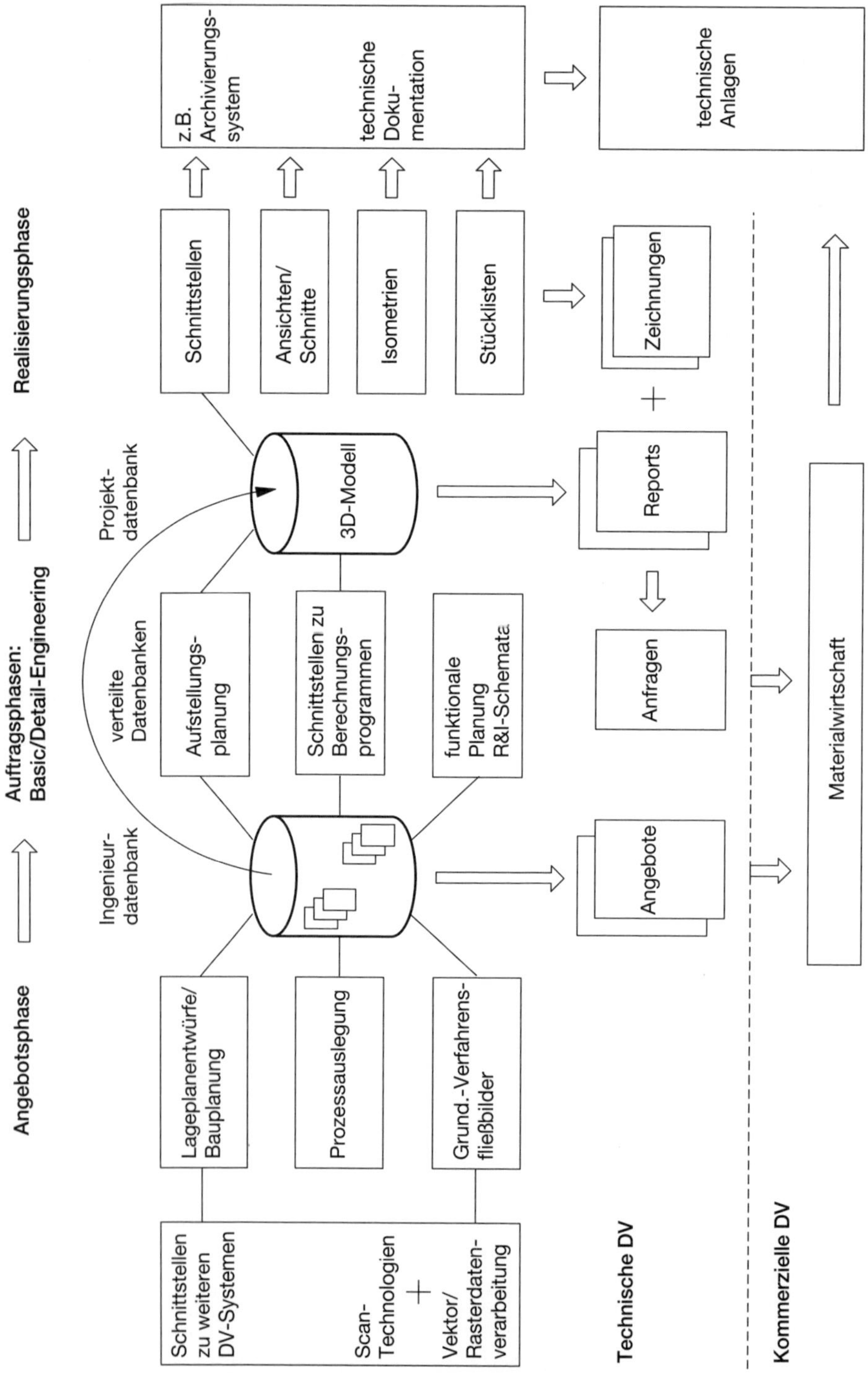

Bild 1.23 Aufstellungsplanung und komplette 3D-Anlagenkonstruktion

An dieses Data Mail System (ein relationales Datenbanksystem) werden direkt oder über entsprechend konfigurierte Datenkonverter die fachspezifischen Lösungen angeschlossen. Sie erhalten über die Projektverwaltung im DMS die fachbezogenen Rechte für das Lesen und Schreiben von Daten im DMS.

Alle Transaktionen der Fachgruppen im DMS werden dokumentiert und in ein Revisionsverfahren einbezogen. Nach Ablauf aller Bearbeitungen oder Fachgruppen ist somit der Datenbestand innerhalb des DMS der vollständige Engineering-Umfang.

Analyse der Arbeitsabläufe
Die Projektabwicklung gliedert sich im wesentlichen in 3 Phasen (Bild 1.23):

- Angebotsphase,
- die Auftragsphase: Basic/Detail Engineering,
- die Realisierungsphase: Inbetriebsetzung und Übergabe der technischen Dokumentation (as-built).

1.8.1 Angebotsphase

In der Angebotsphase werden Entwürfe erarbeitet, die die Grundlage für ein Angebot bieten. Hier werden verfahrenstechnische Abläufe vereinfacht in Form von Grundfließbildern dargestellt. Eine Detaillierung der Darstellung ist das Verfahrensfließbild. Es beschreibt den verfahrenstechnischen Prozess, symbolisiert alle am Prozess beteiligten Apparate und Maschinen und ist die Grundlage für die Berechnung von Massen- und Energiebilanzen. Parallel hierzu werden unter Berücksichtigung der Infrastruktur Aufstellungspläne entworfen. Ein Ergebnis dieser Arbeiten ist die Ausrüstungsliste, das Fundament für die Auftragskalkulation.

Angebote und Aufträge nehmen ständig zu. Der Aufwand für die Angebotserstellung wird dadurch erhöht. Um die Kosten in einem akzeptablen Rahmen zu halten, ist es deshalb notwendig, CAD-/CAE-Werkzeuge einzusetzen, die aufgrund ihrer Beschaffenheit ein schnelles Design ermöglichen und Auswertungen zulassen.

1.8.2 Auftragsphase: Basic-/Detail-Engineering, Rohrleitungs- und Instrumentierungsdiagramm

Im Auftragsstadium werden die Verfahrensschemata sowie Lageplanentwürfe überarbeitet. Sie sind Grundlage für das R + I sowie für die Austellungsplanung. Das R + I dient der Kennzeichnung und Festlegung der technischen Ausrüstung einer Anlage. Die funktionelle Anordnung von Apparaten und Maschinen, Rohrleitungen und Armaturen, Mess-, Steuer- und Regelungseinrichtungen erfolgt über Bildzeichen, die in DIN EN ISO 10 628 und DIN 19 227 genormt sind. Dabei werden objektbeschreibende Informationen wie Rohrklasse, Nenndruck, Nennweite, Werkstoff und Medium in der relationalen Datenbank verwaltet und später im dreidimensionalen Rohrplan genutzt.

1.8.3 Dreidimensionale Aufstellungsplanung

Dreidimensionale Aufstellungspläne beschreiben die Anordnung von technischen Ausrüstungskomponenten im Raum. Sie können für die Kalkulation bzw. Grobdarstellung der Anlage in der Angebotsphase herangezogen werden und bilden gleichzeitig die Basis zum Detail-Engineering.

Aus den im Rohrleitungs- und Instrumentierungsdiagramm beschriebenen funktionalen Zusammenhängen und unter Berücksichtigung der im Aufstellungsplan der Angebotsphase vorgegebenen Strukturen, werden die einzelnen Ausrüstungskomponenten des Behälter- und Apparatebaus sowie Stahlbaustrukturen zu einer dreidimensionalen technischen Anlage zusammengeführt. Randbedingungen wie Lichtraumprofile und Anschlusskoordinaten für andere Gewerke muss man dabei berücksichtigen. Die Anordnung dieser Ausrüstungskomponenten ist damit die Basis für die Konstruktion der Rohrleitungen, einschließlich der Mess-, Steuer- und Regelungstechnik.

Das Plazieren dieser Objekte im dreidimensionalen Raum erfolgt interaktiv durch Übergabe von Parametern an das Programm (z.B. Behälterabmessungen) oder komfortabel über Auswahlkriterien aus der relationalen Datenbank. Jedes Objekt ist in seiner Struktur eindeutig über eine rechnerinterne Codierung beschrieben. Beliebige kunden- und anwendungsspezifische technische und kommerzielle Daten können in der Datenbank objektbezogen ergänzt und für beliebige Auswertungen genutzt werden. Die Daten sind innerhalb des Datenmodells in Tabellen strukturiert und über Relationen miteinander verknüpft.

Bei der dreidimensionalen Rohrleitungskonstruktion wird der Verlauf der Rohrleitungen sowie die räumliche Anordnung der eingebauten Rohrleitungselemente festgelegt. Die Auswahl der Rohrleitungselemente erfolgt aus DIN- und ANSI-Bibliotheken. Die Einbauteile sind, abhängig von Nennweitenbereichen, Druckstufen und Endverbindungsarbeiten, verschiedenen Rohrklassen zugeordnet. Somit ist sichergestellt, dass bei der Konstruktion nur Elemente miteinander verbunden werden können, die auch in einer gemeinsamen Rohrklasse definiert sind. Dichtungen und Anzahl der Schrauben werden automatisch berücksichtigt.

Die passenden Schraubenlängen werden für die jeweiligen Verbindungen automatisch ermittelt. Hilfreich für die Rohrleitungskonstruktion ist das Einblenden des Konstruktionsvorschlages. Der beschreibt den Rohrleitungsverlauf über die Anlagenhauptachsen und kann für die Ausrichtung der Rohrleitung im Raum herangezogen werden.

Jede Änderung in der Grafik hat unmittelbar einen Eintrag in der relationalen Datenbank zur Folge und gewährleistet dadurch (unter anderem) einen sicheren Schutz gegen Datenverluste (z.B. bei Stromausfällen). Die uneingeschränkte Mehrnutzungsfähigkeit der Systeme und die Organisation der Benutzer in der Datenbank lässt eine zeitgleiche, abteilungsübergreifende Konstruktion im dreidimensionalen Raum zu. Das Ergebnis ist ein dreidimensionales Anlagenmodell, das man für viele Auswertungen heranziehen kann.

Kollisionsprüfung

Kollisionsprüfungen können jederzeit interaktiv über vorgegebene Bereiche durchgeführt oder später über das gesamte Anlagenmodell errechnet werden. Daraus kann man nicht nur physikalische Kollisionen (z.B. Rohrleitungen durch Stahlprofil), sondern auch weiche Kollisionen (Rohrleitungen durch Lichtraumprofil oder Freiraum durch Freiraum) erkennen.

Die Prüfung des gesamten Modells kann sehr rechenintensiv sein und sollte aus diesem Grunde im Batch in arbeitsfreien Zeiten durchgeführt werden. Das Prüfergebnis kann man direkt ausdrucken oder am Bildschirm visualisieren. Hierbei werden die kollidierenden Teile farbig hervorgehoben.

Unvermeidbare weiche Kollisionen, wie das Durchdringen der Saug- bzw. Druckleitungen an einer Pumpe durch den Arbeitsfreiraum der Pumpe, lassen sich als solche kennzeichnen und bleiben bei erneuten Kollisionsprüfungen unberücksichtigt.

Ansichten bzw. Schnitte, räumliche Darstellungen

Zeichnungsdokumente, wie Aufstellungspläne, Ansichten, Schnitte, Details sowie räumliche Darstellungen, lassen sich direkt aus dem Datenmodell ableiten. Bei Schnitten ist die Schnittführung durch einen Kubus festgelegt. Das Ergebnis enthält somit nur Komponenten, die innerhalb des Würfels liegen. Die Darstellung bleibt übersichtlich.

Die einzelnen Modellableitungen lassen sich grafisch ergänzen. So kann man z.B. die Elemente, die für Bemaßungen herangezogen werden, definieren und die Lage der Maßhilfslinien bestimmen. Das Maß selbst ist aus dem Modell abgeleitet und wird automatisch eingesetzt.

Isometrien

Die Isometrien leitet man ebenfalls vollautomatisch direkt aus dem 3D-Datenmodell ab. Dies kann im Batchbetrieb (z.B. für das gesamte Projekt) oder im Dialog durchgeführt werden.

Mit der grafischen Erstellung ist man gleichzeitig in der Lage, die dazugehörige Stückliste zu generieren. Dies hat den Vorteil, dass die auf der Stückliste ausgewiesenen Positionen mit denen auf der Grafik übereinstimmen.

Der Benutzer hat unterschiedliche Möglichkeiten, die Darstellung der Isometrien zu beeinflussen. So lassen sich zum Beispiel Höhenkoordinaten ein- und ausschalten, oder die Art der Bemaßung auf der Isometrie festlegen. Die Isometrien werden für die Planung der Montage und für die Fertigung herangezogen. Die Stücklisten dienen der Beschaffung.

Reports
Es besteht die Möglichkeit, alle Arten von Reports, wie Datenblätter, Einzelteil-Summationsstücklisten, frei formatierbar aus der Datenbank abzuleiten. Die Auswertungen werden einerseits für die Beschaffung und Controlling der Materialien, andererseits für die Montageplanung und Errichtung der Anlage genutzt.

Realisierungsphase
Sämtliche Unterlagen, die für die Errichtung einer Anlage benötigt werden, sind aus der Datenbank abgeleitet und dienen nach Inbetriebsetzung und Prüfung des aktuellen Errichtungszustandes sowie dem Abgleich mit dem Datenmodell, als technische Dokumentation (as-built) der Gesamtanlage für den Betreiber.

1.9 Prüflisten für Haupttätigkeiten

Es ist von Vorteil, bei der Prüfung der einzelnen Haupttätigkeiten mit Prüflisten zu arbeiten [1.2].

1.9.1 Darstellung des Anlagenschemas

1. Wurden gültige Normen bei der Darstellung von Apparaten, Rohrleitungen, Armaturen, Mess- und Regelungseinrichtungen verwendet?
2. Sind nicht normgerecht aufgeführte Objekte näher erläutert (Zeichenerklärung!) oder durch weitgehend an die späteren Ausführungen angepasste Darstellungen unmissverständlich wiedergegeben?
3. Entspricht der Zeichnungskopf den Anforderungen des Hauses (Zeichnungsnummer, Änderungsvermerke und -Index, Bezeichnungen, Projekt- bzw. Auftragsnummern, Datum, gezeichnet von ..., geprüft von ...)?
4. Sind alle Apparate, Rohrleitungen, Armaturen, Mess- und Regelungseinrichtungen eindeutig durch Positionsnummern gekennzeichnet? Wurde keine Positionsnummer mehrfach, d.h. für verschiedene Anlagenteile, verwendet?
5. Sind Motoren und evtl. Getriebe (soweit es sich um eigene Aggregate handelt) als eigene Anlagenteile dargestellt und mit Positionsnummern versehen (zweckmäßig z.B. für die Beschaffung bzw. Koordinierung mit der Elektroabteilung)?
6. Sind die wesentlichen Anlagenteile größenrichtig wiedergegeben?
7. Enthält das Fließbild verfahrenstechnisch wesentliche Höhenangaben (Bühnen, Mindestzulaufhöhen für Pumpen usw.)?
8. Sind Apparate, Rohrleitungen, Armaturen, Mess- und Regelungseinrichtungen höhenrichtig wiedergegeben? Sind Bedienungs- und Überwachungsstellen den richtigen Bedienungsbühnen zugeordnet? (Oder beschränkt sich die höhenrichtige Wiedergabe auf Apparate?)
9. Sind die Hauptflussrichtungen hervorgehoben?
10. Wurden Entwässerungen und Entlüftungen eingetragen? Ist bei «horizontalen» Leitungen das erforderliche Gefälle (Neigung, Richtung) vermerkt?
11. Enthält das Fließbild Hinweise auf nicht dargestellte Details, z.B. Entwässerungen und Entlüftungen sowie sonstige Armaturen von Begleitheizungen, Wasseranschlüsse für Lager- und Stopfbuchsenkühlung?
12. Sind die an den Liefergrenzen aufgeführten Leitungen und Stoffströme eindeutig gekennzeichnet (Herkunft, bzw. Ziel, Daten, gegebenenfalls Anschlussblatt)?
13. Enthält das Fließbild Mengen-, Druck-, Temperatur-, Durchsatzangaben und/oder sonstige Berechnungs- bzw. Betriebsdaten, Angaben über Behältergrößen, Heizflächen usw.? Sind die gewünschten Angaben vollständig und für alle Anlagenteile eingetragen?
14. Enthält das Fließbild Angaben über den Aggregatszustand der Stoffströme in Anlagenteilen und Leitungen?
15. Lassen sich bei Bedarf nachträglich Änderungen und/oder Ergänzungen in das Fließbild einfügen? Ist ausreichend freie Zeichenfläche zum Nachtragen zusätzlicher Mess-

und Regelungskreise, Umgehungsleitungen usw. vorhanden? Stehen in den einzelnen Positionsnummerngruppen noch unbenutzte Positionsnummern für die Positionierung nachträglich hinzugefügter Anlagenteile zur Verfügung?

1.9.2 Verfahrensablauf

1. Sind Befüllen, Entleeren und Entlüftungen gegeben?
2. Läuft das Verfahren – richtige Dimensionierung aller Anlagenteile (Apparate, Rohrleitungen, Armaturen, Mess- und Regelungseinrichtungen) vorausgesetzt – bei normal eingeregeltem Betrieb im ganzen Auslegungsbereich, d.h. von Schwachlast bis Maximallast, in der gewünschten Weise ab?
3. Lässt sich das Verfahren – richtige Dimensionierung aller Anlagenteile vorausgesetzt – sowohl erstmalig als auch nach Betriebsunterbrechungen wieder in Gang setzen? Welche Anlagenteile müssen speziell für den Anfahrvorgang ausgelegt sein?
4. Lässt sich das Verfahren – richtige Dimensionierung aller Anlagenteile vorausgesetzt – sowohl langsam (normal) als auch schnell (NOT-AUS) abstellen, ohne nachteilige Folgen für irgendwelche Anlagenteile? Welche Anlagenteile müssen speziell für den Abstellvorgang ausgelegt sein?
5. Ist bei Ausfall einzelner Anlagenteile, z.B. Pumpen, Wärmeaustauscher, ein Weiterbetreiben der Gesamtanlage möglich (Reserveaggregate, Umgänge)? Kann die Umschaltung von Betriebs- auf Reserveaggregate ohne Betriebsunterbrechung erfolgen?
6. Welche Folgen hat ein plötzlicher Ausfall einzelner Anlagenteile?
7. Sind Spül-, Reinigungs- bzw. Konservierungsmaßnahmen vor dem Anfahren bzw. nach dem Abstellen der Anlage oder einzelner Anlagenteile erforderlich? Sind die dazu nötigen Anschlüsse vorhanden?
8. Wie verändert sich die Produktzusammensetzung, wenn die Betriebsbedingungen von den Designwerten abweichen?
9. Wie verändert sich die Produktzusammensetzung, wenn die Zusammensetzung einzelner Ausgangssubstanzen von den Designwerten abweicht?
10. Welche Nebenprodukte können aus den Ausgangssubstanzen (Roh- und Hilfsstoffe), insbesondere auch unter Berücksichtigung von Verunreinigungen, entstehen?
11. Welche Nebenprodukte können durch gegenseitiges Einwirken der das Verfahren durchlaufenden Stoffe miteinander und mit Apparaten- und Rohrleitungswerkstoffen entstehen (Korrosion, Katalyse)?
12. Welche Nebenprodukte können entstehen, wenn die Zusammensetzung der Ausgangssubstanzen und / oder die Betriebsbedingungen von den Designwerten abweichen?
13. Welchen Einfluss haben Undichtigkeiten (z.B. Eindringen von Luft, Wasser, Dampf, Salzschmelze aus Salzbädern in den Produktweg usw.) auf den Verfahrensablauf, die Bildung von Nebenprodukten und die Zusammensetzung der Endprodukte?
14. Können entstehende Nebenprodukte die gewünschten Endprodukte unzulässig verunreinigen?
15. Können entstehende Nebenprodukte die Funktion eines Anlagenteils beeinträchtigen (Ablagerungen, Verstopfungen)?
16. Können entstehende Nebenprodukte die Mess- und Regelungseinrichtungen (z.B. Analysenschreiber) stören und damit die Betriebsüberwachung der Anlage beeinträchtigen oder in Frage stellen?
17. Wirken irgendwelche Verunreinigungen von Roh- und Hilfsstoffen oder in der Anlage entstehende Zwischen- und Nebenprodukte als Katalysatorgifte?
18. Lassen sich Endprodukte mit nichtspezifikationsgerechter Zusammensetzung – z.B. beim Anfahren und beim Abstellen der Anlage – aus dem Verfahrensablauf entfernen und beseitigen, z.B. abfackeln?
19. Können sich bei Abweichungen der Betriebsbedingungen von Designwerten Zustandsgrößen eines Mediums (z.B. Aggregatszustand, Viskosität, Grenzflächenspannung) in unzulässiger Weise verändern? Kann insbesondere eine Abkühlung zu unzulässigen Viskositätssteigerungen, Erstarren oder Einfrieren von Flüssigkeiten bzw. zum Kondensieren von Dämpfen oder Bestandteilen aus

Gas-Dampf-Gemischen führen? Kann eine Erwärmung zum Erweichen oder Schmelzen fester Substanzen, zu unerwünschten Viskositätsabsenkungen von Flüssigkeiten oder zum Verdunsten bzw. Verdampfen leicht flüchtiger Substanzen führen? Können solche Erscheinungen plötzlich (z.B. durch Verstopfen) oder allmählich (z.B. durch Korrosion) zu Betriebsstörungen führen? Lassen sich diese Betriebsstörungen gegebenenfalls durch geeignete Bedienungsmaßnahmen verhindern, z.B. durch entsprechende Beheizung von Leitungen und Apparaten?

20. Können Umgebungseinflüsse, insbesondere große Hitze und starke Sonneneinstrahlung, bzw. große Kälte und starker Wind bei Freianlagen, an den Wänden von Anlagenteilen und Leitungen örtlich zu einer unzulässigen Veränderung von Zustandsgrößen führen? Kann sich aus Gasen bzw. Gas-Dampf-Gemischen Kondensat abscheiden? Können Flüssigkeiten in unzulässiger Weise verdunsten bzw. an Wandungen erstarren? Können feste Bestandteile einer Substanz schmelzen bzw. erweichen? Können solche Erscheinungen plötzlich (z.B. durch Verstopfen) oder allmählich (z.B. durch Korrosion) zu Betriebsstörungen führen? Lassen sich solche Betriebsstörungen gegebenenfalls durch geeignete Bedienungsmaßnahmen verhindern?
21. Können beim Anfahren, beim Abstellen oder bei kurzzeitigen Betriebsunterbrechungen derartige, in den Punkten 19 bzw. 20 näher erläuterte, unzulässige Veränderungen von Zustandsgrößen auftreten und zu Störungen führen? Welche Maßnahmen sind dagegen vorzusehen?
22. Können durch solche – in den Punkten 19 bzw. 20 näher erläuterte – unzulässige Veränderungen von Zustandsgrößen bei zeitweise abgeschalteten Anlagenteilen (z.B. Reservepumpen, Rohrleitungen, insbesondere Fackelleitungen) Störungen auftreten? Welche Maßnahmen sind dagegen vorgesehen?
23. Können beim Anfahren, Abstellen, NOT-AUS, insbesondere aber bei einem Rohrbruch oder einer anderen, mit plötzlicher Entspannung der Anlage verbundenen Störung extrem hohe Strömungsgeschwindigkeiten in einzelnen Anlagenteilen zu Schäden führen (Anheben von Füllkörperschichten, Mitreißen von Füllkörpern aus Füllkörpersäulen usw.)?
24. Wurde beachtet, dass geschlossene Feststoff- und Flüssigkeitsspeicher bei Änderungen des Füllstandes sowie bei Änderungen von Umgebungsdruck und -temperatur atmen? Wurde unerwünschten Effekten dieser Atmung, z.B. Materialverlusten, Eindringen von feuchter Umgebungsluft, durch geeignete Maßnahmen entgegengewirkt?
25. Welche Änderungs- bzw. Korrekturmöglichkeiten bestehen, wenn sich bei der Inbetriebnahme zeigt, dass ein Anlagenteil die von ihm erwartete Funktion nicht oder nicht ausreichend erfüllt?

1.9.3 Auslegung von einzelnen Anlagenteilen

1. Wurden die vorgegebenen Spezifikationen eingehalten?
2. Entspricht der Anlagenteil den Anforderungen des Verfahrens hinsichtlich Funktion, Betriebsverhalten, Regelungscharakteristik bei Normalbetrieb, Anfahren, Abstellen, NOT-AUS?
3. Ist der Anlagenteil verfahrenstechnisch richtig dimensioniert für Normalbetrieb, Anfahren, Abstellen, NOT-AUS?
4. Sind Berechnungsdruck und -temperatur für die Dimensionierung der Festigkeit des Anlagenteils richtig ausgelegt im Hinblick auf Normalbetrieb, Anfahren, Abstellen, NOT-AUS, extreme Betriebszustände, mögliche Betriebsstörungen?
5. Ist der Anlagenteil werkstoffmäßig richtig dimensioniert? Die Korrosion auch durch Verunreinigungen der Ausgangssubstanzen und durch unerwünschte Nebenprodukte ist zu beachten, ebenso Kontaktkorrosion, Spaltkorrosion usw.!
6. Ist der Anlagenteil empfindlich gegen Verschmutzung, z.B. durch feste oder halbfeste Verunreinigungen oder Korrosionsprodukte? Wie wirkt sich die Verschmutzung auf die Funktion und auf die Leistung des

Anlagenteils aus? Lassen sich die gefährdeten Bereiche inspizieren und reinigen? Welcher Aufwand ist zur Inspektion bzw. zur Reinigung erforderlich (z.B. Betriebsstillstand)?

7. Ist der Anlagenteil empfindlich gegen Verschleiß? Wie wirkt sich der Verschleiß auf Funktion und Leistung des Anlagenteils aus? Lassen sich die gefährdeten Bauteile inspizieren und erforderlichenfalls auswechseln? Welcher Aufwand ist für die Inspektion bzw. die Auswechslung von Verschleißteilen erforderlich (z.B. Betriebsstillstand)?
8. Sind Anlage oder Anlagenteile empfindlich gegen Änderungen der Betriebsbedingungen? Wie wirken sich Betriebsbedingungen auf Funktion und Leistung von Anlage und Anlagenteile aus? Können Abweichungen der Betriebsbedingungen von den Designwerten die Anlage oder Anlagenteile schädigen, z.B. Kavitation bei Pumpen, Überlastung von Antriebsmotoren oder Getrieben, Überhitzung von Katalysatoren?
9. Sind Antriebsaggregate für Anfahren, Normalbetrieb und mögliche extreme Betriebszustände ausreichend dimensioniert? Welche Leistungsreserven stehen zur Verfügung?
10. Lassen sich Anlage und Anlagenteile spülen, entwässern, be- und entlüften? Sind die dazu nötigen Anschlüsse und Armaturen vorhanden (wichtig für verschiedene Betriebszustände, Dichtheitsprüfungen, Druckproben usw.)?
11. Reichen Beheizung, Kühlung, Isolierung für mögliche extreme Bedingungen aus? Ist die Isolierung sachgemäß konzipiert (d.h. z.B. im Freien wasserdichte Ausführung)?
12. Kann beim Abstellen und bei Betriebsstillständen Kondensat anfallen (Gefahr von Korrosion, Frostschäden, Katalysatorschädigung)? Sind gegebenenfalls Anschlüsse zur Kondensatableitung vorhanden?
13. Kann durch undichte Armaturen Dampf oder Wasser in abgestellte Anlagenteile eindringen und dort zu Korrosion, Frostschäden oder Katalysatorschädigungen führen? Welche Maßnahmen sind dagegen vorgesehen?
14. Sind Reserveaggregate während ihrer Stillstandszeit ausreichend gegen Witterungsschäden, Einfrieren und Korrosion und andere entsprechende Einwirkungen geschützt (z.B. wichtig für Wärmeaustauscher, Pumpen)?
15. Ist sichergestellt, dass in Flüssigkeitspumpen keine Kavitation auftritt – weder beim Anfahren noch beim normalen Betrieb, noch bei möglichen extremen Betriebszuständen, noch beim Abstellen?
16. Ist sichergestellt, dass Flüssigkeitspumpen nicht bei Störungen (z.B. Stromausfall) rückwärts durchströmt werden und dadurch Schaden nehmen? (Rückschlagklappen!)
17. Ist bei Hochdruck-Gasflaschen(-batterien) die Entnahme je Zeiteinheit nicht zu groß?
18. Ist bei warmgehenden Anlagenteilen die Wärmedehnung entsprechend berücksichtigt? Sind auch die unterschiedlichen Temperaturverhältnisse beim Anfahren, bei verschiedenen Betriebszuständen und beim Abstellen sowie bei neuem bzw. verschmutztem Anlagenteil beachtet?
19. Können plötzliche Temperaturänderungen (Temperaturschocks) einen Anlagenteil schädigen (z.B. mechanische Schädigung von Katalysatoren) oder Undichtigkeiten verursachen?
20. Sind mögliche Zusatzbelastungen von Anlagenteilen durch extreme Umgebungsbedingungen (Wind- und Schneelast usw.) berücksichtigt?
21. Entsprechen Materialien und Ausführungen von Dichtungen den Anforderungen hinsichtlich Medium, Druck und Temperatur?
22. Ist ein Anstrich vorgesehen? Entspricht dessen Qualität den Anforderungen hinsichtlich thermischer, chemischer und mechanischer Beanspruchungen?
23. Wurden für Anlage und Anlagenteile typisierte, marktgängige Ausführungen gewählt? Wurden Sonderausführungen sinnvoll begründet?
24. Wurde bei häufig eingesetzten Anlagenteilen (z.B. Pumpen, Elektromotoren, Armaturen) im Hinblick auf Wirtschaftlichkeit (Mengenrabatt!), Wartung (kleines Ersatzteillager!) usw. die Typenvielfalt systematisiert, vereinfacht und weitgehend reduziert?
25. Lässt sich der Anlagenteil bei ungenügender Funktion bzw. Leistung durch Änderungen

im gewünschten Sinn verbessern? Welcher Aufwand ist dazu nötig? Werden dadurch andere Anlagenteile in Mitleidenschaft gezogen?

1.9.4 Rohrleitungsanlagen

1. **Allgemeine Beachtungsmerkmale**
   Wurden Bedienung, Überwachung, Zugänglichkeit, Auswechselbarkeit ausreichend berücksichtigt?
   Sind in geeignetem Maße Kennzeichnung, Entwässerung, Be- und Entlüftung, Spülen vorhanden?
   Wurden Anpasslängen berücksichtigt (wegen Toleranzen)?
   Ist ausreichend Platz für Wärme-, Kälte- und Schalldämmung vorhanden?

2. **Produkteigenschaften**
   Nebenprodukte – Ablagerungen – Verstopfungen, Änderung von Aggregatszuständen (Kondensieren, Verdampfen, Erstarren), Dichte, Viskosität.

3. **Anlagendetails**
   Auslegung für Anfahren – Abstellen – NOT-AUS, Kavitation, Druckstöße, Gaspulsationen, Schwingungen, Wärmedehnung, Beatmung, Unterdruckerzeugung, Verschmutzung, Verschleiß, Reinigung, Inspektion, Auswechselbarkeit, Undichtigkeiten (nach innen und außen), Korrosion, Selbstentzündung (Wärmedämmung), Trennen von Anlagenteilen (Reparatur – Wartung – Dichtheits- und Druckprobe).

4. **Gefahrenpunkte**
   Brennbare Gase, Dämpfe, Flüssigkeiten (Zündgruppen, Gefahrenklassen), Giftigkeit, MAK-Werte, Radioaktivität, Hauptresorption, Infektion, gefahrlose Abführung bei Störungen (Abgaskamin, Fackel), Eindringen von Produkten, Luft, Wasser in andere Anlagenteile (Undichtigkeiten, Bedienungsfehler, Betriebsstörungen).

5. **Sicherheitseinrichtungen**
   Leitungsführung zu und von Sicherheitsventilen, Berstscheiben, Überströmventile, Ex-Schutz, Inertgas-Beschleierung, Sprinkleranlage, Dampfvorhang, Sicherheitsschaltung bei Fehlbedienung, Feuer, Ausfall von Strom, Wasser, Heizmedien, Steuerluft, Schutzgas, Funktionsfähigkeit der Sicherheitseinrichtungen – Inspektion (Verstopfen, Einfrieren, Verschleiß, Korrosion), Verriegelungseinrichtungen – Eingriffe in Sicherheitssysteme.

6. **Molchbare Leitungen**
   Exakte Innendurchmesser und geeignete Sende- und Empfängerschleusen oder -hähne müssen dafür zur Verfügung stehen.
   Molchbare Armaturen und geeignete Molche.
   Rohrleitungsverlegung und -schweißung entsprechend den Anforderungen für molchbare Leitungen.

1.9.5 Mess- und Regelungseinrichtungen

1. Lassen sich die Ausgangssubstanzen messtechnisch erfassen (Menge, Durchsatz, Druck, Temperatur, Zusammensetzung usw.)?
2. Lassen sich Endprodukte messtechnisch erfassen (Menge, Durchsatz, Druck, Temperatur, Zusammensetzung usw.)?
3. Lassen sich Hilfsstoffe messtechnisch erfassen (Menge, Durchsatz, Druck, Temperatur, Zusammensetzung usw.)?
4. Lassen sich Nebenprodukte messtechnisch erfassen (Menge, Durchsatz, Druck, Temperatur, Zusammensetzung usw.)?
5. Ermöglichen die Mess- und Regelungseinrichtungen die Einstellung und Überwachung der gewünschten Betriebsbedingungen für jeden Anlagenteil bei Anfahren, Normalbetrieb und möglichen extremen Betriebszuständen sowie beim Abstellen?
6. Welche Messwerte werden zur Betriebsüberwachung an der zentralen Messwarte benötigt? Bei welchen Messungen genügt örtliche Anzeige? Welche Messungen sind nur bei besonderen Untersuchungen – speziell bei der verfahrenstechnischen Überprüfung der einzelnen Anlagenteile – erforder-

lich, d.h., wo sind keine fest installierten Geräte, sondern nur Anschlussmöglichkeiten nötig?

7. Welche Messwerte müssen registriert werden? Bei welchen Messwerten kann die Registrierung unter Umständen noch erforderlich werden?
8. Welche Messwerte sollten integriert werden (Zähler für Strom, Wasser, Dampf usw.)?
9. Welche Mess- und Registriergeräte sind für den Leistungsnachweis der Anlage erforderlich? Sind diese Geräte eichfähig (Genauigkeitsklasse, Nullpunktkonstanz usw.)?
10. Überdecken die Messbereiche den voraussichtlichen Schwankungsbereich beim Anfahren, Normalbetrieb, extremen Betriebszuständen, Abstellen, NOT-AUS?
11. Können Umgebungseinflüsse (Kälte, Hitze, Regen, Schnee usw.) Störungen von Mess-, Regelungs- oder Überwachungseinrichtungen verursachen? Sind insbesondere elektrische Einrichtungen hinreichend gegen Kurzschluss, Wasser und Feuchtigkeit geschützt? Sind pneumatische Einrichtungen mit so trockener Luft versorgt, dass es auch bei großer Kälte nicht zu Kondensat- bzw. Eisbildung in den Impulsleitungen kommen kann? Können flüssige Medien in den Messleitungen bei großer Kälte einfrieren bzw. bei großer Hitze verdampfen? Können aus gasförmigen Medien bei großer Kälte Bestandteile flüssig oder fest ausfallen? Welche geeigneten Maßnahmen sind dagegen vorgesehen (z.B. Begleitheizung und Isolierung, Inertgasspülung)?
12. Woran ist der Ausfall einer Messung zu erkennen? Kontrollieren sich Messeinrichtungen gegenseitig?
13. Lassen sich Abweichungen vom gewünschten Betriebszustand rechtzeitig so erkennen, dass durch Steuereingriffe Produktqualität und -menge bzw. -durchsatz innerhalb der zulässigen Toleranzen gehalten werden können?
14. Lässt sich das nahe Ende der Reisezeit von Aggregaten, die einem besonderen Verschleiß, einer starken Abnutzung, einer allmählichen Verstopfung oder Inaktivierung usw. unterworfen sind, rechtzeitig an Messwerten erkennen?
15. Welche Abweichungen müssen durch Alarmeinrichtungen besonders signalisiert und wie müssen sie geschützt werden?
16. Bei welchen Abweichungen muss die Anlage automatisch abgestellt werden?
17. Lässt sich beim automatischen Abstellen der Anlage die Störungsursache bzw. die für das Abstellen verantwortliche Abweichung nachträglich feststellen (Erstwertmeldung)?
18. Welche Betriebsdaten sollten automatisch geregelt werden (Bedienungserleichterung)? Welche Betriebsdaten müssen automatisch geregelt werden (Sicherheit, Einhaltung von Qualitäts- und Leistungstoleranzen)?
19. Ist sichergestellt, dass Mess- und Regelungseinrichtungen mit den Anlagenteilen einwandfrei zusammenarbeiten?
20. Sind Regelungskreise mit nennenswerten Totzeiten behaftet, z.B. infolge Zeitbedarf der Messwertermittlung bei Analysenautomaten oder infolge Speicherwirkung von Anlagenteilen? Können diese Regelungskreise deshalb unter Umständen praktisch versagen? Welche Alternativmöglichkeiten bieten sich dafür?
21. Wie verhalten sich die Regelungskreise bei allmählichen Abweichungen, bei plötzlichen Abweichungen (Störungsfall), bei Ausfall von Strom, Steuerspannung, Steuerluft?
22. Welche Verriegelungen sind erforderlich, um Fehlbedingungen der Anlage bzw. von Anlagenteilen zu verhindern?
23. Lassen sich Verriegelungen so weit aufheben bzw. ausschalten, dass – insbesondere bei der 1. Inbetriebnahme der Anlage – die einzelnen Anlagenteile von Hand angefahren bzw. geprüft werden können?
24. Welche Änderungs- bzw. Korrekturmöglichkeiten bestehen, wenn sich bei der Inbetriebnahme zeigt, dass ein Messgerät bzw. ein Regelungskreis die von ihm erwartete Funktion nicht oder nicht ausreichend erfüllt?

1.9.6 Sicherheit und Umwelt

1. Sind brennbare Gase, Dämpfe, Flüssigkeiten oder Feststoffe, insbesondere Staub oder Abrieb, vorhanden? Welchen Temperatur- und Gefahrenklassen sind sie zuzuordnen?

2. Welche Schutzeinrichtungen sind gegen Brand und Explosion vorgesehen – Ex-Schutz, Inertgas-Beschleierung, Sprinkleranlage, Dampfvorhang usw.? Ist der Ex-Schutz ausreichend?
3. Sind gesundheitsschädliche Stoffe vorhanden oder können solche beim Austritt von Ausgangssubstanzen, Zwischen- und Endprodukten durch Undichtigkeiten usw. infolge Reaktionen mit Luft oder Wasser entstehen? Giftigkeit, MAK-Werte, Radioaktivität, Gefahr der Hautresorption, Infektionsgefahr usw. beachten?
4. Welche Schutzeinrichtungen sind gegen Verseuchung durch Gifte, radioaktive Substanzen, Mikroben usw. vorgesehen? (Sensoren zur Umgebungsluftüberwachung mit bzw. ohne Alarm, automatische Anlagenabschaltung, Geigerzähler usw.).
5. Sind Flüssigkeitsbehälter und Tanks durch Tanktassen gegen unkontrollierte Umgebungs- und Grundwasserschädigung geschützt?
6. Sind alle Anlagenteile gegen unzulässigen Überdruck gesichert bei Fehlbedienung, Feuer, Ausfall von Strom, Wasser, Heizmedium, Steuerluft, Schutzgas, einzelnen Roh- und Hilfsstoffen, Störung an anderen Anlagenteilen, Blockieren der Produktabnahme usw.? Für welchen Berechnungsdruck und welche Berechnungstemperatur wurden die Anlagenteile dimensioniert? Sind die Sicherheitsventile nicht absperrbar? Sind sie ausreichend groß bemessen?
7. Wird die Umgebung durch Schwingungen, Erschütterungen, Lärm belästigt? Können dadurch umweltgefährdende Schäden an den Anlagenteilen infolge Gefügezerrüttung hervorgerufen werden?
8. Können durch Korrosion und/oder mechanischen Verschleiß umweltgefährdende Schäden an Anlagenteilen auftreten? Wird dieser Gefahr durch entsprechende Wartung bzw. häufige Inspektionen (Inspektionsvorschriften!) vorgebeugt?
9. Verursachen Abfallprodukte eine unzumutbare Geruchsbelästigung? Welche Gegenmaßnahmen sind gegebenenfalls vorzusehen?
10. Enthält das Abwasser beim Anfahren, Normalbetrieb, möglichen extremen Betriebszuständen, Abstellen oder NOT-AUS Schadstoffe (Menge, Zusammensetzung)?
11. Bleibt die Abwassertemperatur beim Anfahren, Normalbetrieb, möglichen extremen Betriebszuständen, Abstellen oder NOT-AUS innerhalb der zulässigen Grenzen?
12. Welche Stoffe können bei Störungen und Schadensfällen in das Abwasser gelangen (Menge, Zusammensetzung)? Welche Schutzmaßnahmen sind gegen Wasserverseuchung in solchen Fällen vorzusehen?
13. Welche Temperatur kann das Abwasser bei Störungen und in Schadensfällen erreichen? Welche Schutzmaßnahmen sind gegen Schädigungen von nachgeschalteten Abwasser-Aufbereitungsanlagen usw. durch unzulässige Temperatur vorzusehen?
14. Welche Temperatur und Zusammensetzung haben Abgase beim Anfahren, Normalbetrieb, möglichen extremen Betriebszuständen, Abstellen, NOT-AUS, Störungen? Ist für eine gefahrlose Abführung und für eine Beseitigung von Schadstoffen im Abgas gesorgt? Sind Abgaskamine, Fackeln usw. ausreichend dimensioniert?
15. Welche Temperatur, Zusammensetzung und Konsistenz haben feste und teilweise feste Abfallstoffe? Wie werden sie beseitigt? Werden Schadstoffe vor etwaigem Deponieren zerstört, z.B. durch Verbrennen?
16. Können Sicherheitseinrichtungen durch Verstopfen, Einfrieren, Verschleiß, Korrosion versagen? Lässt sich die Funktionsfähigkeit der Sicherheitseinrichtungen während des Betriebs überprüfen?
17. Können Roh- und Hilfsstoffe, Zwischen- und Endprodukte bei Bedienungsfehlern oder Betriebsstörungen in nicht dafür vorgesehene Leitungen bzw. Anlagenteile gelangen (z.B. Kühlwasser oder Produkt in Trinkwasserleitung, Sauerstoff oder Luft in Inertgasleitung usw.)? Welche Sicherheitsvorkehrungen sind dagegen vorzusehen (z.B. Rückschlagklappen, Doppelarmaturen mit Entlüftung, Verriegelung von Armaturen usw.)?
18. Können Roh- und Hilfsstoffe, Zwischen- und Endprodukte bei Undichtigkeiten oder Schäden an Anlagenteilen (z.B. Rohrschäden in Wärmeaustauschern) in nicht dafür vor-

gesehene Leitungen bzw. Anlagenteile gelangen? Welche Sicherheitsmaßnahmen sind zur Abwendung irgendwelcher dadurch bedingter Gefahren vorzusehen?

19. Führen unzulässige, die Sicherheit der Anlage oder eines Anlagenteils gefährdende Abweichungen von den geplanten Betriebsbedingungen zum automatischen Abstellen der Anlage? Erfolgt automatisches Abschalten ohne Verzögerung? Können sich auch nach dem Abschalten gefährliche Betriebswerte, z.B. Temperaturen, ungünstig verändern?
20. Verhindert die Verriegelung falsche, die Sicherheit der Anlage gefährdende Bedienungsmaßnahmen? Ist das Bedienungspersonal in der Lage, der Sicherheit dienende Verriegelungseinrichtungen mit einfachen Mitteln außer Funktion zu setzen?
21. Kann die Anlage oder können einzelne Anlagenteile durch Umwelteinflüsse – z.B. Wind, Kälte, Hitze, Überschwemmungen, Erdbeben – gefährdet werden? Wurden entsprechende Schutzmaßnahmen bei der Konzeption, Auslegung und Dimensionierung berücksichtigt?
22. Sind geschlossene Niederdruckbehälter und -apparate (Kolonnen usw.) ausreichend gegen Unterdruck geschützt? Unterdruck kann z.B. durch starke Abkühlung oder durch Kondensation von Wasserdampf in einem solchen Apparat entstehen – Abhilfe: Belüftungsventile.
23. Lassen sich die einzelnen Anlagenteile durch Steckscheiben für Wartungs- und Reparaturarbeiten, Dichtigkeitsprüfungen und Druckproben sicher von den anderen Anlagenteilen trennen?
24. Wurden für jeden Anlagenteil die Unfallverhütungsvorschriften sowie alle sonstigen einschlägigen, die Sicherheit betreffenden Bestimmungen, Gesetze und Verordnungen beachtet?

1.9.7 Aufstellungsplan

1. Sind die Angaben für die Fundamentgestaltung sowie für den Stahlbau vorhanden?
2. Sind die Montageöffnungen für das Einbringen der Bauteile vorhanden?
3. Ist ausreichend Platz um die Aggregate für Dämmungen, MSR, für Bedienung und Wartung?
4. Sind die Festpunkte angegeben?
5. Ist unter den Entleerungen noch ausreichend Platz vorhanden?

1.9.8 Montagevorbereitung

1. Sind die Montagestellen vorbereitet und sind die notwendigen Arbeitsmöglichkeiten vorhanden?
2. Sind für das Montagepersonal Unterkunft, Verpflegung, Baustelleneinrichtungen (inklusive Sanitäreinrichtungen) bereitgestellt?
3. Besteht eine Baustellenanweisung für den Baustellenleiter (z.B. Adressen und Telefonnummern wichtiger Kontaktpersonen)?
4. Existieren entsprechende Hinweise für und über Lieferanten bzw. Liefergrenzen für den Baustellenleiter?
5. Besitzt er auch Hinweise über örtliche Lieferanten von Hilfsstoffen und Bauteilen?

1.10 Planungsfehler

In den bisher aufgeführten Schritten wurde der organisatorische Ablauf bei der Anlagenplanung skizziert. Man darf jedoch bei der Planungsorganisation nicht die eigentlichen Überlegungen zur Auslegung vernachlässigen, da sie darüber entscheiden, ob die Anlage im Kostenrahmen bleibt und einwandfrei funktioniert bzw. optimal arbeitet. Notwendigerweise wird deshalb auf einige typische Planungsfehler hingewiesen:

- Bilanzen stimmen nicht,
- zu klein gewählte Nennweiten,
- zu starr verlegtes Rohrleitungssystem,
- schlechte Zugänglichkeit,
- Dämmdicken werden nicht ausreichend beachtet,
- Anzahl von Entlüftungen und Entleerungen sind zu gering,
- Apparatebaugrößen sind nicht auf die Einbringöffnung abgestimmt,
- Druckverlustberechnungen werden bei Änderungen nicht überarbeitet,

- zu gering vorgegebene NPSH-Werte, insbesondere bei reinen Leichtsiedern und siedenden Flüssigkeiten, Folge: Kavitation,
- Aufheizen von nichtaufbereitetem und nichtentgastem Brauchwasser auf über 57 °C, Folge: Korrosionsschäden und Verstopfung,
- falsche Regelungsventilauslegungen; Folge: zu hoher Druckverlust oder mangelhafte Regelungsfähigkeit,
- Nichtbeachtung der Temperaturgrenzen für Elastomere, Folge: Dichtungen werden zerstört, Leckagen treten auf.

Diese Beispiele verdeutlichen, dass zur Planung wesentlich mehr gehört als die reine Abwicklung. In dieser Aufzählung sind die Überlegungen zur Minimierung der Investitions- und Betriebskosten nicht enthalten.

2 Kaufmännische Planung

Unter einer Prüfung der Wirtschaftlichkeit von technischen Anlagen ist ein Berechnungssatz zu verstehen, mit dem anhand bestimmter Wirtschaftlichkeitskriterien die Ertragsaussichten des erforderlichen Kapitaleinsatzes im Zeitablauf überprüft und – bei mehreren möglichen Ausführungsvarianten – die Anlagenform mit dem geringsten wirtschaftlichen Risiko bestimmt werden kann.

Für die Durchführung der Wirtschaftlichkeitsberechnung gibt es verschiedene Maßstäbe zur Kennzeichnung der Wirtschaftlichkeit und somit unterschiedliche Berechnungsmethoden (Bild 2.1).

Bei den statischen Verfahren wird unterstellt, dass über die gesamte Nutzungsdauer gleichartige Verhältnisse im Hinblick auf die die wirtschaftlichen Bedingungen bestimmenden Parameter vorliegen. Im Rahmen der Berechnungen für das 1. Betriebsjahr werden Aussagen erarbeitet, die auf die Gesamtbetriebszeit übertragen werden. Insbesondere für industrielle Anlagen mit kurzer Einsatzzeit sind derartige Methoden sinnvoll, nicht jedoch für Kraftwerke mit jahrzehntelanger Lebensdauer.

Bei dynamischen Verfahren erfolgt meist eine Diskontierung von Einnahmen und Ausgaben in späteren Betriebsjahren auf den Inbetriebnahme- oder Beschaffungszeitpunkt. Diese Verfahren sind meist zweckmäßig zur Beurteilung der Verhältnisse bei langlebigen Anlagen der Energiewirtschaft. Durch eine solche Bewertung wird erreicht, dass Geldströme in den ersten Jahren der Nutzung höher bewertet werden als diejenigen, die sich zu Ende der Nutzungsdauer ergeben. Die Kostenstruktur einer Anlage wird aus Tabelle 2.1 deutlich.

2.1 Kostenermittlung

2.1.1 Kapitalgebundene Kosten

Ausgangspunkt für die Ermittlung der kapitalgebundenen Zahlungen sind die Investitionsbeträge. Darüber hinaus gehören zu den periodisch anzusetzenden kapitalgebundenen Zahlungen die periodisch zu leistenden Instandsetzungszahlungen A_k:

$$A_k = f_k \cdot I_0 \qquad \text{in €/Periode}$$

mit:

I_0 Investitionsbetrag in € zu Beginn der Investition

f_k Faktor für die Erfassung der Instandsetzungszahlungen in % des Investitionsbetrages pro Jahr

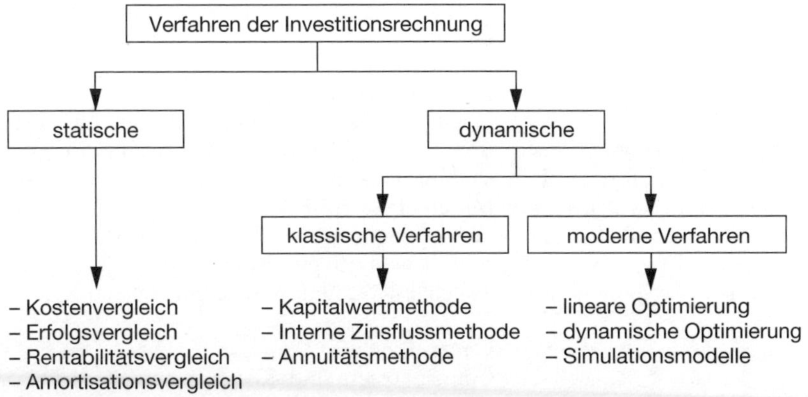

Bild 2.1 Unterschiedliche Berechnungsmethoden der Wirtschaftlichkeit

Insgesamt setzen sich also die kapitalgebundenen Zahlungen aus dem Investitionsbetrag I_0 zu Beginn der Investition und den periodisch zu leistenden Instandsetzungszahlungen I_k zusammen.

2.1.2 Verbrauchsgebundene Kosten

Die verbrauchsgebundenen Zahlungen A_V ermittelt man aus dem Jahresenergieverbrauch aller Verbrauchsstellen sowie sonstiger Betriebsstoffverbräuche (Wasser, Schmier-, Reinigungsmittel usw.):

$$A_V = \Sigma(k_Q \cdot Q + k_B \cdot B) \qquad \text{in €/Periode}$$

mit:
Q Energieverbrauch in kWh/Periode
k_Q Energiepreis in €/kWh
B Betriebsstoffverbrauch in Einheiten/Periode
k_B Betriebsstoffpreis in €/Einheit

2.1.3 Betriebsgebundene Kosten

Die betriebsgebundenen Zahlungen A_B bestehen grundsätzlich aus den Teilzahlungen für z.B.:

- Betätigung (Bedienung),
- Reinigung,
- Wartung, Inspektion (keine Instandsetzung!),
- Kundendienst,
- Tankreinigung,
- Tanküberprüfung,
- Heizöl-Schadenversicherung,
- Schornsteinfegergebühren,
- Abgaskontrolle,
- verbrauchsgerechte Abrechnung,
- sonstige betriebsgebundene Zahlungen.

Die betriebsgebundenen Zahlungen können aus Einzelbeträgen G (wie z.B. Gebühren) oder als prozentualer Anteil der Investitionsbeträge oder als Summe aus beiden Beträgen ermittelt werden.

$$A_B = f_B \cdot I_0 + \Sigma G \qquad \text{in €/Periode}$$

mit:
f_B Faktor für betriebsgebundene Zahlungen in % des Investitionsbetrags I_0 pro Jahr

2.1.4 Sonstige Kosten

Über die aufgelisteten Zahlungen hinaus sind gegebenenfalls noch weitere durch die Investition ausgelöste Zahlungen zu berücksichtigen (s.a. VDI 6025).

2.1.5 Montagekosten

Bei der Ermittlung der Montagekosten ist es üblich, die einfach zu handhabende Zuschlagskalkulation zu verwenden. Die Gemeinkosten werden hierbei in material- und lohnabhängige Kosten unterteilt. Dadurch kommt man auf einen Materialkostenzuschlag (angegeben in % des Fertigungsmaterials) und einen Lohngemeinkostenzuschlag (angegeben in % des Fertigungslohns). Die Einzelkosten (Fertigungsmaterial + Fertigungslohn) dienen in der Vorkalkulation der Ermittlung des Angebotspreises, in der Nachkalkulation der Kontrolle und der Ermittlung der Zuschlagssätze.

Fertigungsmaterial
Als Fertigungsmaterial werden Roh- und Hilfsstoffe sowie Halbmaterialien bezeichnet, die in der Anlage ver- bzw. bearbeitet werden. Wenn keine größeren Preisschwankungen auftreten, wird das Fertigungsmaterial zu Einstandspreisen eingesetzt. Hierzu sind die Kosten für Fracht, Verpackung, Versicherungen und Lagerung enthalten.

Fertigungslöhne
Die Höhe der Fertigungslöhne gewinnt man durch Multiplikation der für die Leistungserstellung notwendigen Montageminuten mit dem Minutenfaktor. Bei dessen Berechnung muss davon ausgegangen werden, dass die Montageminuten jeweils für eine Kolonne gelten (bestehend aus einem Monteur und einem Helfer).

Gemeinkosten
Gemeinkosten sind Kostenarten, die nicht als

Einzelkosten erfassbar sind und deshalb den Kostenträgern nicht unmittelbar zugeordnet werden können. Es muss eine statistische Aufteilung in material- und lohnabhängige Gemeinkosten erfolgen.

Tabelle 2.1 Kostenstruktur von Anlagen

Gr.	Bezeichnung	Kosten
A	Rohrbrücken, Kanäle, Gleise, Straßen, Gebäude, Apparategerüste, Bauten insgesamt;	
B	Bauhilfsarbeiten (Fundamente, Stahlgerüste), Dämmungen, Anstriche, Heizung, Lüftung, Installation, Feuerschutz, Baunebenarbeiten insgesamt;	
C	bewegliches Inventar (Fahrzeuge, Möbel usw.)	
D E F G	spezielle Einrichtungen, Maschinen, transport- u. lagertechnische Einrichtungen, Hebezeuge, apparatetechnische Einrichtungen, energietechnische Einrichtungen, Maschinen- u. Apparateanschaffung insgesamt;	
H	Rohrleitungen innerhalb, Material insgesamt;	
I	Rohrnetze außerhalb, Material insgesamt;	
K	elektrische Energieversorgung, elektrotechnische Einrichtungen, Elektromotoren, elektrotechnisches Material insgesamt;	
L	mess- und regelungstechnische Geräte, mess- und regelungstechnisches Montagematerial, Mess- und Regelungsmaterial insgesamt;	
M	Montagehilfe, Materialprüfung, Schweißüberwachung und Gerüste, Maschinen und Apparate (D...G), Rohrleitungen innerhalb (H), Rohrnetze außerhalb (I) elektrotechnische Einrichtungen (K), mess- und regelungstechnische Einrichtungen (L), Bau- und Montage-Gestelleinrichtungen, Montagekosten insgesamt;	
Σ	direkte Anlagenkosten;	
N	Ingenieurkosten für Projektierung, Ingenieurkosten für Fachkonstruktionen, Ingenieurkosten für Abwicklung, Ingenieurkosten für Rohrtechnik (H), Planung und Abwicklung in Werkstätten, Genehmigungsgebühren, Ingenieurkosten insgesamt;	
Σ	gesamte Anlagenkosten.	

Preiskalkulation

Im Anlagenbau werden individuelle Einzelleistungen erstellt, so dass hier die Zuschlagskalkulation zur Anwendung kommt.
Die Preiskalkulation setzt sich aus folgenden Kosten zusammen:

Materialkosten

$$K_{\text{Mat}} = k_{\text{Mat}} \cdot f_{\text{M, Zuschlag}}$$

mit:

k_{Mat} Materialeinstandspreis
$f_{\text{M, Zuschlag}}$ Materialgemeinkostenzuschlag

Fertigungskosten

$$K_{\text{Mont}} = k_{\text{Lohn}} \cdot f_{\text{Person}} \cdot f_{\text{L, Zuschlag}} \cdot t_{\text{Min}}$$

mit:

k_{Lohn} Lohnkosten je Montageminute
f_{Person} 2 für Montagekolonne
1...2 für Vorfertigungsmöglichkeit
$f_{\text{L, Zuschlag}}$ Lohngemeinkostenzuschlag
t_{Min} Montagezeit in Minuten

Die Zuschlagskalkulation ist durch die Aufteilung der Gesamtkosten in Einzel- und Gemeinkosten gekennzeichnet.
Die Einzelkosten können jedem Auftrag direkt zugeordnet werden, während die Gemeinkosten nur mit Hilfe eines Zuschlagsatzes zugerechnet werden können.
Üblicherweise werden zwei Zuschlagfaktoren verwendet:

a) Materialgemeinkostenzuschlag und
b) Lohngemeinkostenzuschlag.

Beispiel:

a) Materialkosten:
Einkaufpreis einer Pumpe: $k_{\text{Mat}} = 2000$ €
Materialgemeinkostenzuschlag:
einschließlich: Transport, Eingangskontrolle, Lagerung, Kapitalzins usw.: $f_{\text{M.Zuschlag}} = 1{,}25$
Pumpenverkaufspreis:
$K_{\text{Pumpe}} = k_{\text{Mat}} \cdot f_{\text{M.Zuschlag}} = 2500$ €

b) Fertigungslohnkosten:
Monteur: Stundenlohn $k_{\text{Monteur}} = 20$ €/h

Helfer: Stundenlohn $k_{Helfer} = 10$ €/h
Stundenlohn für eine Kolonne: $k_{Lohn} = 30$ €/h
Lohngemeinkosten Zuschlag $f_{L,Zuschlag} = 2{,}0$
spezifische Lohnkosten für eine
Kolonne je Stunde: $k_{Kolonne} = k_{Lohn} \cdot f_{L,Zuschlag} = 60$ €/h
Dies ergibt je Kolonnenminute: $k_{Kolonne} = 1$ €/min.

Aufwandsentschädigung

Die Aufwandsentschädigung richtet sich nach der Entfernung der Baustelle vom Sitz des Unternehmens (Luftlinie). In der Regel unterscheidet man zwischen Nahzone (bis 85 km) und Fernzone. In der Nahzone sind Auslösung und in der Fernzone Auslösung zuzüglich Übernachtungskosten zu vergüten. Des weiteren sind Fahrtkosten zu berücksichtigen. Die Aufwandsentschädigung ergibt somit folgende Kosten:

- Auslösung,
- Fahrtzeiten,
- Kilometergeld,
- Übernachtungskosten,
- Überstundenzuschläge.

Weitere Kosten

- Zeichnungskosten,
- Transportkosten zur und innerhalb der Baustelle,
- Baustelleneinrichtung,
- Baustellenleitung,
- Prüfkosten wie: Dichtheits- und Druckprüfung sowie z. B. Röntgenkosten und Abnahmekosten,
- Montage in über 4 m Höhe,
- Maurer- und Stahlbauarbeiten,
- Einfluss der Baustellenverhältnisse,
- Anstriche.

Als Vertragsgrundlage für Montagen wird üblicherweise auf die VOB hingewiesen.

Vorausbestimmung der Montagedauer

Die Montagedauer ist nicht identisch mit der Montagezeit, da diese neben den reinen Arbeitszeiten auch die arbeitsfreien Tage enthält. Diese freien Tage, wie Wochenende oder Feiertage, müssen hinzugerechnet werden. Die Montagezeit wird im Wesentlichen durch die Anzahl der Arbeitskolonnen bestimmt.

2.1.6 Preise von Anlagenbauteilen

Zum Durchführen von Wirtschaftlichkeitsbetrachtungen, zum Vergleich konkurrierender technischer Alternativen, zum Sicherstellen der Projektfinanzierung usw. benötigt man die Preise einzelner Anlagenteile und Ausrüstungsgegenstände sowie kompletter Anlagen. Die Wahl der Vorkalkulationsmethode zur Preisermittlung richtet sich einerseits nach dem Informationsstand, also den verfügbaren Daten und deren Genauigkeit, andererseits nach dem jeweiligen Zweck der Vorkalkulation.

Ist der spezifische Preis k_{spez} eines Anlagenbauteils für eine bestimmte Bezugsgröße X bekannt, errechnet sich der Bauteilpreis zu:

$$K_1 = k_{spez} \cdot X_1$$

Beispiel:
Der spez. Preis eines Gasbrenners im Leistungsbereich von 5 MW...10 MW Feuerungsleistung beträgt:

$$k_{spez.Brenner} = 5\ €/\text{kW}$$

Frage: Wieviel kostet ein Brenner mit einer Feuerungsleistung von: $X_1 = 10$ MW = 10 000 kW

$$K_{Brenner} = k_{spez.Brenner} \cdot X_1 = 5\frac{€}{\text{kW}} \cdot 10000\ \text{kW} = 50000\ €$$

Selbst für den großen Anlagenbau eignet sich die Kalkulation mit Hilfe von preisbestimmenden Bezugsgrößen. Diese Methode kommt mit relativ wenigen Informationen aus, die zudem meist bereits in einem frühen Planungsstadium vorliegen.

Man berechnet die Kosten K_1 eines Bauteils durch Multiplikation von Bezugsgröße X_1 und spez. Kosten $k_{spez.}$ (die bereichsweise Konstant sind) nach obiger Formel.

Will man diese Preisermittlung erweitern auf unterschiedliche (z.B.) Ausführungen, Bauarten oder Werkstoffe, kann durch Ergänzung der obigen Gleichung mit einem (z.B.) Werkstofffaktor *a* dies berücksichtigt werden:

$$K_1 = a \cdot k_{spez.} \cdot K_1$$

Durch Auswertung vieler Angebote und Bestellungen erhält man Durchschnittswerte für die spez. Kosten. In Tabelle 7.6.5 sind solche Werte aufgeführt.

2.1.6.1 Preisdegression

Vergleicht man die Preise technisch gleicher Ausrüstungsteile bzw. Prozesse mit unterschiedlicher Kapazität (Leistung), so stellt man fest, dass sich der Zusammenhang zwischen Preis und Kapazität in weiten Grenzen gut durch ein Potenzgesetz annähern lässt:

$$K = b \cdot X^{m}$$

Der «Bauart- bzw. Verfahrensfaktor» b hängt von der konstruktiven Ausführung des Ausrüstungsteils (bzw. bei Anwendung des Potenzgesetzes auf Prozesse) vom Verfahren ab. Die «Kapazität» X bezeichnet die jeweils verfahrenstechnisch relevante Größe (also z.B. das Volumen eines Behälters, den Produktausstoß eines Extruders, die Fläche eines Wärmeaustauschers, die Durchsatzleistung einer Teilanlage). Der Exponent m ist der sog. *Degressionsexponent*; die Abweichung der Preis-Kapazitäts-Kurve von der reinen Proportionalität ($m = 1$) bezeichnet man als *Preis-* bzw. *Kapitalbedarfsdegression*. Für 2 zum gleichen Zeitpunkt ausgeführte Anlagen(-teile) 1, 2 gilt bei gleicher technischer Konzeption $b_1 = b_2$ und folglich:

$$\frac{K_1}{K_2} = \left(\frac{X_1}{X_2}\right)^{m},$$

m kann man für verschiedene einzelne Anlagenteile (Apparatetypen) z.B. in Abschnitt 7.6.2 bis 7.6.5 im Anhang entnehmen.

Eine wichtige Rolle spielen Degressionsexponenten auch bei groben Kostenschätzungen für «komplette Anlagen».

Der Exponent hängt vom Typ der Anlage ab und ist nur in bestimmten Kapazitätsbereichen gültig.

Für grobe Kostenschätzungen kann mit einem mittleren Degressionsexponenten von: $m \approx 0{,}6$ gerechnet werden.

Beispiel für Einzelbauteile:
Eine Armatur DN65 kostet $K_2 = 300$ €
Wie viel kostet die gleiche Ausführung in DN125? (s. auch Bild 7.6.4)

$$K_{125} = K_{65} \cdot \left(\frac{\text{DN}125}{\text{DN}65}\right)^{1{,}35} = 300 \cdot \left(\frac{125}{65}\right)^{1{,}35} = 725\ €$$

2.2 Wirtschaftlichkeit

Mögen die Unternehmensziele und die ihnen untergeordneten Planungsziele für Einzelprojekte noch so unterschiedlich sein – in 2 Aspekten stimmen sie überein: *Der jeweils angestrebte Erfolg soll einerseits mit möglichst geringem Aufwand, also möglichst wirtschaftlich, andererseits mit vertretbarem Risiko erreicht werden!* Diese Forderungen gelten allgemein, da jedes beliebige Wirtschaftssystem nur dann prosperieren und sich weiterentwickeln kann, wenn es seine Mittel möglichst erfolgreich einsetzt und nicht durch riskante Maßnahmen gefährdet, also mit den aufgewendeten Werten (Arbeit, Material, Energie) möglichst sicher möglichst viel an Werten (Gewinn) produziert. Die Frage nach dem angemessenen Wertmaßstab hat keinen Einfluss auf das Prinzip! Wirtschaftlichkeit und Risikobegrenzung sind somit übergeordnete Leitmotive für alle Aktivitäten im Anlagenbau.

Um die Wirtschaftlichkeit und das Risiko eines Projekts beurteilen zu können, muss man – bei vorgegebenen Wertmaßstäben – einerseits den voraussichtlichen Aufwand und andererseits den zu erwartenden Erfolg bereits im Planungsstadium abschätzen.

Ein Vergleich des vorkalkulierten Kapitalaufwandes mit den finanziellen Möglichkeiten des Unternehmens klärt die Realisierbarkeit. Optimierungsbetrachtungen führen – unter Einbeziehung der möglichen Einnahmen – nach entsprechenden Modifikationen der verschiedenen Einflussgrößen schließlich zur günstigsten Lösung der Planungsaufgabe. Wegen der vielfältigen Abhängigkeiten zwischen der technischen Ausführung sowie dem dafür nötigen Finanz- und Zeitaufwand ist es meistens unzweckmäßig, oft sogar praktisch unmöglich, die Vorkalkulation der Ausgaben an Kaufleute zu delegieren. Der Anlagenbauer muss daher mit Vorkalkulation und Wirtschaftlichkeitsbetrachtungen vertraut sein.

2.2.1 Wirtschaftlichkeitsberechnung

Bei der Entscheidung über eine neue Investition ist in der Regel eine *Wirtschaftlichkeitsrechnung* durchzuführen. Dabei geht man davon aus, dass durch die zu erwartenden Einsparungen das eingesetzte Kapital (Investition) mit Zins und Zinseszins in einer gewissen Zeit zurückgezahlt (amortisiert) wird. Diese Zeit entspricht etwa der Nutzungsdauer der neuen Anlage. Es gibt verschiedene Methoden für die Ermittlung der Wirtschaftlichkeit.

2.2.1.1 Kapitalrückflußdauer n

ist das Verhältnis von Investition (Kapital I) zur jährlichen Ersparnis e (Nutzen):
Dieses sogenannte *statische Verfahren* ist unvollkommen, da es weder die Verzinsung des Kapitals noch steigende Preise berücksichtigt.

$$n = \frac{I}{e}$$

Beispiel:
Investition $I = 100\,000$ €
Jährliche Ersparnis $e = 20\,000$ €/a
Kapitalrückflussdauer $n = 5$ Jahre

2.2.1.2 Annuitätsmethode

Hierbei nimmt man an, dass der Kapitaleinsatz I während der Nutzungsdauer von n Jahren in gleichen Raten (*Annuitäten*) amortisiert wird. Bei dieser Methode ist die Verzinsung des Kapitals eingeschlossen. Die Annuität A errechnet man dabei durch Multiplikation mit dem *Annuitätsfaktor* (Kapitalwertfaktor, Tilgungsfaktor) a:

$$A = I \cdot a = I \cdot \frac{p \cdot (1+p)^n}{(1+p)^n - 1}$$

Beispiel:
Kapital $I = 100\,000$ €
Einsparung $e = 20\,000$ €/a
Zins $p = 0{,}08$
Nutzungsdauer $n = 10$ Jahre
Tilgungsfaktor $a = 0{,}149$ (s. Bild 2.2)
Annuität $A = 100\,000 \cdot 0{,}149$
$= 14\,900$ €/a

Die Investition ist lohnend, da $e > A$.

2.2.1.3 Amortisationsdauer

Man kann die Gleichung für den Annuitätsfaktor a bei bestimmten jährlichen Ersparnissen e auch zur Berechnung der Amortisationsdauer n_A verwenden. Dabei ist die Verzinsung des Kapitals mit berücksichtigt (Bild 2.3). Es ist:

$$n_A = \frac{\lg\left(\frac{e}{e - I \cdot p}\right)}{\lg(1+p)}$$

Beispiel:

$$n_A = \frac{\lg\left(\frac{20\,000}{20\,000 - 100\,000 \cdot 0{,}08}\right)}{\lg(1+0{,}08)} = 6{,}64 \text{ Jahre}$$

Kapital $I = 100\,000$ €
Einsparung $e = 20\,000$ €/a
Zins $p = 0{,}08$
Die Amortisationsdauer ist länger als die Kapitalrückflussdauer.

Annuität:

$$a = \frac{p \cdot (1+p)^n}{(1+p)^n - 1}$$

Näherungsgleichung für die Annuität:

$$a \approx \frac{1}{n} + 0{,}5 \cdot \frac{p}{100}$$

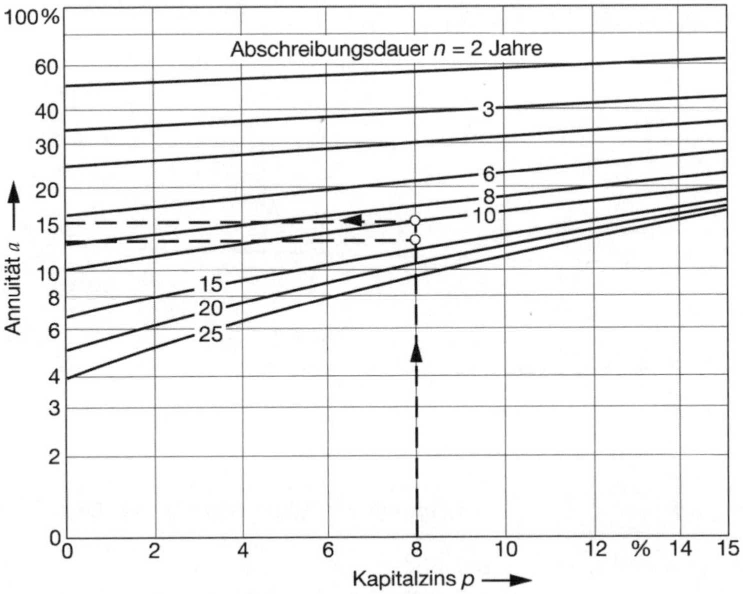

Bild 2.2 Annuitäten von Investitionen

Formeln: $a = \frac{p\cdot(1+p)^n}{(1+p)^n-1}$ Näherungsgleichungen: $a_{\%} \approx \frac{100}{n} + 0{,}5\cdot p_{\%}$; $n_{\text{Jahre}} \approx \frac{100}{a_{\%} - 0{,}5\, p_{\%}}$

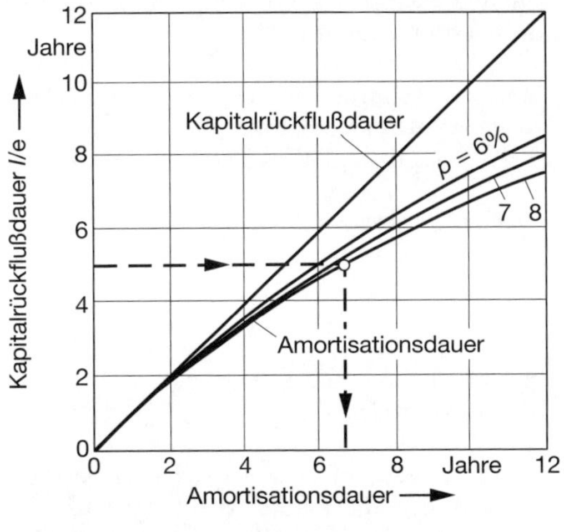

Bild 2.3 Kapitalrückflussdauer und Amortisationsdauer

2.2.1.4 Barwertmethode (Kapitalwertmethode)

$$B = \frac{e}{a} = e\cdot\frac{(1+p)^n-1}{p\cdot(1+p)^n}$$

Der Barwert B ist die Summe der Einsparungen e während der Nutzungsdauer, diskontiert auf den Beginn der Investition:

Die Investition ist wirtschaftlich, wenn $B - I$ positiv ist.

Beispiel:

Kapital	$I = 100\,000$ €
Einsparung	$e = 20\,000$ €/a
Zins	$p = 0{,}08$
Nutzungsdauer	$n = 10$ Jahre
Tilgungsfaktor	$a = 0{,}149$ (aus Bild 2.2)
Barwert	$B = 20\,000 : 0{,}149 = 134\,000$ €

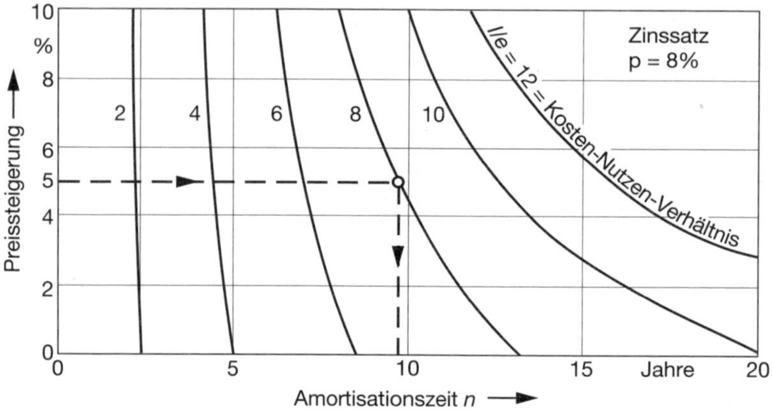

Bild 2.4
Amortisationsdauer bei Energiepreissteigerung

$B - I = 34\,000$ €, also positiv.

Eine Preissteigerung der Energie ist hierbei nicht berücksichtigt.

2.2.1.5 Dynamische Berechnung

Bei den bisherigen Methoden war vorausgesetzt, dass Preise, Löhne und sonstige Kosten konstant sind. Dies ist bekanntlich sehr selten der Fall, so dass die errechneten Zahlenwerte nicht immer zutreffend sind. Von besonderem Einfluss auf die Wirtschaftlichkeit sind die *Energiepreise,* die stetig anwachsen und zu jährlichen Energieeinsparungen zwingen. Bei Berücksichtigung steigender Energiepreise errechnet man die Amortisationsdauer folgendermaßen:

q_1 Zinsfaktor = 1 + p
q_2 Preissteigerungsfaktor = 1 + prozentuale jährliche Preissteigerung
I/e Kosten-Nutzen-Verhältnis (Kapitalrückflussdauer)

Diese Gleichung ist in Bild 2.4 dargestellt, wobei

$$n = \frac{\lg\left(1 + \frac{I}{e} \cdot (q_2 - q_1)\right)}{\lg\left(\frac{q_2}{q_1}\right)}$$

ein Zins von $p = 0{,}08$ (8 %) zugrunde liegt.

Beispiel:
Ein veralteter Heizkessel von 50 kW Leistung verbraucht jährlich 13 000 l Heizöl zu 0,40 €/l.

Jährliche Heizkosten	$13\,000 \cdot 0{,}4 = 5\,200$ €
Ein neuer Kessel kostet	$I = 12\,000$ €
und verbraucht nur	
9 250 l zum Preis von	$9\,250 \cdot 0{,}4 = 3\,700$ €
Jährliche Ersparnis	$e = 1\,500$ €/a
Kosten-Nutzen-Verhältnis	
	$I/e = 12\,000/1\,500 = 8$ Jahre

Amortisationsdauer n

bei 8 % Zinsen ohne Energiepreissteigerung	= 13,2 Jahre
bei einer Energiepreissteigerung von 5 % pro Jahr	= 9,7 Jahre
bei einer Energiepreissteigerung von 10 % pro Jahr	= 8,0 Jahre

Ähnliche Rechnungen lassen sich auch bei Preissteigerungen für Löhne, Wartungen und Instandhaltungen durchführen (s. Abschnitt 2.4).

2.3 Wärme- und Energiekosten

Die Kosten für Wärmeversorgungsanlagen oder für eine Wärmeeinheit, z.B. 1 t Dampf oder 1 kWh Wärme oder 1 kWh Strom, setzen sich in der Hauptsache aus 4 Teilen zusammen:

- Kapitalkosten einschließlich Instandsetzung K_1
- Energiekosten K_2
- Betriebskosten K_3
- sonstige Kosten K_4

2.3.1 Kapitalkosten (K_1)

Die Kapitalkosten dienen zur *Verzinsung* und *Amortisation* (Abschreibung) des Investitionskapitals I. Anlagekosten sind je nach Art und Größe der Anlagen sehr verschieden.

Ungefähre Kosten ohne Verteilnetze:

- Dampfkraftwerke > 500 MW
  600...750 €/kW_{el}
- Gasturbinenanlage 5...10 MW_{el}
  500...600 €/kW_{el}
- Blockheizkraftwerk 2...5 MW
  600...800 €/kW_{el}
- Heizwerk (Öl, Gas) 5...10 MW
  100...150 €/kW_{th}
- Kesselanlage (Öl, Gas)
  100...125 €/kW_{th}
- Heizungsanlage mit Verteilnetz
  400...500 €/kW_{th}

Zinssätze für Verzinsung des Kapitals p 8...10 %

Die *Abschreibung Ab*, d.h., der Betrag, der wegen der Wertminderung der Anlagen in der Bilanz als Aufwand angesetzt wird, hängt von der voraussichtlichen *Nutzungsdauer n* der Anlagen ab. Aus Zins p und Nutzungsdauer n erhält man den Annuitätsfaktor a.

Die *Instandhaltungskosten* (Tabelle 2.2) werden ebenfalls in % der Investitionshöhe angegeben. Sie betragen etwa 1...3 % der Investitionskosten.

Beispiel:

Investition	I = 10 000 €
Zinssatz	p = 8 %
Nutzungsdauer	n = 20 Jahre
Annuitätsfaktor	a = 10,19 %
Instandsetzung	i = 2 %
Summe	= 12,19 %
Kapitalkosten	K_1 = 10 000 · 0,1219 = 1 219 €/a

Kapitalkosten je kWh:

$$K_1 = \frac{I}{Q} \cdot (a + i) \qquad \text{in €/kWh}$$

I Anlagekapital in €
Q jährlich gelieferte Energie in kWh

2.3.2 Energiekosten (K_2)

Brennstoffpreise bzw. Energie-Endpreise sind je nach Heizwert und Güte sehr unterschiedlich. Der *Energie-Endpreis* ist:

$$k = \frac{P}{H_u} \qquad \text{in €/kWh}$$

P Brennstoffpreis in €/kg bzw. €/m_n^3
H_u Heizwert in kWh/kg bzw. kWh/m_n^3

Infolge der in den letzten Jahren gestiegenen Brennstoffpreise, vor allem bei Steinkohle, ist der Anteil der Brennstoffkosten an den Gesamtkosten heute der Hauptanteil, meist mehr als die

Tabelle 2.2 Annuitätsfaktor a in % des Anlagekapitals I bei verschiedener Nutzungsdauer n

Teil	Nutzungsdauer n [Jahre]	Annuität beim Zinsfuß p von 4%	6%	8%	10%	12%
Gebäude	50	4,66	6,34	8,17	10,09	12,04
Schornsteine	40	5,05	6,65	8,39	10,23	12,13
Heizwerke	30	5,78	7,26	8,88	10,61	12,41
Rohrleitungen	25	6,40	7,82	9,37	11,02	12,75
Heizanlagen	20	7,36	8,72	10,19	11,75	13,39
Lüftungsanlagen	15	8,99	10,30	11,68	13,15	14,86
Motoren	10	12,33	13,59	14,90	16,27	17,70

Hälfte. Aus dem Energieendpreis und dem bekannten Wärmeverbrauch oder dem Jahresnutzungsgrad η_a einer Heiz- oder Kraftanlage berechnet man die spezifischen Brennstoffkosten K_2 wie folgt:

$$K_2 = \frac{k}{\eta_a} = \frac{P}{H_u \cdot \eta_a} \qquad \text{in €/kWh}$$

Bei Brennkraftmaschinen sind noch Kosten für Schmieröl und Kühlwasser zu berücksichtigen.

Beispiel:
Bei Steinkohle von 400 €/t ist der Wärmepreis (H_u = 8,33 kWh/kg):

$$k = \frac{400}{8{,}33 \cdot 1000} = 0{,}048 \text{ €/kWh}$$

Der Wirkungsgrad eines Kraftwerkes ist ca. η = 0,36. Demnach sind z. B. die Energiekosten für 1 kWh elektrischen Strom aus Steinkohle:

$$K_2 = \frac{0{,}048}{0{,}36} = 0{,}13 \text{ €/kWh}_{el}$$

2.3.3 Betriebskosten (K_3)

sind Kosten für Wartung der Kessel und Maschinen, Bedienung, Reinigung, Prüfung der Sicherheitseinrichtungen, Emissionsüberwachung u.ä. Genaue Werte kann man hier kaum angeben. Richtwerte für die Betriebskosten bei:

- Dampfkraftanlagen
  b_c = 4...5 % der Investitionskosten I
- Fernheizwerke (Öl oder Gas)
  b_c = 2...3 % der Investitionskosten I
- große Heizungsanlagen
  b_c = 1...2 % der Investitionskosten I
- große Klimaanlagen
  b_c = 2...3 % der Investitionskosten I

2.3.4 Sonstige Kosten (K_4)

für Versicherungen, Steuern, Verwaltung u. ä. Richtwert für die sonstigen Kosten: 1 % der Investitionskosten I.

2.3.5 Gesamtkosten (K)

Die Gesamtkosten K setzen sich aus den 4 Anteilen K_1, K_2, K_3 und K_4 zusammen:
$K = K_1 + K_2 + K_3 + K_4$

Beispiel:
Wie hoch sind die Gesamtheizungskosten K je kWh Nutzwärme, wenn folgende Parameter gegeben sind:

Kesselleistung		= 20 kW
Investitionskosten	I	= 20 · 1 000 €/kW
		= 20 000 €
Vollbenutzungsstunden	b	= 1 800 h/a
Nutzwärme	Q	= 1 800 · 20
		= 36 000 kWh/a
Nutzungsdauer	n	= 20 Jahre
Zinssatz	p	= 8 %
Heizölpreis	P	= 0,50 €/kg
Heizwert	H_u	= 11,86 kWh/kg
Jahresnutzungsgrad	η_a	= 80 %

Lösung:

$$K = K_1 + K_2 + K_3 + K_4$$

$$K = \frac{I}{Q} \cdot (a + i + b_c + \text{so}) + \frac{P}{H_u \cdot \eta_a}$$

$$K = \frac{20\,000}{36\,000} \cdot (0{,}1019 + 0{,}02 + 0{,}02 + 0{,}01)$$

$$+ \frac{0{,}50}{11{,}86 \cdot 0{,}8}$$

$$K = 0{,}084 + 0{,}053 = 0{,}137 \text{ €/kWh}$$

2.4 Dynamische Wirtschaftlichkeitsberechnung nach der Annuitätsmethode

Bei der Annuitätsmethode werden nichtperiodische Zahlungen und periodische Zahlungen während eines Betrachtungszeitraums in periodische konstante Zahlungen (gleichbleibende Jahresraten) umgelegt.

Die Annuität als der ermittelte, periodisch konstante Betrag, kann aufgefasst werden als ein Zinsanteil und Tilgungsanteil für zurückzuzahlendes Kapital in Höhe des Kapitalwertes.

> Die Annuität bedeutet eine «Rente» auf den Kapitalwert.

Für die Wirtschaftlichkeitsberechnung im Anlagenbau ist diese Methode üblich, da auch zukünftige Zins- und Preisentwicklungen berücksichtigt werden können.

Die Berechnung erfolgt nach der Richtlinie VDI 2067.

2.4.1 Annuität der kapitalgebundenen Kosten (Auszahlungen)

Diese Kosten sind die Investitionskosten für z.B.: Anlagen, Anlagenkomponenten, bauliche Anlagen, Anschlusskosten und Instandsetzung.

Jahreszahlung (Annuität) des Investitionsbetrages:

$A_{N.K.O} = A_O \cdot a$ (€/a)

mit:
A_O Investitionsbetrag
a Annuitätsfaktor

$a = \frac{q-1}{1-q^{-T}}$ (s. Bild 2.2)

mit:
q Zinsfaktor
$q = 1 + p$ (p = Zins)

T Betrachtungszeitraum in Jahren

Zahlung der Instanthaltung im 1. Jahr

$$A_{K.1.IN} = \frac{f_K}{100} \cdot A_O$$

mit:
f_K Faktor für die Instandsetzung (in % von A_O)

Wird davon ausgegangen, dass während des Betrachtungszeitraums sich bei den laufenden Kosten, bei der Instandhaltung Preisänderungen ergeben, so sind diese Kosten mit dem preisdynamischen Annuitätsfaktor zu multiplizieren.

Jahreskosten der Instandsetzung

$A_{N,IN} = A_{K.1.IN} \cdot b_{IN} \cdot a$

mit:
b_{IN} preisdynamischer Annuitätsfaktor für Instandsetzungszahlungen

allgemein:

$$b... = \frac{1-\left(\frac{r...}{q}\right)^T}{q-r...} \qquad \text{(Gl. 2.1)}$$

mit:
$r...$ jährlicher, über den Betrachtungszeitraum gemittelter Preisänderungsfaktor

für: $r... = q$ gilt: $b... = \frac{T}{q}$

und für die Instandsetzung:

$$b_{IN} = \frac{1-\left(\frac{r_{IN}}{q}\right)^T}{q-r_{IN}} \qquad r... = r_{IN}$$

Jährliche kapitalgebundene Kosten:

$A_{N.K} = A_{N.K.O} + A_{N.IN}$

2.4.2 Annuität der verbrauchsgebundenen Kosten

Dies sind z.B.: Energiekosten (Grund- und Arbeitspreis), Kosten für Hilfsenergie, Kosten für Hilfsstoffe.

Jahreszahlung der verbrauchsgebundenen Kosten
Verbrauchsgebundene Kosten im 1. Jahr:

$A_{V.1} = K_{Wärme.1} + K_{Kälte.1} + K_{Strom.1} + K_{Wasser.1}$ (€/a)

allgemein: $K... = Q... \cdot t \cdot k...$
mit:

$Q_{Wärme}$	Energieaufwand (kWh/a)
$Q_{Kälte}$	Energieaufwand (kWh/a)
$Q_{Kälte}$	Stromaufwand (kWh/a)
Q_{Wasser}	Wasseraufwand (m³/a)
t	Vollast-Verbrauchsstunden pro Jahr
k	spezifische Kosten in €/kWh, bzw. €/m³

Jahreskosten für den Verbrauch im Betrachtungszeitraum:

$A_{N.V} = A_{V.1} \cdot b_V \cdot a$

mit:

b_V nach Gl. 2.1 und $r\ldots = r_V$

2.4.3 Annuität der betriebsgebundenen Kosten

Dies sind z.B.: Kosten für Bedienung, Reinigung, Wartung und Inspektion.

Jahreszahlungen der betiebsgebundenen Kosten

Diese Kosten entstehen z.B. für Wartung, Reinigung. Hierbei ist besonders der Preisänderungsfaktor r_B für Löhne zu beachten. Betriebsgebundene Kosten im 1. Jahr:

$A_{B.1} = K_{Wartung} + K_{Reinigung} + \ldots$ (€/a)

Jahreszahlung für die betriebsgebundenen Kosten im Betrachtungszeitraum:

$A_{N,B} = A_{B.1} \cdot b_B \cdot a$

mit:

b_B nach Gl. 2.1 und $r\ldots = r_B$

2.4.4 Annuität der sonstigen Kosten

Dies sind die Kosten für z.B.: Versicherungen, Steuern, allg. Abgaben, anteilige Verwaltungskosten.

Jahreszahlung für sonstige Kosten

Entsprechend dem vorangegangenen Ansatz ergeben sich die sonstigen Kosten im 1. Jahr:

$A_{S.1} =$ (€/a)

Jahreszahlung für sonstige Kosten im Betrachtungszeitraum:

$A_{N.S} = A_{S.1} \cdot b_S \cdot a$

mit:

b_S nach Gl. 2.1 und $r\ldots = r_S$

2.4.5 Jahreseinnahmen (Erlöse, Einzahlungen)

Einnahmen können in gleicher Art wie die Kosten entstehen. Dies gilt für kapitalgebundene Einzahlungen (Investition, Zuschüsse), für verbrauchsgebundene und betriebsgebundene Einzahlungen. Einzahlungen im 1. Jahr:

$E_1 = E_x + E_y + \ldots$ (€/a)

Jahreseinnahmen für Erlöse im Betrachtungszeitraum:

$A_{N.E} = E_1 \cdot b_E \cdot a$ (€/a)

mit:

b_E nach Gl. 2.1 und $r\ldots = r_E$

2.4.6 Annuität der jährlichen Gesamtzahlungen

Die Differenz der jährlichen Erlöse und der jährlichen Kosten ergibt die jährliche Gesamtannuität A_N aller Zahlungen:

$A_N = A_{N.E} - (A_{N.K} + A_{N.V} + A_{N.B} + A_{N.S})$

Es muss $A_N > 0$ sein, damit die Anlage wirtschaftlich ist, d.h., die jährlichen Einnahmen (Annuität der Einzahlungen) sind größer als die Summe aller Kosten (Annuität der Auszahlungen) über den Betrachtungszeitraum.

- Bei $A_N = 0$ über den betrachtenden Zeitraum T, ist T gleich der Amortisationsdauer T_A.

2.4.7 Amortisationsdauer T_A

Die Amortisationsrechnung ist eine Methode zur Ermittlung des Rückgewinnungszeitraums für das eingesetzte Kapital. Diese Rechnung erfordert stets den Ansatz von Einzahlungen.

Als Grundvoraussetzung jeder wirtschaftlich sinnvollen Investition muss folgende Bedingung erfüllt sein:

$T_A < T_N$ (Amortisationsdauer kleiner als die Nutzungsdauer)

Zur 1. Abschätzung von T_A mit einem mittleren jährlichen Preisänderungsfaktor r_m ergibt sich nach VDI 6025:

$$r_m = \frac{r_E + r_V + r_B + r_K + r_S}{5}$$

Für: $r_m \neq q$ gilt:

$$T_A \approx \frac{ln\left(1 - \frac{A_O \cdot (q - r_m)}{E_1 - (A_{K1} + A_{V1} + A_{B1} + A_{S1})}\right)}{ln\left(\frac{r_m}{q}\right)}$$

Für: $r_m = q$ gilt:

$$T_A \approx \frac{A_O \cdot q}{E_1 - (A_{K1} + A_{V1} + A_{B1} + A_{S1})}$$

Allgemeine Anmerkung:
Die dargestellten Berechnungen gelten für einen Betrachtungszeitraum T, der die Nutzungsdauer T_N keiner Einzelkomponente der Investition überschreitet. Für die Berechnungen dieser anderen Fälle s. VDI 2067.

Beispiel:
Eine Dampfkesselanlage in einem Industriebetrieb hat folgende Daten:
Dampfdruck: 15 bar Überdruck, Temperatur 201,4 °C.
Netto Wärmeleistung: $Q = 4000$ kW
Abgastemperatur der Rauchgase: $\vartheta_{Abg.\,alt} = 250$ °C
Luftüberschuss: $\lambda = 1{,}2$
Brennstoff: Erdgas N-H
Feuerungstechnischer
Wirkungsgrad: $\eta_{Feuer.\,alt} = 89\%$

Es ist zu überprüfen, ob der Eibau eines Verbrennungsluftvorwärmers (LUVO) wirtschaftlich und wie hoch die Amortisationsdauer ist. Die Abgastemperatur reduziert sich hierbei auf $\vartheta_{Abg.\,neu} = 110$ °C, und der feuerungstechnische Wirkungsgrad erhöht sich auf: $\eta_{Feuer.\,neu} = 96\%$

Festlegungen:
Da die Nutzungsdauer $T_N = 20$ Jahre ist, wird der Betrachtungszeitraum dieser Dauer gleichgesetzt: $T = 20$ Jahre.

Aufzinsungsfaktor: $q = 1{,}05$
Investitionsbetrag für den Betreiber (LUVO, Brenner usw.): $A_O = 100\,000$ €

Preisänderungsfaktoren:
$r_K = 1{,}03$
$r_V = 1{,}06$
$r_B = 1{,}02$
$r_S = 1{,}01$
$r_{IN} = 1{,}03$
$r_E = 1{,}07$

Annuität: $a = \frac{q-1}{1-q^{-T}} = 0{,}0802\ \text{a}^{-1}$

Annuität der Investitionskosten:

$A_{N.K.O} = A_O \cdot a = 100\,000 \cdot 0{,}08 = 8024$ (€/a)

Instandhaltungskosten: $f_K = 0{,}01$
Instandhaltungszahlung im 1. Jahr:

$A_{K.1} = A_O \cdot f_K = 1000$ €

Annuität des Barwertfaktors:

$$b_{IN} = \frac{1 - \left(\frac{r_{IN}}{q}\right)^T}{q - r_{IN}} = 15,$$

Preisdynamischer Annuitätsfaktor:

$ba_{IN} = b_{IN} \cdot a = 1{,}281\ \text{a}^{-1}$

Annuität für die Instandhaltung:

$A_{N.IN} = A_{K.1} \cdot ba_{IN} = 1281$ (€/a)

Annuität der kapitalgebundenen Zahlungen:

$A_{N.K} = A_{N.KO} + A_{N.IN} = 9305$ €/a

Annuität der verbrauchsgebundenen Zahlungen

Volllast-Betriebsstunden pro Jahr: $t_{Betr} = 3000$ h/a

Es sind nur Stromkosten für die Zusatzdruckverluste des Verbrennungsluftverntilators vorhanden.
Volumenstom am Ventilator:

$V_{Betr.\,L} = 4564\ \text{m}^3/\text{h}$

Zusatzdruckverlust: $\Delta p_{verl} = 1500$ Pa
Wirkungsgrad des Ventilators: $\eta_{Venti} = 0{,}8$
spezifische Stromkosten:

$k_{Strom} = 0{,}20$ €/kWh

Stromverbrauch:

$$Q_{Strom} = \frac{V_{Betr.\,L} \cdot \Delta p_{Verl}}{\eta_{Venti}} \cdot t_{Betr} = 7131\ \text{kWh/a}$$

Kosten:

$K_{Strom} = Q_{Strom} \cdot k_{Strom} = 1426$ €/a

Annuität des Barwertfaktors:

$$b_V = \frac{1 - \left(\frac{r_V}{q}\right)^T}{q - r_V} = 20,9$$

preisdynamischer Annuitätsfaktor:

$ba_v = b_v \cdot a = 1{,}675\ a^{-1}$

Annuität der verbrauchsgebundenen Zahlungen:

$A_{N.V} = A_{V.1} \cdot ba_V = 2389$ €/a

Annuität der betriebsgebundenen Zahlungen:
Kosten im 1. Jahr:

$K_{Wartung} = 1000$ €/a

$K_{Reinigung} = 500$ €/a

$K_{Sonstiges} = 1000$ €/a

$A_{B.1} = K_{Wartung} + K_{Reinigung} + K_{Sonstiges} = 2500$ €/a

Annuität des Barwertfaktors:

$$b_B = \frac{1 - \left(\frac{r_B}{q}\right)^T}{q - r_B} = 14,6$$

preisdynamischer Annuitätsfaktor:

$ba_B = b_B \cdot a = 1{,}177\ a^{-1}$

Annuität der betriebsgebundenen Zahlungen:

$A_{N.B} = A_{B1} \cdot ba_B = 2942$ €/a

Annuität der sonstigen Zahlungen:
Sonstige Zahlungen im 1. Jahr:

Kosten für: Versicherung $K_{Versich} = 300$ €/a

$A_{S1} = K_{Versich} = 300$ €/a

Annuität des Barwertfaktors:

$$b_S = \frac{1 - \left(\frac{r_S}{q}\right)^T}{q - r_S} = 13,5$$

Preisdynamischer Annuitätsfaktor:

$ba_S = b_S \cdot a = 1{,}084\ a^{-1}$

Annuität der sonstigen Zahlungen:

$A_{N.S} = A_{S.1} \cdot ba_S = 325$ €/a

Annuität der Einnahmen
Bisherige Kosten für den Erdgasverbrauch:

Brennstoffverbrauch bisher: $V_{n.Br.alt} = 435\ m^3/h$

Spezifische Brennstoffkosten: $k_{Br} = 0{,}055$ €/kWh

Heizwert des Brennstoffes: $Hu_n = 10{,}35$ €/kWh

$Q_{Wärme.alt} = V_{n.Br.alt} \cdot Hu_n \cdot t_{Betr} = 13{,}5 \cdot 10^6$ kWh/a

$K_{Wärme.alt} = Q_{Wärme.alt} \cdot K_{Brenn} = 743\,384$ €/a

Einnahmen:

$$E_1 = K_{Wärme.alt} \cdot \Delta\eta_{Feuer} = 743\,384 \cdot \frac{7}{100} = 52\,037 \text{ €/a}$$

Annuität des Barwertfaktors:

$$b_E = \frac{1 - \left(\frac{r_E}{q}\right)^T}{q - r_E} = 22,92$$

Preisdynamischer Annuitätsfaktor:

$ba_E = b_E \cdot a = 1{,}84\ a^{-1}$

Annuität der Einnahmen

$A_{N.E} = E_1 \cdot ba_E = 95\,713$ €/a

Annuität des Jahresgesamtergebnisses:

$A_N = A_{N.E} - (A_{N.K} + A_{N.V} + A_{N.B} + A_{N.S})$

$A_N = 80\,752$ €/a

Amortisationsdauer:

$$r_m = \frac{r_E + r_V + r_B + r_K + r_S}{5} = 1,038$$

$$T_A = \frac{\ln\left[1 - \frac{A_O \cdot (q \cdot r_m)}{F_1 - (A_{K.1} + A_{V.1} + A_{B.1} + A_{S.1})}\right]}{\ln\left(\frac{r_m}{q}\right)} = 2,3\ a$$

2.5 Life-cycle-Kosten

Bei vielen wirtschaftlichen Bewertungen müssen die Veränderungen von Energiekosten, Bedienungskosten usw. während der Betriebszeit (Lebenszeit der Maschine) berücksichtigt werden.

Die Betriebskosten aus der gesamten Nutzungsdauer werden mit entsprechenden Zins- und Preisänderungsfaktoren auf den Zeitpunkt der Inbetriebnahme zurückgerechnet. Man erhält so den Gegenwartswert zur Zeit der Inbetriebnahme aller variablen Kosten über *T* Jahre. Zusammen mit der Kapitalinvestition erhält man so eine Vergleichsbasis für verschiedene Verfahren bei veränderlichen Kostenparametern.

Man bezeichnet mit PV den Gegenwartswert einer Ausgabe (*PV* = Present Value). Für die Gegenwartswerte über *T* Jahre gilt:

$$PV_T = PV_1 + PV_2 + \ldots PV_n$$

mit:
r Preisänderungsfaktor
q Aufzinsfaktor
ergibt sich:

$$PV_i = C_i \cdot \left(\frac{r}{q}\right)^i$$

Wenn $C_i = C_1 = \ldots = C_n = C$ gewählt wird, kann die für PV_T entstehende geometrische Reihe aufsummiert werden und man erhält:

$$PV_T = C_i \cdot \left(\frac{r}{q}\right) \cdot \frac{1 - \left(\frac{r}{q}\right)^T}{1 - \frac{r}{q}}$$

mit der Vereinfachung zu: $b = \dfrac{1 - \left(\frac{r}{q}\right)^T}{q - r}$

mit: b Preisdynamischer Faktor (Barwertfaktor)
r Preisänderungsfaktor
Der preisdynamische Faktor für die Life-cycle-Kosten ergibt sich schließlich zu: $b_{cycl} = r \cdot b$
Dieser Lebenszyklusfaktor ist in Bild 2.5 dargestellt.

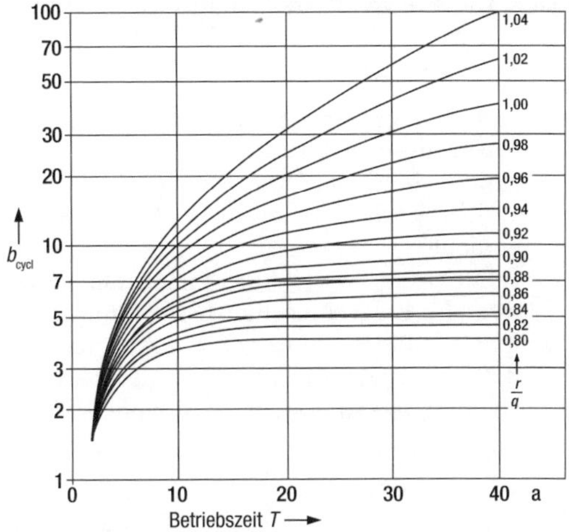

Bild 2.5 Preisdynamischer Faktor b_{cycl} für die Life-Cycle-Kosten

Für die Differenz von zwei Varianten kann im Hinblick auf die Betriebskosten ein Betrag erwartet werden.
von: $\Delta K = (C_1 - C_2) \cdot b_{cycl}$
Die gemeinsame Bezugsbasis ist dann der Inbetriebnahmezeitpunkt.

2.6 Verträge

2.6.1 Vertragsarten

Die Vielfalt der Beziehungen zwischen Geschäftspartnern spiegelt sich in der Vielfalt der Verträge wider. Gleichwohl kann man verschiedene, durch jeweils vergleichbare Leistungsgarantien charakterisierte Vertragsarten unterscheiden [2]:

Der **Studienvertrag** – *rechtlich ein Werkvertrag* – hat die Durchführung verschiedener Planungsarbeiten und Studien zum Gegenstand. Häufig wiederkehrende Studienobjekte sind:

- Marktanalysen,
- Betriebsanalysen,
- Patentauskünfte,
- Durchführbarkeitsstudien (feasibility studies),
- Optimierungsstudien.

Der **Ingenieurvertrag** (engineering contract) gleicht dem Studienvertrag. Er bezieht sich auf typische Ingenieurleistungen, z.B.:

- process engineering (Ausarbeiten der prozesstechnischen Grundlagen),
- basic engineering (Ausarbeiten der prozess- und projektbezogenen technologischen Dokumente),
- detail engineering (Ausarbeiten der Unterlagen für die technische Ausführung),
- spezielle Ingenieuraufgaben (Durchführung statischer Berechnungen, Rohrleitungsplanung, Apparatekonstruktionen usw.).

Der **Beratungsvertrag** (consulting contract) betrifft Dienstleistungen, die zwar im Rahmen der Planung und Abwicklung eines Projektes nicht notwendig sind, aber Entscheidungen erleichtern, die Fehlerquote senken, den Fortgang einzelner Arbeiten beschleunigen, insgesamt also die Wirtschaftlichkeit des Gesamtprojekts verbessern.

Der **Liefervertrag** (*Kauf- oder Werkvertrag*) regelt die Beschaffung materieller Anlagenteile:

- Einzelaggregate, Maschinen, Apparate,
- technische Ausrüstung von (Teil-)Anlagen,
- komplette, betriebsfertige (schlüsselfertige) Anlagen.

Der **Montagevertrag** vereinbart Montageleistungen. Je nach Leistungsumfang – Bereitstellung von Montagematerial, Arbeitskräften, Überwachungspersonal – kann es sich um einen Dienstvertrag oder einen Werkvertrag handeln. Besonders zu erwähnen sind in diesem Zusammenhang der Bauleitungsvertrag und der Montageüberwachungsvertrag, in denen nur die Leitung von Bauarbeiten bzw. die Überwachung von Montagearbeiten vereinbart sind, während der Besteller das Bau- bzw. Montagepersonal sowie das Material beistellt.

Der **Inbetriebnahmevertrag** kann sich auf folgende Arbeiten erstrecken:

- vorbereitende Inbetriebnahmearbeiten (Beizen, Spülen, Funktionsprüfungen),
- 1. Inbetriebnahme mit Einstellen von MSR-Einrichtungen usw.,
- Betriebspersonalschulung,
- Inbetriebnahmeüberwachung,
- Betrieb für eine gewisse Periode.

Lizenz- und **Know-how-Verträge** betreffen die Allein- oder Mitbenutzung von Patenten des Lizenzgebers von seiten des Lizenznehmers (Lizenzvertrag), bzw. die Inanspruchnahme von nicht schützbarem technischen Wissen und von einem Erfahrungsschatz des Know-how-Gebers durch den Know-how-Nehmer. Kennzeichnend für Know-how-Verträge ist die besondere Bedeutung von Geheimhaltungspflichten, weil der Vertragsgegenstand nur so lange wertvoll ist, solange er dem Know-how-Nehmer einen Wettbewerbsvorsprung vor der Konkurrenz sichert, also noch nicht zum technischen Wissensstand einer Branche gehört.

2.6.2 Vertragsformen

Beschränkt man sich nicht auf den Leistungsumfang als Entscheidungskriterium, sondern berücksichtigt zusätzlich noch den Abrechnungsmodus und die vertraglich vereinbarten Haftungsverpflichtungen, kann man verschiedene typische Vertragsformen unterscheiden.

Beim **Festpreisvertrag** (lumpsum contract) vergütet der Besteller oder Käufer die vertragliche Leistung des Unternehmers (Verkäufers) durch Zahlen eines festen Preises. Bei langen Vertragslaufzeiten berücksichtigt man vielfach inflatorische Entwicklungen durch *Preisgleitklauseln* etwa folgender Form:

$$P = P_0 \cdot \left(a + b \cdot \frac{M}{M_0} + c \cdot \frac{L}{L_0} \right)$$

Darin sind P der Preis, M der Materialpreisindex für eine ausgewählte (vertraglich zu fixierende) Schlüsselkomponente und L der (ebenfalls näher zu präzisierende) Lohnindex bei Fälligkeit der Zahlung sowie P_0, M_0 und L_0 die entsprechenden Werte bei Vertragsabschluss. Für den Materialpreisindex greift man in der Bundesrepublik Deutschland meist auf die Veröffentlichungen des Statistischen Bundesamtes zurück. Für den Lohnindex eignen sich Facharbeiterecklöhne der Rahmentarifverträge. Die Faktoren a, b, c

werden nach den Bedingungen des Einzelfalles festgelegt. Bei kompletten Anlagen gilt etwa *a* 0,1; *b* 0,5; *c* 0,4.

Bei Auslandsgeschäften ist es angebracht, das Risiko von Verlusten durch Wechselkursschwankungen mittels *Kurssicherungsklauseln* abzudecken: Man schließt den Vertrag auf der Basis eines bestimmten Wechselkurses und vereinbart für den Fall von Kursänderungen entsprechende Preiskorrekturen. Eine andere Möglichkeit zum Vermeiden dieses Risikos – insbesondere bei Lieferungen in Länder mit hohen Inflationsraten – ist der Vertragsabschluss auf der Basis einer *harten Leitwährung*.

Der **Aufwandserstattungsvertrag** (cost plus fee contract) regelt die Vergütung für erbrachte Leistungen in der Weise, dass der Besteller dem Unternehmer dessen Aufwand für alle Lieferungen und Leistungen in der nachgewiesenen Höhe erstattet und zusätzlich ein Honorar bezahlt. Bezüglich des Honorars sind verschiedene Vereinbarungen üblich. Beim *Aufwandserstattungsvertrag mit festem Honorar* (cost plus fixed fee contract) ist die Honorarsumme unabhängig vom Aufwand des Unternehmers fixiert, wogegen beim *Aufwandserstattungsvertrag mit anteiligem Honorar* (cost plus percentage contract) das Honorar als Prozentsatz des nachgewiesenen Aufwands festgelegt wird.

Beim **Zielpreisvertrag** (target price contract) beteiligt sich der Unternehmer am Anlagenpreisrisiko des Bestellers nach einem Bonus-Malus-System: Wenn der Aufwand die Obergrenze einer vertraglich fixierten *neutralen Zone* übersteigt, muss sich der Unternehmer mit einem bestimmten Anteil am Mehraufwand beteiligen (Malus). Andererseits erhält er bei Unterschreiten der vereinbarten Neutralzonenuntergrenze einen entsprechenden Prozentsatz der Ersparnis als Bonus. Gelegentlich fordert der Besteller auch eine Maximalpreisgarantie: In diesem Falle muss der Unternehmer eine eventuelle Überschreitung des Maximalpreises in voller Höhe tragen.

Der **Aufmaßvertrag** ist seinem Charakter nach dem Aufwandserstattungsvertrag mit anteiligem Honorar vergleichbar. Der Unternehmer hat jedoch nicht seine eigenen Aufwendungen nachzuweisen, sondern seine Leistungen (unabhängig von den dafür aufgewendeten Selbstkosten). Die Vertragspartner vereinbaren einen pauschalen Leistungsumfang und eine detaillierte *Aufmaßpreisliste* für verschiedene Einzelleistungen. Am Ende des jeweils vereinbarten Abrechnungszeitraums, bzw. bei Vertragsende, ermitteln beide Vertragspartner gemeinsam den tatsächlich erbrachten Leistungsumfang und errechnen aufgrund dieses *Aufmaßes* anhand der Aufmaßpreisliste die Vergütung. Das Honorar des Unternehmers ist in den Einzelpreisen der Aufmaßpreislisten bereits berücksichtigt. Bei längerer Vertragslaufzeit und umfangreichen Arbeiten kann man sich die Arbeit des gemeinsamen Aufmaßes für die Endabrechnung sparen und zwischenzeitlich angemessene Abschlagszahlungen vereinbaren.

2.6.3 Zusammenarbeitsverträge

Jeder Unternehmer beschäftigt ständig Arbeitnehmer auf der Basis von Arbeits- bzw. Anstellungsverträgen. **Arbeits- und Anstellungsverträge** sind in der Regel Dienstverträge mit unbestimmter Laufzeit, in denen der Leistungsumfang nicht konkret definiert, sondern nur der Tätigkeitsrahmen umrissen ist. Die einzelnen konkreten Arbeitsaufgaben werden je nach Bedarf und Dringlichkeit später, während des Vertragsverhältnisses, festgelegt. Arbeits- und Anstellungsverträge regeln im einzelnen Tätigkeitsrahmen, Arbeitszeit, Vergütung, Urlaub sowie freiwillige Sozialleistungen und gegebenenfalls die Altersversorgung. Darüber hinaus enthalten sie eventuell noch Sondervereinbarungen, z.B. bezüglich Geheimhaltung, Auslandseinsatz, Publikationen, Nebentätigkeiten usw.

Die Vertragsbedingungen müssen sich jedoch immer in den gesetzlichen Rahmen einfügen, der u.a. die Behandlung von Diensterfindungen der Arbeitnehmer, die maximal zulässige Arbeitszeit usw., vorschreibt. Das zeitlich nicht befristete, auf dauernde Zusammenarbeit angelegte Vertragsverhältnis verpflichtet den Unternehmer auch zur Übernahme der gesetzlich vorgeschriebenen Sozialleistungen (Lohn- bzw. Gehaltsfortzahlung im Krankheitsfall, Arbeitgeberzuschüsse zur Arbeitslosen- und Krankenversicherung usw.).

Mitarbeiterverträge zwischen einem Unternehmer und einem *freien Mitarbeiter* sind in der Regel zeitlich begrenzt und auf eine konkrete, projektbezogene Aufgabe beschränkt. Es gibt allerdings auch Mitarbeiter-Rahmenverträge mit unbestimmter Laufzeit. Sie behandeln den freien Mitarbeiter wie eine selbständige, fremde Firma und schließen somit auch keine Verpflichtung bezüglich gesetzlicher Sozialleistungen, Kündigungsschutz, Lohnfortzahlung bei Krankheit usw. ein. Der Wegfall der Sozialleistungen und diverser Verpflichtungen ermöglicht dem Unternehmer die Zahlung höherer Vergütungssätze, was besonders junge Leute vielfach zur Übernahme solcher Tätigkeiten lockt.

Zwischen verschiedenen Firmen sind auch **Zusammenarbeitsverträge** üblich, und zwar dann, wenn die einzelnen Unternehmen nicht allein die erforderlichen finanziellen, technischen und personellen Kapazitäten aufbringen können, andererseits aber ihre Selbständigkeit nicht aufgeben wollen.

Im **Arbeitsgemeinschaftsvertrag** schließen sich mehrere Partner zu einer Arbeitsgemeinschaft – im allgemeinen in der Rechtsform einer Gesellschaft bürgerlichen Rechts (*Konsortium*) – zusammen, mit dem Ziel, bei Planung und Abwicklung eines speziellen Projektes zu kooperieren und die für dieses Projekt nötigen Leistungen auf die einzelnen Partner zu verteilen. Gegenüber dem Besteller haftet die Arbeitsgemeinschaft in ihrer Gesamtheit, unabhängig von ihrer Zusammensetzung. Der Arbeitsgemeinschaftsvertrag endet üblicherweise mit Erfüllung der vorgesehenen Projektaufgabe.

Bei kurzfristiger Zusammenarbeit in Form der **Subunternehmerschaft** bleibt ein Hauptunternehmer gegenüber dem Besteller des Projektes allein verantwortlich. Er schließt den Vertrag in eigener Verantwortung und im eigenen Namen ab. Außerdem bindet er andere Firmen durch Ingenieurverträge als Subunternehmer für einzelne Leistungen. Im Gegensatz zur Arbeitsgemeinschaft haftet jeder Subunternehmer nur für seinen eigenen Leistungsanteil, nicht aber für das Gesamtprojekt.

Das sog. **Joint Venture** ist ein Zusammenschluss mehrerer Firmen, ähnlich einer Arbeitsgemeinschaft, bei dem eine wirtschaftlich weitgehend selbständige Einheit mit dem Ziel einer adäquaten Aufteilung von Risiko und Gewinn geschaffen wird, ohne jedoch im gesellschaftsrechtlichen Sinne ein eigenes Unternehmen zu etablieren.

2.6.4 Einflüsse der Vertragsform

Verträge mit dem künftigen Betreiber einer Anlage beziehen sich praktisch immer auf Anlagen(-teile), die bei Vertragsabschluss nicht installiert, in der Regel auch noch nicht gefertigt und vielfach noch nicht einmal geplant und konstruiert sind. Der Leistungsumfang muss daher zumindest teilweise antizipiert werden. Er lässt sich im Vertragsabschluss nicht in allen Einzelheiten präzisieren, sondern nur vage formulieren. Zusammen mit dem Abrechnungsmodus und den Haftungsverpflichtungen bestimmt der Leistungsumfang jedoch weitgehend die Wirtschaftlichkeit der Unternehmung sowie das Risiko des Vertrages für den Unternehmer einerseits und für den Besteller andererseits. Die Vertragsform wirkt sich deshalb in erheblichem Maße auf die gesamte Vertragsabwicklung aus. Im folgenden Abschnitt sind diese Auswirkungen akzentuiert hervorgehoben, obwohl sie sich zwischen seriösen Geschäftspartnern nur tendenziell bemerkbar machen.

Festpreisvertrag

Der Festpreisvertrag ist für den Unternehmer mit einem finanziellen Risiko, für den Besteller mit einem technischen Risiko verbunden: Der Anlagenbauer bemüht sich, möglichst schnell (um Verluste infolge der Inflation zu vermeiden) eine knapp dimensionierte und sparsam ausgestattete Anlage zu liefern, weil sein Gewinn durch Einsparungen bei den Selbstkosten steigt. Der künftige Betreiber kann zwar mit den vorausgeplanten Investitionskosten rechnen, muss sich aber bei Apparaten, Maschinen und Werkstoffen mit geringen Leistungsreserven begnügen und einen hohen Bedienungs-, Wartungs- und Instandhaltungsaufwand in Kauf nehmen. Bei Ingenieurverträgen auf Festpreisbasis erhält der Besteller sinngemäß nur die ausdrücklich vereinbarten Informationen, bei Studienverträgen entsprechend knappe Ausarbeitungen. Bei nachträglichen Änderungen im Leistungsumfang muss der Besteller u.U. beträchtliche Preis- und Terminkorrekturen vom Unternehmer hinnehmen, womit der angestrebte Vorteil des festliegenden Preises wieder verlorengehen kann.

Preisgleitklauseln und Kurssicherungsklauseln sichern den Unternehmer auch bei größeren Projekten mit relativ langer Planungs- und Bauzeit vor Verlusten durch Inflation oder Änderung von Währungsparitäten. Sie heben aber die Preisvorteile einer schnellen Abwicklung meist nicht ganz auf, so dass der Unternehmer auch bei Festpreisverträgen mit Preisgleitklausel und evtl. Kurssicherungsklausel um eine schnelle Abwicklung bemüht ist.

Aufwandserstattungsvertrag
Der Aufwandserstattungsvertrag sichert dem Unternehmen den Ersatz aller Aufwendungen zu. Ein erhöhter technischer Aufwand bringt ihm daher keine wirtschaftlichen Nachteile, während er durch großzügiges Bemessen aller Anlagenteile die technischen Risiken vermindern kann. Der Unternehmer neigt deshalb dazu, die Anlage reichlich zu dimensionieren, höherwertige Werkstoffe einzusetzen und damit einen problemlosen Garantienachweis sicherzustellen.

Bei festem Honorar erhöht er die Ausstattung nicht über das erforderliche Maß, da damit sein Planungs- und Abwicklungsaufwand steigen würde (infolge Einplanung und Beschaffung zusätzlicher Teile). Bei anteiligem Honorar entfällt auch dieses Hemmnis. Der Besteller erhält dann eine in jeder Hinsicht komfortable, reichlich dimensionierte, aber auch entsprechend teure Anlage. Er tut deshalb gut daran, den Anlagenpreis mit Hilfe eines Zielpreisvertrags unter Kontrolle zu halten. Die schärfere Form der Maximalpreisgarantie erhöht das Unternehmerrisiko u.U. beträchtlich und veranlasst den Unternehmer daher in der Regel zu einer *schärferen* Auslegung mit geringeren Leistungsreserven, insbesondere bei teuren Anlagenteilen.
Der Aufwandserstattungsvertrag lässt zwar keine präzise Festlegung des Anlagenpreises bei Vertragsabschluss zu, bringt aber im allgemeinen keine schwerwiegenden Probleme bei Änderungswünschen des Bestellers mit sich. Insbesondere eignet sich der Aufwandserstattungsvertrag gut zur Abwicklung für den Fall, wenn der Besteller auf die Wahl der Unterlieferanten (insbesondere bei Serienartikeln, z. B. Elektromotoren, MSR-Einrichtungen, Armaturen) Einfluss nehmen will, im Hinblick auf seine zentrale Instandhaltung, Ersatzteilehaltung usw.

Aufmaßvertrag
Beim Aufmaßvertrag wird der gesamte Leistungsumfang bei Vertragsende durch gemeinsames Aufmaß festgestellt und vergütet. Zwar gelten für die Einzelleistungen die Konditionen eines Festpreisvertrags (Aufmaßpreisliste), jedoch lassen sich diese sehr genau im voraus präzisieren. Klauseln zum Anpassen der Aufmaßpreisliste an die Materialpreis- und Lohnentwicklung ermöglichen ein *Entschärfen* des Zeitfaktors bei der Abwicklung. Es bleibt lediglich der Einfluss, dass der Unternehmer nicht bei allen Positionen die gleiche Gewinnspanne realisiert und deshalb, je nach Art der Arbeit, seine Leistungen im Rahmen des Gesamtvertrags ausdehnt oder einschränkt.

2.6.5 Vertragsgestaltung

Die Gestaltung und Gliederung eines Vertrags hängt weitgehend von den Bedürfnissen im Einzelfall ab. Trotzdem lassen sich allgemeine Richtlinien dafür festlegen. Wie bereits gesagt, braucht man Verträge nicht in allen Fällen schriftlich. Bei kleinen *Tagesgeschäften*, z.B. beim Kauf von Kleinteilen in einem Einzelhandelsgeschäft gegen Barzahlung, verzichtet man üblicherweise auf eine schriftliche Präzisierung. Um vertragliche Vereinbarungen jedoch später bei Meinungsverschiedenheiten usw. heranziehen zu können, sollte man im Anlagenbau Verträge immer in belegbarer Form fixieren, d.h. also **schriftlich** abfassen. Bei Vertragstexten sind unmissverständliche, **eindeutige Formulierungen** nötig! Unklare, deutbare Texte sind oft Ursache schwerwiegender Differenzen zwischen den Vertragspartnern. Jeder schriftlich fixierte Vertrag benötigt folgende wichtige **Angaben**:

- Namen und Anschriften der Vertragspartner;
- allgemeine Vertragsgrundlagen (Präambel);

- sachliche Leistungsgarantien jedes (!) Vertragspartners (also sowohl des Käufers oder Bestellers wie des Verkäufers oder Unternehmers) mit genauer Spezifikation und Festlegung der Leistungsgrenzen (battery limits) und der Leistungsausschlüsse;
- Ecktermine für die Fälligkeit der jeweiligen Leistungen;
- Preise und Zahlungsbedingungen (eventuell unterteilt in Lizenzen, Ingenieurleistungen, materielle Lieferungen, Bau- und Montageleistungen, Inbetriebnahme, Beratung usw.);
- Verpackung, Transport, Eigentums- und Gefahrenübergang, Abnahmebedingungen
- Garantien und Haftungen, Vertragsstrafen (Pönalien);
- Versicherungen;
- Verjährung;
- Geheimhaltungspflichten;
- Regelung von Streitigkeiten (geltendes Recht, Schiedsgericht, Gerichtsstand);
- Regelungen bei Erfüllungsschwierigkeiten infolge höherer Gewalt;
- Vertragslaufzeit, Kündigung;
- nachträgliche Vertragsänderungen;
- rechtsverbindliche Unterschriften aller Vertragspartner;
- Datum des Vertragsabschlusses;
- Gerichtsstand.

Bei größerem Umfang einzelner Vertragspunkte (z.B. Spezifikationen zum Definieren des Leistungsumfangs) ist es ratsam, sie nicht in den eigentlichen Vertragstext aufzunehmen, sondern als **Vertragsbeilagen** mit entsprechenden Hinweisen im Vertragstext mitzuführen. Im Laufe von Verhandlungen über umfangreiche Vertragswerke versehen die Verhandlungsbevollmächtigten aller Vertragspartner üblicherweise jede einzelne Seite des Textes mit ihren Kurzzeichen (Paraphen), sobald sie sich über Inhalt und Formulierung einig sind. Die **Paraphierung** des Vertrages bringt also zum Ausdruck, dass sich die Experten aller Partner geeinigt und den Text überprüft haben. Rechtsgültig wird der Vertrag jedoch erst mit den offiziellen Unterschriften der Vertragspartner.

Falls der Vertragsabschluss noch von der Genehmigung Dritter abhängt (multilaterale Verhandlungen sind besonders bei Exportverträgen häufig), so können diese den Abschluss eines Vertrags unter Umständen erheblich verzögern und damit die Termin- und Preisvereinbarungen gefährden. In solchen Fällen kann der Besteller dem Unternehmer einen **«letter of intent»** geben und damit einen Teil der vertraglich vorgesehenen Arbeiten zwecks Termin- und Preissicherung freigeben.

Kommt es trotz *letter of intent* nicht zum Vertragsabschluss, muss der Besteller die zwischenzeitlich beim Unternehmer angefallenen Kosten (gegebenenfalls in limitierter Höhe) ersetzen.

2.7 Vertragsbedingungen

Planung, Bau und Betrieb verfahrenstechnischer Anlangen sind an gesetzliche **und** vertragliche Auflagen gebunden. Gesetze und Verordnungen sind Bestandteile des öffentlichen Rechts und gelten teils regional, teils überregional für alle an einem Projekt beteiligten Firmen und Einzelpersonen gleichermaßen. Sie sind der unmittelbaren Einflussnahme des einzelnen entzogen.

Verträge sind dagegen privatrechtliche Vereinbarungen zwischen zwei oder mehreren Partnern, die die Rechtsgrundlage für ihre Zusammenarbeit im Geschäftsleben bilden. Sie lassen sich, bei Zustimmung aller Vertragspartner, jederzeit weitgehend beliebig ändern. Die Gesamtheit aller Verträge im Zusammenhang mit einem Projekt beeinflusst entscheidend die Kosten, die Termine, die Qualität der Ausrüstungsteile usw. und bestimmt damit, unabhängig von der technischen Konzeption, in hohem Maße den wirtschaftlichen Erfolg oder Misserfolg eines Projektes und darüber hinaus u. U. die Zukunft eines Unternehmens. So können unerfüllbare vertragliche Zusagen über Leistungen und Produktqualität einer Anlage, in Verbindung mit entsprechenden Vertragsstrafen, ebenso hohe Verluste verursachen wie etwa massive technische Planungs- und Konstruktionsfehler.

2.7.1 Zahlungsbedingungen

Die Zahlungsbedingungen vereinbart man möglichst so, dass eine Zahlung entsprechend dem Fertigungsfortschritt erfolgt. Die fälligen Zahlungsraten sind jeweils vom Lieferer rechtzeitig anzufordern, gleichgültig, ob sie in Abhängigkeit vom Stand der Herstellungsarbeiten oder mit festen Zahlungsterminen vereinbart waren. Dem Besteller steht das Recht zu, sich in den Werkstätten des Lieferers vom Fortgang der Arbeiten zu überzeugen.

Verzögerungen
Verzögert sich der Zeitpunkt des Baubeginns oder der Inbetriebsetzung und damit des Probebetriebs durch Umstände, deren Ursache nicht beim Lieferer oder seinen Unterlieferanten liegt, muss man Fristabläufe zur Bezahlung der Raten vereinbaren.

Der Besteller ist bis zum Nachweis der Erfüllung der Gewährleistungen berechtigt, eine Sicherheit zu verlangen. Lieferungs-, Ausbesserungs- und Ersatzpflicht des Lieferers ruhen, wenn der Besteller mit seinen Zahlungsverpflichtungen in Verzug ist. Die Zahlungspflicht des Bestellers ruht, wenn der Lieferer mit seinen Leistungen in Verzug ist.

Erfüllungstag
Für alle Zahlungen gilt als Erfüllungstag der Zeitpunkt, an dem der Lieferer über den Betrag verfügen kann, das heißt im Falle der Überweisung an die Bank des Lieferers, der Übergabetag des Zahlungsmittels an seine Bank.

2.7.2 Liefertermin

Der Zeitpunkt für die Lieferung der Anlage, den Beginn des Zusammenbaus auf der Baustelle und die betriebsfertige Erstellung muss zwischen Besteller und Lieferer schriftlich vereinbart werden.

Voraussetzungen
Die Einhaltung der Lieferzeit setzt voraus, dass die vom Besteller zu liefernden Unterlagen dem Lieferer rechtzeitig zur Verfügung gestellt werden. Über beizustellende und vom Besteller zu genehmigende Unterlagen sind Einzeltermine und Bearbeitungsfristen zu vereinbaren. Der Besteller muss alle baulichen Voraussetzungen zum vereinbarten Termin des Montagebeginns schaffen, damit eine ungehinderte Aufstellung der Apparate erfolgen kann. Die Lieferfrist setzt die Einhaltung der vereinbarten Zahlungsbedingungen und sonstigen Verpflichtungen durch den Besteller voraus. Werden die vereinbarten Bedingungen nicht erfüllt, wird zwischen Besteller und Lieferer eine Verlängerung der Lieferzeit bestimmt.

Nachträgliche, vom Besteller oder von Behörden geforderte Änderungen können eine Verlängerung der Lieferzeit zur Folge haben, die dem Besteller unverzüglich bekanntgegeben werden muss.

Unvorhergesehene Ereignisse
Die Lieferzeit gilt vorbehaltlich unvorhergesehener Ereignisse. Dabei spielt es keine Rolle, ob sie in dem Werk des Lieferers selbst oder bei einem seiner Unterlieferanten oder auf der Baustelle eintreten. Als unvorhergesehene Ereignisse gelten nur Fälle höherer Gewalt, z.B. Streik, Sabotage, Krieg, Naturkatastrophen, auch behördliche Anordnungen sowie ein glaubhaftes unverschuldetes Versagen eines wichtigen Bauteils, soweit diese Ereignisse nachweislich die Fertigstellung oder Ablieferung der Lieferung beeinflussen.

Bei Eintritt solcher Ereignisse hat der Lieferer dem Besteller unverzüglich schriftliche Mitteilung zu machen. Bei Unterlassen dieser Meldung bleibt der Lieferer für die Einhaltung des Liefertermines verantwortlich.

Die Lieferzeit wird im Falle unvorhergesehener Ereignisse um deren Dauer unter Berücksichtigung besonderer Umstände verlängert. Der Lieferer ist jedoch verpflichtet, alles daranzusetzen, um Verzögerungen abzukürzen. Voraussetzung zur Anerkennung der genannten Gründe ist, dass die Bestellung des wichtigen Bauteils und dessen Versand nicht schuldhaft verzögert worden sind.

Lieferverzug
Falls die Lieferzeit aus anderen als den vorgenannten Gründen überschritten wird und dem Besteller dadurch Nachteile entstanden sind, ist

der Besteller unter Ausschluss weiterer Ansprüche berechtigt, für jede vollendete Woche der Verspätung eine Minderung von z.B. 0,5 % des Gesamtpreises, jedoch nicht mehr als insgesamt z.B. 5 % des Gesamtpreises der betreffenden Anlage zu beanspruchen. Der hiernach vom Lieferer zu zahlende Betrag ist spätestens bei der endgültigen Abrechnung auszugleichen. Anderweitige Ansprüche des Bestellers aufgrund verspäteter Lieferung sind ausgeschlossen. Das Rücktrittsrecht des Bestellers bleibt hierdurch unberührt.

Abruf- und Zwischenlagerung
Der Versand hat nur im Einvernehmen mit dem Besteller bzw. seiner Bauleitung zu erfolgen. Wird diese Vorschrift nicht beachtet, muss der Lieferer die entstehenden Kosten für eventuell notwendigen Rücktransport oder ähnliches tragen.

Ist der Besteller nicht bereit oder nicht in der Lage, zum vereinbarten Liefertermin die Teile abzunehmen, soll eine Vereinbarung über einen Zwischenlagerplatz und den Transport, Kosten und Versicherungsschutz vorgenommen werden.

2.7.3 Probebetrieb, Risikoübergang, Betriebsübernahme

Unter «Vorläufiger Betriebsübernahme» ist der Übergang der Verantwortung vom Lieferer auf den Besteller nach Durchführung der Montageabnahme oder eines erfolgreichen Probebetriebs zu verstehen. Die *Vorläufige Betriebsübernahme* der Anlage in die Verantwortung des Bestellers wird durch ein gemeinsames Protokoll bestätigt. Verzögert sich die Betriebsübernahme aus Gründen, die der Lieferer nicht zu vertreten hat, wird der bei der Bestellung festgelegte Fristablauf (deadline, Spätesttermin) wirksam.

Die «Endgültige Betriebsübernahme» setzt den Ablauf der vereinbarten Gewährleistungszeit voraus, sofern bei einem durchgeführten Gewährleistungsversuch die zugesicherten Eigenschaften erfüllt sind und sich keine Nachfrist für Mängelhaftung ergibt. Sollte der Nachweis der zugesicherten Eigenschaften zu dem Zeitpunkt nicht erbracht sein, sind zwischen Lieferer und Besteller neue Termine zu vereinbaren.

Zweck des Probebetriebs
Der Probebetrieb hat den Zweck, den Nachweis der Betriebstüchtigkeit der Lieferung zu erbringen und muss deshalb ohne Störung an wesentlichen Teilen der Lieferung durchgeführt werden. Kleinere Instandsetzungsarbeiten und Nachbesserungen, die der Lieferer während des Probebetriebs vornimmt, werden nicht als Unterbrechungen gewertet, wenn die Ausführung der Arbeiten dem Besteller rechtzeitig gemeldet und diesem Gelegenheit gegeben wird, sich über Art und Umfang der Maßnahmen zu unterrichten. Andernfalls beginnt der vereinbarte Probebetrieb von neuem.

Während des Probebetriebs soll das Personal des Bestellers vom Lieferer gründlich angelernt und mit der Bedienung der Anlage vertraut gemacht werden. Bedienungsanweisungen müssen in ausreichender Anzahl dem Betreiber rechtzeitig zur Verfügung gestellt werden. In diese Bedienungsanweisungen müssen auch die Lieferungen der Unterlieferanten mit einbezogen sein.

Der Probebetrieb soll Lieferer und Besteller Gelegenheit geben, sich mit den Betriebseigenschaften der Anlage im Rahmen der Gesamtanlage bei den jeweils gegebenen Betriebsbedingungen vertraut zu machen und die richtige Einstellung der Anlage vorzunehmen.

Durchführung des Probebetriebs
Nach erfolgter Inbetriebnahme, deren Zeitpunkt mit dem Besteller rechtzeitig zu vereinbaren ist, führt der Lieferer unter seiner Leitung und Verantwortung, aber mit dem Personal des Bestellers, einen durchlaufenden Probebetrieb für die Dauer einer vereinbarten Zeit durch. Die tägliche Betriebszeit bestimmt der Besteller in Vereinbarung mit dem Lieferer. Der Besteller hat das Recht, den Probebetrieb zu beliebigen Zeiten und unter Beachtung der vom Lieferer gegebenen Bedienungsvorschriften zu unterbrechen und wieder aufzunehmen. Die durch die Unterbrechung entstehenden Mehrkosten trägt der Besteller. Wird der Probebetrieb aus Gründen, die nicht durch den Lieferer zu vertreten sind, unterbrochen, wird der bis dahin geleistete Probebetrieb auf die gesamte Probebetriebszeit angerechnet. Verzichtet der Lieferer während des Probebetriebs auf eine zeitweilige Aufsicht, bleibt ihm die volle Verantwortung auch

für diejenige Zeit, in der sein Personal den Betrieb nicht selbst führt. Die Verantwortung des Lieferers während des Probebetriebs erstreckt sich nur auf den Umfang seiner Lieferung und den seiner Unterlieferanten.

Bis zum Zeitpunkt der «Vorläufigen Betriebsübernahme» durch den Besteller hat der Lieferer das Risiko sowohl für seine eigenen Leistungen als auch für Unterlieferungen zu übernehmen. Versicherungsschutz gegen Feuer, Transportgefahren, Maschinenbruch und Diebstahl ist bis zu diesem Zeitpunkt Sache des Lieferers.

Mängelbeseitigung
Falls bei der *Vorläufigen Betriebsübernahme* Mängel festgestellt werden, sind sie unverzüglich innerhalb einer zu vereinbarenden Frist vom Lieferer auf seine Kosten zu beseitigen. Erst nach Abstellung dieser Mängel ist die *Vorläufige Betriebsübernahme* der Anlage als abgeschlossen zu betrachten.

2.7.4 Zugesicherte Eigenschaften

Der zwischen Lieferer und Besteller festzulegende Umfang der zugesicherten Eigenschaften bezieht sich auf:

- Die Einhaltung der Auslegungsdaten bei einem oder mehreren Leistungspunkten, dazu gehören z.B.
  - die Wärmeleistung,
  - Drücke, Temperaturen,
  - Durchflussraten,
  - Oberflächentemperaturen,
  - elektrische Anschlussleistung,
  - Emissionswerte (Schall usw.),

  Messverfahren zum Nachweis der Auslegungsdaten sind zwischen Besteller und Lieferer zu vereinbaren;
- die betriebliche Eignung hinsichtlich Zugänglichkeit, Bedienbarkeit, Reparatur- und Wartungsfreundlichkeit, Übersichtlichkeit der Instrumente, Laststeigerungs- und Lastabsenkungsgeschwindigkeit.
- die Eignung der Konstruktion und Werkstoffe, auch im Hinblick auf die wiederkehrenden Prüfungen.

Sämtliche zugesicherten Eigenschaften müssen, soweit das möglich ist, messtechnisch nachgewiesen werden können.

2.7.5 Gewährleistung

Voraussetzungen für die Gewährleistung
Es ist wichtig, einen oder mehrere Lastpunkte der Gesamtanlage zu bestimmen, wofür die Gewährleistung der zu liefernden Anlage eingehalten werden muss. Bei abweichenden Voraussetzungen gelten die Umrechnungskurven, die ebenfalls Gegenstand der Gewährleistung sind und vom Lieferer bereitgestellt werden müssen.

Umfang der Gewährleistung
Der Lieferer übernimmt für seine Lieferung eine Gewähr, die sich auf die Erfüllung der zugesicherten Eigenschaften hinsichtlich der technischen Auslegung, der Betriebseignung und der Eignung der Werkstoffe erstreckt. Einzelheiten über die Gewährleistung sind in einem besonderen Abschnitt «Gewährleistungen» den Erläuterungen zum Lieferumfang im Angebot beizufügen. Die Gewährleistungen sind ein Teil des Liefervertrages und beziehen sich auch auf die Lieferungen der Unterlieferanten. Unabhängig vom Nachweis der zugesagten technischen Gewährleistungswerte gelten die allgemeinen Grundsätze für die Mängelhaftung innerhalb der festgelegten Gewährleistungszeit.

Beginn der Gewährleistungszeit
Die Gewährleistungszeit beginnt mit dem Tage der *Vorläufigen Betriebsübernahme* nach Durchführung des Probebetriebs. Verzögert sich die betriebsfertige Aufstellung aus Gründen, die der Lieferer nicht zu vertreten hat, so beginnt die Gewährleistungszeit zum vereinbarten Fristablauf.

Dauer der Gewährleistungszeit
Für die Zahl der Betriebsstunden sind die Notizen der Betriebsleitung maßgebend. Für die Einhaltung der Auslegungsdaten, die betriebliche Eignung, die Güte der Konstruktion, die Werkstoffe, die Bearbeitung und Aufstellung übernimmt der Lieferer eine Gewähr von z.B. 8 000 Betriebsstunden, längstens 2 Jahre ab Ende des

Probebetriebs. Die Gewährleistungszeit gilt für die gesamte Lieferung, einschließlich der im Rahmen des Gesamtauftrags vom Lieferer durch Unterlieferanten bezogenen Teile.

Verlängerung der Gewährleistungszeit
Ergeben sich durch Änderungen oder Nachbesserungen des Lieferers während der Gewähr Stillstandszeiten, die insgesamt z.B. 400 Stillstandsstunden überschreiten, verlängert sich die angegebene Gewährleistungszeit entsprechend.

Abgrenzung bei getrennter Vergabe verschiedener Teile
Bei getrennter Vergabe einzelner Teile soll eine eindeutige Abgrenzung für die Gewährleistung der Unterlieferanten erfolgen. Für die Fertigfabrikate, die der Lieferer nicht selbst herstellt, die aber in der Hauptbestellung enthalten sind, gelten die Bedingungen der Gewährleistung des Hauptauftrages, wenn nicht ausdrücklich in der Hauptbestellung etwas anderes vereinbart ist.

2.7.6 Nachweis der zugesicherten Auslegungsdaten

Die Erfüllung der zugesicherten Eigenschaften hinsichtlich der Auslegung wird z.B. durch Leistungsmessungen erbracht. Für den Nachweis der zugesicherten Auslegungsdaten sollen vom Besteller bei den Leistungsmessungen Betriebsbedingungen geschaffen werden, die den wesentlichen Grundlagen der Bestellung bzw. Gewährleistung entsprechen.

Es empfiehlt sich zwingend, schon bei der Bestellung zwischen Besteller, Lieferer und der mit der Prüfung beauftragten Stelle sorgfältig überlegte, schriftlich festgelegte Vereinbarungen über die Art der Nachprüfung der Gewährleistung zu treffen, um alle denkbaren Unklarheiten bei den Leistungsmessungen zu vermeiden.

Abweichungen beim Gewährleistungsnachweis
Erfahrungsgemäß muss im Betrieb und gegebenenfalls auch bei den Leistungsmessungen mit Abweichungen von den Voraussetzungen der Gewährleistung gerechnet werden. Eine entsprechende Berücksichtigung derartiger Abweichungen ist bei Abfassung der Gewährleistung notwendig. Die durch Abweichungen bedingten Änderungen von Leistungen müssen durch Umrechnungsfaktoren oder Kurven berichtigt werden.

Zeitpunkt der Messungen
Der Besteller hat dem Lieferer spätestens z.B. drei Monate nach Beginn der Gewährleistungszeit die Möglichkeit des Nachweises der zugesicherten Eigenschaften zu geben. Falls während dieser Zeit besonders erschwerende Umstände eintreten, sind anderweitige Regelungen im gegenseitigen Einvernehmen zu treffen.

Vorversuche
Es ist dem Lieferer gestattet, eigene Leistungsmessungen durchzuführen, die jedoch für den Leistungsnachweis nicht maßgebend sind.

Umfang und Kosten
Der Umfang der Messungen ist durch die vom Lieferer abgegebenen zugesicherten Eigenschaften festgelegt. Die persönlichen und sachlichen Kosten der Messungen trägt der Besteller. Sofern der Lieferer eigenes Personal zu den Messungen entsendet, gehen die Kosten hierfür zu seinen Lasten. Verzichtet der Lieferer auf die Teilnahme eines eigenen Beobachters bei den Messungen, zu denen er eingeladen ist, so erkennt er gleichzeitig das Ergebnis der Messungen an. Werden die Messungen auf Verlangen eines Vertragspartners unterbrochen oder wiederholt, gehen die Kosten für eine Wiederholung der Messung (nicht aber die Kosten für Betriebsmittel und das zur üblichen Bedienung der Anlage erforderliche Personal des Bestellers) zu Lasten des Vertragspartners, der die Unterbrechung zu vertreten hat. Vom Bericht über die Leistungsmessungen erhält der Lieferer ebenfalls eine Ausfertigung.

2.7.7 Rechte des Bestellers bei Mängeln an der Lieferung

Dem Besteller stehen bei Mängeln an der Lieferung, wozu auch fehlende zugesicherte Eigenschaften gehören, nachstehende Rechte unter Ausschluss weiterer Forderungen zu:

Mängelhaftung (Nachbesserung, Ersatzleistung)
Festgestellte Mängel müssen dem Lieferer unverzüglich gemeldet werden. Dabei soll der Besteller dem Lieferer eine angemessene Frist und einen mit Rücksicht auf den Betrieb geeigneten Zeitpunkt zur Beseitigung der Mängel setzen und ihm die Anlage während dieser Zeit zur Durchführung der Arbeiten zur Verfügung stellen. Es läuft so lange keine Frist, solange nicht dem Lieferer vom Besteller die Möglichkeit zur Ausführung seiner notwendig erscheinenden Untersuchungen und Änderungen gewährt worden ist. Nach Ablauf der Frist ist der Besteller berechtigt, die Nachbesserung oder Ersatzlieferung auf Kosten und Verantwortung des Lieferers selbst auszuführen oder von anderer Seite ausführen zu lassen. Für den Fall, dass die Anlage zwecks Nachbesserung in absehbarer Zeit nicht zur Verfügung gestellt werden könnte, wäre zwischen Besteller und Lieferer eine Vereinbarung über die Regelung der Ersatzansprüche zu treffen.

Fortsetzung des Betriebs bei etwaigen Mängeln
Treten während des Betriebs Mängel auf, die bei seiner Fortsetzung zu schweren Schäden führen können, geschieht die Fortsetzung des Betriebs auf die Verantwortung des Bestellers hin.

Art der Mängelhaftung
Der Lieferer hat nach Übereinkunft mit dem Besteller unentgeltlich all diejenigen Teile der Lieferung auszubessern oder neu zu liefern und auszuwechseln, die infolge eines innerhalb der Gewährleistungszeit festgestellten und vom Lieferer zu vertretenden Umstandes unbrauchbar werden oder den zugesicherten Eigenschaften und Auslegungsdaten nicht entsprechen. Schäden, die durch mangelhafte Konstruktion und Bauweise eingetreten sind, sind durch grundsätzliche Änderungen kostenlos zu beseitigen. Ebenso sind alle Maßnahmen zu treffen, die die Erfüllung der Vereinbarungen erfordern. Ersetzte Teile werden Eigentum des Lieferers.

Für ausgetauschte Teile und Änderungen, auch für Ersatz- und Reserveteile, trägt der Lieferer alle Kosten, einschließlich derjenigen für Fracht, Gerüste und Bühnen sowie Ein- und Ausbau. Änderungen und Ergänzungen, die unmittelbar mit derartigen Maßnahmen in Zusammenhang stehen (z.B. Wärmedämmung, Rohrleitungen), werden vom Lieferer kostenlos übernommen. Die Frist für die Mängelhaftung ersetzter Teile beträgt z.B. 6 Monate, dauert aber in jedem Fall bis Ablauf der Gewährleistungszeit.

Ausnahmen der Mängelhaftung
Die Mängelhaftung bezieht sich nicht auf Schäden nach erfolgter *Vorläufiger Betriebsübernahme* infolge fehlerhafter oder nachlässiger Behandlung durch den Besteller, wie Nichtbeachtung der schriftlich gegebenen Bedienungsvorschriften, ungeeignete Betriebsmittel, etwaige Änderungen oder Instandsetzungsarbeiten, die der Besteller oder Dritte unsachgemäß und ohne vorherige Genehmigung vorgenommen haben, mangelhafte Bauarbeiten (soweit sie nicht vom Lieferer ausgeführt worden sind), ungeeigneten Baugrund, chemische oder elektrische Einflüsse, es sei denn, dass diese Umstände nachweislich auf ein Verschulden des Lieferers zurückzuführen sind.

Änderungsarbeiten durch den Besteller
Durch etwaige Änderungen oder Instandsetzungsarbeiten, die der Besteller oder Dritte unsachgemäß ohne vorherige Genehmigung des Lieferers vorgenommen haben, wird die Haftung für die ursächlich daraus entstehenden Folgen aufgehoben. In dringenden Fällen ist der Besteller jedoch berechtigt, notwendig werdende Änderungen oder Instandsetzungsarbeiten selbst sachgemäß auf Kosten des Lieferers ausführen zu lassen. In diesem Falle bleibt die ursprüngliche Haftung des Lieferers für die Gesamtanlage bestehen, wenn der Lieferer vor Aufnahme der Arbeiten benachrichtigt worden ist und diese Arbeit nicht selbst rechtzeitig vornehmen kann. Die Verantwortung für diese Arbeiten trägt der Besteller.

Nachbesserung bei Nichterfüllung der zugesicherten Auslegungsdaten
Wird durch die Leistungsmessungen der Nachweis der Erfüllung der zugesicherten Auslegungsdaten nicht erbracht, muss der Besteller dem Lieferer die Möglichkeit zur Nachbesserung geben.

Der Lieferer muss dabei die betrieblichen Belange berücksichtigen. Über den Zeitpunkt der Nachbesserungen werden zwischen Besteller und Lieferer Absprachen getroffen. Die Nachbesserung soll jedoch so schnell wie möglich, längstens aber in 6 Monaten nach der Mängelrüge, durchgeführt werden. Die Kosten für die Wiederholung der Leistungsmessungen nach der Nachbesserung trägt der Lieferer.

Recht auf Minderung
Werden die zugesicherten Eigenschaften trotz vorgenommener Nachbesserung nicht erreicht, hat der Besteller ein Recht auf Minderung. Über diese Höhe der Minderung sind Vereinbarungen zu treffen.

Rückweisungsrecht
Der Besteller hat ein Rückweisungsrecht, wenn der Lieferer die ihm zur Behebung eines Mangels gesetzte angemessene Frist schuldhaft verstreichen lässt, ein vorerst zurückgewiesenes Anlagenteil noch so zu ändern oder zu ersetzen, dass es den gestellten Anforderungen entspricht, oder wenn ein weiterer Betrieb der Anlage mit dem beanstandeten Teil nicht zumutbar ist. Die Forderung auf Herstellung bzw. Nachbesserung des vertragsgemäßen Zustandes hat auf jeden Fall Vorrang vor einer Zurückweisung.

Weiterbenutzung nach Rückweisung
Im Falle der Zurückweisung ist der Besteller berechtigt, die Anlage bis zur Schaffung eines geeigneten Ersatzes des zurückgewiesenen Teils aufgrund von besonderen Vereinbarungen weiter zu benutzen.

Übernahme der Kosten
Im Falle der Zurückweisung trägt der Lieferer die Kosten der Demontage und der Rückfracht seiner Lieferung. Sämtliche geleisteten Zahlungen sind in bar ohne Abzug, einschließlich einer Verzinsung von z.B. 2 % über Diskontsatz zurückzuvergüten, abzüglich des Bestelleranteils für die Benutzung der zurückgewiesenen Anlage. Der Bestelleranteil ist ab *Vorläufige Betriebsübernahme* je Jahr mit z.B. 10 % der Gesamtkosten der zurückgewiesenen Anlage anzusetzen.

Ersatzbestellung
Der Besteller ist nicht verpflichtet, die zu ersetzende Anlage beim gleichen Lieferer zu bestellen.

Ausnahmen
Der Besteller ist nicht zur Rückweisung berechtigt, wenn der zur Rückweisung berechtigende Umstand durch den Besteller selbst zu vertreten ist. Kommt der Auftrag durch behördliche Maßnahmen nicht zur Auslieferung, so sind dem Lieferer die nachweislich entstandenen Kosten zu ersetzen.

2.7.8 Sonstiges

Patentansprüche
Der Lieferer übernimmt die Gewähr, dass durch die von ihm herzustellenden Anlagen keine gesetzlich geschützten Rechte dritter Personen, insbesondere keine Patentrechte, verletzt werden. Er verpflichtet sich, den Besteller von Ansprüchen, die von einem Patentinhaber gegen ihn gestellt werden, freizuhalten, so dass an den Besteller keine Ansprüche auf Schadenersatz oder Unterlassung des Gebrauchs der Anlage oder einzelner Teile gestellt werden können. Auf den Lieferungsgegenständen ruhende Lizenzgebühren trägt der Lieferer.

Der Besteller wird den Lieferer bei der Abwehr solcher Ansprüche unterstützen und hierbei – insbesondere bei einem Rechtsstreit – nur im Einvernehmen mit dem Lieferer handeln. Der Besteller wird den Lieferer von solchen Ansprüchen unverzüglich unterrichten.

Haftung
Der Lieferer haftet im Rahmen der gesetzlichen Bestimmung für alle in Ausführung der Montage, der Inbetriebnahme oder des Probebetriebs dem Besteller unmittelbar zugefügten Personen- oder Sachschäden (an Liefergegenständen und sonstigen Sachen des Bestellers) mit Ausnahme der Schäden, die durch Produktionsausfall entstehen. Die Höhe der Haftung wird auf eine zu vereinbarende Summe begrenzt. Die vom Lieferer vorgesehene Deckungssumme ist im Angebot zu nennen.

2.7.8.1 Streitfälle

Schiedsgericht
Innerhalb von z.B. 4 Wochen nach Aufforderung durch eine Partei hat jede Partei einen Schiedsrichter zu ernennen. Die Schiedsrichter wählen vor Eintritt in die Verhandlung einen Obmann. Einigen sie sich innerhalb 4 Wochen nach ihrer Ernennung nicht über die Person eines Obmannes, so wird dieser auf Antrag einer der Parteien von z.B. dem Präsidenten des zuständigen Oberlandesgerichtes ernannt.

Das Schiedsgericht hat aufgrund der vereinbarten Lieferungsbedingungen zu verfahren und zu entscheiden. Im übrigen sind auf das schiedsrichterliche Verfahren die entsprechenden Paragraphen der Zivilprozessordnung anzuwenden.

Amtshilfe für das Schiedsgericht
Für alle vorzunehmenden richterlichen Handlungen, einschließlich der Niederlegung des Schiedsspruches, sind die für den Beklagten zuständigen Gerichte in Anspruch zu nehmen.

Erfüllungsort und Gerichtsstand
Erfüllungsort für die Lieferung ist die Verwendungsstelle, Erfüllungsort für Zahlungen ist der Sitz des Lieferers. Gerichtsstand für beide Teile ist bei allen sich aus dem Vertragsverhältnis mittelbar oder unmittelbar ergebenden Streitfällen der Hauptsitz z.B. des Beklagten.

3 Bauliche Planung

3.1 Allgemeines

Im allgemeinen ist für den reibungslosen Ablauf baulicher Planungen eine akribische Zusammenfassung und Koordinierung aller Vorleistungen und Bedingungen der verschiedenen Bauabschnitte Voraussetzung. Dazu gehören:

- die Ausarbeitung einer konsequenten und gut ausgerüsteten Baustelleneinrichtung,
- eine vorausgehende Klärung über einen notwendigen Bodenaustausch oder sinnvoller Bodenverbesserungen,
- eine klare Strategie zur Errichtung von benötigten Straßen oder Geleisen, die Bereitstellung von Baustrom, Bauwasser und Absperrungs- und Abgrenzungsvorrichtungen,
- Errichtung aller Fundamente und Pfahlgründungen mit der Einbeziehung und Ausführung der Kanalisation; bereits in diesem Stadium sind Feuerlöschleitungen einzuplanen und bereitzustellen,
- für die Energieversorgung von Transportmitteln und Gebäuden ein entsprechender Tankbau, Gerüste und Schiffsbrücken,
- Terminplanung der zusammenwachsenden Gebäude von Bauabschnitt zu Bauabschnitt
- Anlieferung und Aufstellung von Apparaten, Waagen, Behältern, Maschinen, Kesseln, Luftkühlern, Kühltürmen, Instrumentationen und der Armaturen
- die Verrohrung einschließlich Rohrbrücken und der Einbau von Regelungs- und Messgeräten,
- eine weitgehend vorausschauende Kabelplanung und Kabelverlegung sowie der Elektro- und Instrumentationsmontage,
- Begleitheizung und Wärmedämmung,
- Anstriche einschließlich Feuerschutzverkleidungen,
- genaue Kennzeichnung der Anlagenteile für eine problemlose Identifikation,
- Inbetriebnahme.

3.2 Transport- und Lagerverhältnisse

Über die Transport- und Lagerverhältnisse auf der Baustelle sind vor der Bestellung, ggf. nach einer örtlichen Besichtigung, Vereinbarungen zwischen Besteller und Lieferer zu treffen. Ebenso soll sich der Lieferer rechtzeitig davon überzeugen, ob die örtlichen Verhältnisse den Transport zum Aufstellungsort, Entladung und den Zusammenbau an Ort und Stelle zulassen. Notfalls sind mit dem Besteller Änderungen zu vereinbaren. Der Lieferer hat sich rechtzeitig davon zu überzeugen, dass Bauleistungen mit seinen Montageanforderungen übereinstimmen.

Über den Beginn der Anlieferung der einzelnen Teile und den Zusammenbau muss sich der Lieferer mit der örtlichen Bauleitung abstimmen. Vor dem Versand der einzelnen zur Lieferung gehörenden Teile ist der Besteller durch eine ausreichende Zahl von Versandanzeigen zu benachrichtigen.

Falls der Lieferer von seinem Unterlieferanten Teile unmittelbar an den Besteller versendet, hat er dem Unterlieferanten zur Auflage zu machen, dass dieser im Frachtbrief seinen Auftraggeber nennt, die Abladestelle angibt und das Abladen rechtzeitig klärt. Bei der Anlieferung sind alle Teile nochmals auf Vollständigkeit und spezifikationsgerechte Ausführung zu überprüfen. Für schwere Aggregate muss die Kranbestellung rechtzeitig erfolgen (Terminabstimmung mit Lieferanten).

Alle Bau- und Montagearbeiten – Straßen, Kanalisation, Verrohrung, Instrumentierung, Kabelverlegung, Wärmedämmung, Anstriche usw. – sind laufend durch fachkundiges Personal zu überwachen, damit alle Spezifikationen und Termine eingehalten werden können.

Oft stellen kleine Fehler die Funktion der ganzen Anlage in Frage: Kondensatableiter, Rohrleitungsvorspannung und Festpunkte, Motordrehrichtung, Rückschlagventile. Auf der Baustelle benötigt man daher erfahrene und flexible Fachleute, da ständig über kleine Änderungen oder Anpassungen zu entscheiden ist. Als grundlegend und wichtig wird eine gute Montage- und Baustellenordnung als generelle Vertragsgrundlage für alle Montagearbeiten angesehen.

Die Prüfungen und Abnahmen für die einzelnen Arbeiten werden in der Montagespezifikation festgelegt, ebenso die Zahlungsbedingungen. Wegen der immer erforderlichen Änderungen ist eine Abrechnung auf der Basis von Einheitspreisen empfehlenswert.

3.3 Baustelleneinrichtung

Alle Anordnungen bezüglich der Baustelleneinrichtung, der Platzverteilung usw. sind mit der Bauleitung des Bestellers abzusprechen. Für die Unterbringung seines Personals und das seiner Unterlieferanten auf der Baustelle sorgt in ausreichender Weise der Lieferer, ggf. mit Unterstützung des Bestellers.

Alle im Rahmen der Baustelleneinrichtung erforderlichen behördlichen Genehmigungen sind rechtzeitig vom Besteller zu beschaffen (z.B. für das Aufstellen der Baubuden, Absperrungen von Zufahrtswegen usw.). Die hierzu notwendigen Angaben stellt der Lieferer dem Besteller zur Verfügung.

3.4 Montage

Der Lieferer übernimmt – sofern nichts anderes festgelegt wird – die vollständige Montage seines Lieferumfanges bis zur Inbetriebnahme. Zur Montage gehören:

- Gestellung, Transport und evtl. Rücktransport der zur Errichtung und zum Zusammenbau erforderlichen Vorrichtungen (Geräte, Rüst- und Hebezeuge sowie Transportmittel einschließlich Antriebsvorrichtungen, Baubuden für Personal, Werkzeuge und wertvolle Einzelteile, Druckluftanlagen, Azetylen, Sauerstoff, Schweißgeräte, Schweißzusätze, Putz- und Schmiermittel, Kleinmaterialien usw.) sowie Gestellung des Fach- und Hilfspersonals und des erforderlichen Aufsichtspersonals, einschließlich Reise- und Nebenkosten.
- Errichtung und Abbruch der erforderlichen Baugerüste, Baubuden, Lagerschuppen usw.
- Besenreine Aufräumung der Baustelle in angemessenen Zeiträumen – etwa wöchentlich – während der Montage und Endreinigung nach Montageende.
- Beseitigen von Bauschutt und Abfällen auf behördlich zugelassenen Deponien, ggf. die Verbringung auf die vom Besteller anzugebenden Abfall-Lagerplätze.
- Gestellung von Aufsichtspersonal für die Inbetriebsetzung und für den Probebetrieb, Anlernen des Personals des Bestellers.
- Gestellung von Fachleuten zum Nachweis der vom Lieferer abgegebenen Gewährleistungen (jedoch ohne Hilfspersonal).
- Sämtliche Stand- und Wegegelder und sonstige Gebühren, soweit sie der Lieferer zu vertreten hat.

Festinstallierte Hebezeuge sollten – soweit vorhanden – dem Lieferer zur Verfügung gestellt werden. Über die Gestellung von Hilfspersonal sind ggf. Vereinbarungen zu treffen. Von der fach- und maßgerechten Ausführung der Unterstützungskonstruktionen bzw. Fundamente hat sich der Lieferer so rechtzeitig zu überzeugen, dass eventuelle Änderungen noch vor Anlieferung durchgeführt werden können. Vergussarbeiten können nur (nach Abnahme) durch die Bauleitung veranlasst werden. Maßprotokolle sind vorher durch den Lieferer zu erstellen.

3.5 Personal

Der Lieferer nennt der Bauleitung eine für die Montage verantwortliche Führungskraft. Er übernimmt für alle Arbeiten innerhalb seines Liefer- und Leistungsumfanges die volle Verantwortung und Gewähr, auch wenn ihm Arbeitskräfte bauseitig gestellt werden. Ungeeignete Montagekräfte können vom Lieferer abgelehnt werden.

Beschäftigung und Arbeitszeit des Personals
Die tägliche Arbeitszeit auf der Baustelle ist mit der örtlichen Bauleitung zu vereinbaren. Zur Einhaltung der Termine erforderliche Über-

stunden, Doppelschichten oder sonstige Arbeiten berechtigen nur zu Mehrforderungen, wenn der Lieferer und der Unterlieferant die Verzögerung nicht zu vertreten haben. In diesem Fall muss eine ausdrückliche schriftliche Vereinbarung mit der Bauleitung bzw. dem Besteller erfolgt sein. Erforderliche behördliche Genehmigungen für Sonntagsarbeit usw. holt der Lieferer gegebenenfalls mit Unterstützung des Bestellers ein. Die Anzahl der Montagekräfte ist der Bauleitung anzugeben.

Über den Lieferumfang hinausgehende Lieferungen und Leistungen
Solche Lieferungen und Leistungen, die z.B. im Stundenlohn ausgeführt werden, werden vom Besteller nur bezahlt, wenn er einen besonderen schriftlichen Auftrag erteilt hat und die Arbeitsstunden von der örtlichen Bauleitung bescheinigt sind.

Zusammenarbeit
Der Lieferer und seine Beauftragten sind verpflichtet, den Weisungen der Bauleitung des Bestellers, die sich auf die Zusammenarbeit und allgemeine Ordnung beziehen, Folge zu leisten und haben ihr Personal zu einer guten und reibungslosen Zusammenarbeit mit anderen auf der Baustelle befindlichen Lieferern anzuhalten.

Auf Verlangen der Bauleitung sind Personen, die dagegen oder gegen die Betriebs- bzw. Baustellenordnung verstoßen, oder deren sonstiges Verhalten den Fortschritt der Bauarbeiten beeinträchtigen, durch den Lieferer abzurufen und durch geeignetes Personal zu ersetzen. Arbeiten an fremden Bauteilen sind nur mit Zustimmung der örtlichen Bauleitung zulässig, die zweckmäßig das Einverständnis des betreffenden Lieferers einholt.

3.6 Haftung und Verantwortung des Lieferers

Beschädigungen
Für schuldhafte Beschädigungen von Anlagenteilen, auch wenn deren Benutzung von seiten des Bestellers ausdrücklich genehmigt wurde, ist der Lieferer haftbar.

Rüstungen
Für genügende Tragfähigkeit, Eignung und Sicherheit der Hebezeuge und Gerüste sowie für alle bei den Arbeiten notwendigen Schutzvorkehrungen trägt der Lieferer allein die Verantwortung. Das Nebeneinanderarbeiten verschiedener Firmen birgt erhöhte Gefahren. Die Bauleitung soll, soweit das möglich ist, ihre Disposition in zeitlicher und räumlicher Hinsicht so treffen, dass ein reibungsloses Nebeneinanderarbeiten der Firmen unter Beachtung der berufsgenossenschaftlichen Unfallverhütungsvorschriften möglich ist.

Unfälle
Der Lieferer hat das von ihm entlohnte Personal selbst zu versichern und verpflichtet sich, den Besteller von allen Schadenersatzansprüchen zu befreien. Nach einem Unfall ist der Besteller sofort zu benachrichtigen und weiterhin Durchschriften eines evtl. Schriftverkehrs mit Aufsichtsbehörden auszuhändigen. Der Lieferer ist verpflichtet, auf der Baustelle für den Fall einer «Ersten Hilfe» bei Unfällen entsprechend gerüstet zu sein, sofern nicht der Besteller für entsprechende Einrichtungen gesorgt hat.

3.7 Bau- und/oder Montageüberwachung

Beauftragung
Die Durchführung einer Bau- und Montageüberwachung muss spätestens zur Auftragsvergabe zwischen Besteller und Lieferer vereinbart werden. Der Besteller gibt dem Lieferer an, ob er selbst die Überwachungsarbeiten durchführen will bzw. wen er damit beauftragt. Auf der Grundlage der Spezifikationen des Bestellers und dieser Richtlinie wird einvernehmlich mit dem Lieferer ein Bau- und Montageüberwachungsplan aufgestellt, aus dem die Prüfungen im einzelnen zu entnehmen sind. Darüber hinaus kann der Bauüberwacher, wenn durch Prüfungsergebnisse eine technische Notwendigkeit entsteht, im Einvernehmen mit dem Besteller und Lieferer den Prüfumfang erweitern. Die Bau- und Montageüberwachung kann den Lieferer nicht von der Sorgfaltspflicht und von seinen Gewährleistungen entbinden.

Kontrollen im Lieferwerk und auf der Baustelle
Der Besteller oder der von ihm mit der Durchführung der Bau- und Montageüberwachung Beauftragte haben das Recht, die in dieser Richtlinie beschriebenen Prüfungen im Lieferwerk und auf der Baustelle vorzunehmen oder an Prüfungen des Lieferers bzw. Unterlieferanten teilzunehmen. Die Überwachungen sind vom Lieferer so einzuplanen, dass der Fertigungsablauf möglichst nicht beeinträchtigt wird.

Verständigung des Bestellers
Verlagerungen der Fertigung von wesentlichen Bauteilen vom Lieferer auf andere Hersteller (Unterlieferanten) bedürfen der Zustimmung des Bestellers. Der Lieferer und die Unterlieferanten sind verpflichtet, den Besteller bzw. den mit der Bau- und Montageüberwachung Beauftragten rechtzeitig zu benachrichtigen, wann die in den Plänen zur Überwachung vorgesehenen Bauteile geprüft werden können.

Es ist ein Fertigungsablaufplan vorzulegen, in dem auch alle Änderungen während der Fertigung unverzüglich nachzutragen sind. Schwierigkeiten, die zu Verzögerungen in der Fertigstellung führen können, sind dem Besteller umgehend mitzuteilen.

3.8 Betriebsdokumentation

In der Betriebsdokumentation sind alle für den Betrieb einer Anlage relevanten Unterlagen zusammengefasst. Sie muss daher zunächst dem Inbetriebnahmepersonal und später dem Betriebsleiter zur Verfügung stehen. Verschiedene für Betrieb und Wartung wichtige technische Unterlagen gehören sowohl zur technischen als auch zur Betriebsdokumentation und sollten daher in beiden Dokumentensammlungen zu finden sein. Die Betriebsdokumentation sollte folgende Unterlagen enthalten:

- eine allgemeine Beschreibung der Anlage. Die Beschreibung sollte auf den Zweck und die Nutzung eingehen, für die eine Anlage vorgesehen und konstruiert ist. Sie muss eine Empfehlung für alle zugehörigen Systeme und Untersysteme enthalten;
- Übersichtspläne für Gebäude, Bauteile und Geräte, die zur Unterstützung des Personenkreises notwendig sind, der mit Betrieb, Wartung, Kundendienst oder Reparatur der Anlage beauftragt ist;
- schematische Zeichnungen der Anlage oder des Systems;
- eine vollständige Beschreibung oder Angaben in einer anderen Form zum nicht sichtbaren Rohrsystem, zu den Rohrbauteilen sowie Geräten, die als wartungsfrei angesehen werden;
- Pläne, die Form, Ausführung, Betriebsart und alle anderen notwendigen vom Lieferer der Anlage geforderte Angaben über Bauteile und Geräte enthalten;
- Daten und Angaben zur Erstinbetriebnahme;
- Datenblätter, auf denen der zeitliche Ablauf für Betrieb, Kundendienst, Wartung und Reparatur der Anlage, des Systems und der Untersysteme vollständig in einer für den Lieferer der Anlage annehmbaren Form aufgezeichnet werden können;
- Anschriftenverzeichnis;
- Hinweise auf anzuwendende Gesundheits- und Sicherheitsvorschriften sowie eine Einschätzung des Risikos;
- Dokumente der Hersteller von Bauteilen und Geräten, bei Bedarf mit Änderungen;
- Bericht über die Erstinbetriebnahme;
- Kostenkontrollpläne für Betrieb sowie notwendige Wartung und Reparatur. Die äußere Form dieser Pläne wird vom Lieferer der Anlage festgelegt;
- alle Garantiebedingungen;
- alle speziellen Bauteile oder speziellen Herstellerunterlagen, auf die in den Anleitungen verwiesen wird. Zu diesem Zweck kann es genügen, einzelne wesentliche Ausschnitte oder Abschnitte zu erfassen.

3.8.1 Spezielle Betriebsdokumentation

3.8.1.1 Betriebsprogramm

Das Betriebsprogramm muss die vorgesehenen Betriebsvorschriften enthalten. Es muss ein Ablaufplan für die Betriebszeiten, Betriebstemperaturen und andere Parameter in Abhängigkeit von den verschiedenen Betriebszuständen und den Jahreszeiten existieren.

3.8.1.2 Betriebsabläufe

Der Ablauf bei der In- und Außerbetriebnahme der Anlage muss beschrieben werden. Eine tägliche bzw. regelmäßige In- und Außerbetriebnahme muss gesondert beschrieben und genau festgelegt sein.

3.8.1.3 Betrieb einzelner Gebiete und Teilgebiete

Eine gesonderte Betriebsbeschreibung für den Betrieb von Einrichtungen in einzelnen Gebieten oder Bereichen ist vorzulegen, wenn es für das betreffende Gebiet oder den betreffenden Bereich keine Option zur Steuerung bzw. Regelung gibt. Dieser Abschnitt muss in Übereinstimmung mit den Anforderungen des Lieferers der Anlage stehen, und für die Bediener, die in diesen Gebieten oder Bereichen arbeiten, müssen weitere Anleitungen vorhanden sein. Er muss bei Bedarf Empfehlungen geben für:

a) eine allgemeine Beschreibung der Anlage, die in einem einzelnen Bereich oder Gebiet installiert ist; die genaue Lage der Regelungseinrichtungen (z.B. der Thermostate) muss erkennbar sein;
b) einen kurzen Verfahrensablauf, nach dem das Untersystem in dem Bereich oder dem Gebiet in oder außer Betrieb genommen werden kann oder muss;
c) Empfehlungen für das Verfahren, wodurch zufriedenstellende wirtschaftliche und ökologische Bedingungen entstehen oder geschaffen werden können.

Auf die Gefahr des unzulässigen Betriebs der gesamten Anlage oder in dem betreffenden Gebiet muss hingewiesen werden.

3.8.1.4 Wirtschaftlicher Betrieb

Die Anleitungen müssen Empfehlungen für einen ökologischen, wirtschaftlichen und energiebewussten Betrieb enthalten.

3.8.1.5 Steuerungs- bzw. Regelungs- sowie Sicherheitssysteme und Sicherheitseinrichtungen

Anleitungen für den Betrieb von Steuerungs- bzw. Regelungs- sowie Sicherheitssystemen und Sicherheitseinrichtungen der Anlage müssen enthalten und die Beziehungen zwischen Untersystemen und anderen Gebäudesystemen einwandfrei erkennbar sein.

3.8.1.6 Betriebsbericht

Bei Bedarf müssen Vorschriften für die Aufzeichnungen der Betriebsabläufe existieren. Die Aufzeichnung muss den jeweiligen Vorgang, den Verfasser der Aufzeichnungen und das Datum enthalten. Für einzelne Gebiete und Teilgebiete müssen entsprechend den Anforderungen des Lieferers der Anlage getrennte Aufzeichnungen angelegt werden.

3.8.1.7 Regelmäßige Inspektionen

Anleitungen für regelmäßige Inspektionen und Tätigkeiten, die der Konstrukteur der Anlage vorschreibt, müssen enthalten sein. Die Inspektionen müssen den allgemeinen Anleitungen entsprechen, die von den Herstellern der Bauteile und Geräte oder vom Lieferer der Anlage vorgegeben werden.

3.8.1.8 Betriebsstörungen

Die Anleitungen müssen Angaben über Betriebsstörungen und die in diesem Fall zu ergreifenden Maßnahmen enthalten.

3.8.2 Dokumentation von Wartung, Reparatur und Kundendienst

Der Wartungsumfang nach den Anforderungen des Lieferers der Anlage muss beschrieben und geplant werden. Zu berücksichtigen sind regelmäßige Prüfungen zur Beurteilung der Sicherheit und Leistungsfähigkeit der Anlage sowie zur Erfüllung der gesetzlichen Auflagen. Das Verfahren, nach dem ein System, ein Untersystem, ein Gerät oder Bauteil zu Zwecken der Wartung, des Kundendienstes und der Reparatur abgetrennt werden kann, muss genauestens beschrieben sein.

3.8.2.1 Produktwartung

Anleitungen für die Überwachung und Wartung von Bauteilen und Geräten müssen den Herstelleranforderungen entsprechen. Ferner müssen rechtliche Anforderungen und besondere Anforderungen des Lieferers berücksichtigt werden.

3.8.2.2 Kundendienstbericht

Es muss einen Kundendienstplan geben. Der Plan muss die Anforderungen an den Kundendienst und die zeitliche Abfolge der entsprechenden Tätigkeiten festlegen. Dazu sind individuelle Anforderungen der Hersteller für Geräte und Bauteile entsprechend einzuplanen. Der Plan muss vorschreiben, wie während der Betreuung durch den Kundendienst alle Auswechslungen oder andere durchzuführende Tätigkeiten an der Anlage, an einem Gerät oder Bauteil in allen Einzelheiten vollständig aufzuzeichnen sind.

3.8.2.3 Wartungs- und Reparaturberichte

Es muss einen Wartungsplan geben. Dieser muss vorschreiben, wie während der Wartung und Reparatur alle Auswechslungen oder andere durchzuführende Tätigkeiten an der Anlage, an einem Gerät oder Bauteil in allen Einzelheiten vollständig aufzuzeichnen sind.

3.8.2.4 Sicherheit

Verfahren zur Gewährleistung der Sicherheit müssen erwähnt werden. Wesentliche Punkte zum Thema Sicherheit (z.B. Lagerung und Umgang mit Brennstoffen, Zustand und Pflege von Schornsteinen, Wasserdämmung oder elektrische Isolationen) sind zu erfassen.

Die Abläufe bei einer Notabschaltung müssen angegeben sein (einbezogen werden sollten Abläufe z.B. bei Bränden, Brennstoff- oder Wasserleckagen sowie andere möglicherweise entstehende Notfallsituationen).

3.8.3 Einsatz von Einrichtungen

Ein gesondertes Dokument für den Ablauf beim Einsatz von Einrichtungen in einzelnen Gebieten oder Bereichen muss vorgesehen werden, wenn es in dem Bereich keine Option für eine Steuerung bzw. Regelung gibt.

3.8.3.1 Anleitungen für den Betreiber

Das Dokument muss für den Betreiber der einzelnen Gebiete oder Bereiche nach den Empfehlungen des Lieferers der Anlage so geschrieben werden, dass eine rationelle und effektive Anwendung möglich ist. Gebrauchsanleitungen der Hersteller von Geräten und Bauteilen müssen einbezogen werden.

3.8.3.2 Inhalt der Anleitungen für den Betreiber

Das Dokument muss bei Bedarf Empfehlungen für folgende Themen enthalten:

a) eine allgemeine Beschreibung der Anlage, die in einem einzelnen Bereich oder Gebiet installiert ist. So muss z.B. die genaue Lage der Regelungseinrichtungen (z.B. der Thermostate) angegeben werden;
b) einen kurzen Verfahrensablauf, wie die Anlage in dem entsprechenden Bereich oder dem entsprechenden Gebiet in oder außer Betrieb genommen werden kann oder muss;
c) Empfehlungen für das Verfahren, wie zufriedenstellende wirtschaftliche und ökologische Bedingungen entstehen oder geschaffen werden können;
d) Verfahren zur Aufdeckung und Beseitigung von Fehlern;

e) falls zutreffend, müssen Angaben über die Lage einzelner Messgeräte und wie sie abzulesen sind, enthalten sein.

3.8.3.3 Sicherheit

Auf die Gefahr des unzulässigen Einsatzes der gesamten Anlage oder in dem Gebiet muss hingewiesen werden. Die schützenden und schadensverhütenden Maßnahmen, die vom Betreiber unter Notfallbedingungen zu ergreifen sind, müssen klar erkennbar und nachvollziehbar sein.

3.9 Inbetriebnahme

Die Inbetriebnahme (s. Abschnitt 5.3) erfolgt durch das Planungsteam in Anwesenheit der zukünftigen Betriebsmannschaft. Vor der Inbetriebnahme sollte bereits eine vorläufige Betriebsanleitung vorliegen und sämtliche Anlagenteile gekennzeichnet sein. Grundlagen der Anlagenkennzeichnung ist die UVV VBG1 (§ 49) bzw. die DIN 2403, die besagt: «Der Unternehmer hat dafür zu sorgen, dass Gefäße und Leitungen eindeutig und dauerhaft zu kennzeichnen sind, wenn durch Inhalt, Temperatur oder durch Verwechseln Gefahren entstehen können.»

Das endgültige Betriebsmanual wird nach dem Anfahren erstellt. Empfehlenswert ist auch eine Liste der vorgeschriebenen Sicherheitsüberprüfungen sowie eine Instandhaltungsrichtlinie. Ein typischer Inbetriebnahmeablauf ist in Abschnitt 5.4 dargestellt.

3.9.1 Inbetriebnahmeablauf am Beispiel einer Wärmeträger-Ölanlage

3.9.1.1 Abnahmeprüfung

Nach Beendigung der Anlagenmontage ist das System einer Abnahmeprüfung zu unterziehen. Hierbei ist aber zu beachten, dass noch kein Wärmeträger eingefüllt und die Wärmedämmung noch nicht aufgebracht wurde. Die Abnahmeprüfung soll die Übereinstimmung mit den Planungsunterlagen (Fließbild, Aufstellungspläne und Stromlaufpläne) sicherstellen und die Funktionsfähigkeit der Anlage gewährleisten. Wichtig ist dabei die Beachtung folgender Punkte:

- Kontrolle der Leitungsführung an Hand des Fließbildes,
- Prüfung der Leitungsverlegung auf Festpunkte, Lospunkte und Dehnungsmöglichkeiten,
- Prüfung, ob an den höchsten Systempunkten Entlüftungen und an den tiefsten Stellen Entleerungen vorgesehen sind,
- Prüfung des Systems, ob keine Schraubverbindungen mit Abdichtungen im Gewinde im «heißen» Anlagenteil eingebaut sind (insbesondere an den Wärmeverbrauchern),
- Überprüfung des Brennstoffversorgungssystems,
- Kontrolle der elektrischen Leitungen, ob diese gegen Einwirkung evtl. austretender Wärmeträger geschützt sind,
- Überprüfung der Entlüftungsleitung aus dem Ausdehnungs- oder Sammelbehälter, ob diese gefahrlos ins Freie führen,
- Prüfung der Einbaustellen von Armaturen, Schmutzfänger und Regelventilen (insbesondere die 3-Wege-Regelventile),
- Prüfung, ob alle Messstutzen eingeschweißt sind,
- Kontrolle des Pumpenkühlwasser- und Inertgas-Versorgungssystems, wenn vorhanden,
- Prüfung der Gestaltung und Ausbildung des Heizraums, ob dieser den Heizraumrichtlinien entspricht. Dabei ist insbesondere auf die Raumbelüftung und Entlüftung, den Gefahrenschalter und die Feuerlöschgeräte zu achten,
- Prüfung der Wärmeverbraucher,
- Ist eine ausreichende Menge von Wärmeträger vorhanden, bzw. bestellt?
- Ist der Ausdehnungsbehälter ausreichend hoch installiert?

3.9.1.2 Reinigung

Die Anlage ist, soweit möglich, von Verunreinigungen (wie z. B. Schweißperlen, Verzunderungen und Rostansätzen) zu reinigen. Die chemische Reinigung mit Beizmitteln, die eine nachträgliche Neutralisation und Trocknung des Systems notwendig macht, wird, falls vorgesehen, ausschließlich bei Großanlagen durchgeführt. Üblich ist dagegen, die Leitungsteile mit Pressluft durchzublasen und sämtliche Behälter zu inspizieren. Schmutzteilchen, die sich in den Schmutzfängern und tiefliegenden Anlagenteilen sammeln, sowie Verunreinigungen in den Behältern müssen sorgfältig entfernt werden.

3.9.1.3 Dichtheitsprüfung

Wärmeübertragungsanlagen sind auf Dichtheit zu prüfen. Als Prüfmedium können Flüssigkeiten oder Gase verwendet werden. Bei der Verwendung von Wasser ist jedoch zu beachten, dass es meistens nicht wieder vollständig aus der Anlage entfernt werden kann und somit bei der Inbetriebnahme mit längeren «Auskochzeiten» zu rechnen ist. Aus diesem Grund wird z.Z. fast ausschließlich Luft als Prüfmedium verwendet. Der Prüfüberdruck selbst wird dabei dann auf etwa 0,5 bar eingestellt. Sämtliche Flansch- und Verbindungsstellen sowie Schweißnähte sind mit einer Seifenlösung abzupinseln bzw. einzusprühen, und es ist darauf zu achten, ob Undichtigkeiten vorhanden sind, die sich in Form von Seifenblasen zeigen. Den Prüfüberduck auf mehr als 1 bar anzuheben hat wenig Sinn, da dann die Gefahr besteht, dass die aufgebrachte Seifenlösung durch den Druck (und somit hohe Geschwindigkeit) des ausströmenden Prüfgases durchströmt wird, ohne dass sich Blasen bilden. Außerdem kann mit einem erhöhten Druck eine Festigkeitsprüfung nicht erreicht werden, da die im Betrieb auftretenden Hauptspannungen (resultierend aus den Wärmespannungen) nicht dargestellt werden können. Um eine bleibende Verformung an den Rohren bei Raumtemperatur zu verhindern, genügt bei z.B. DN 200 und einem Prüfüberduck von bis 10 bar bereits eine Wanddicke von etwa 1 mm, wenn die Wertigkeit der Verbindung mit 0,5 angenommen wird.

Damit jedoch die Speicherung von kompressiblen Medien aus Sicherheitsgründen auf ein Minimum beschränkt bleibt, sollten die im Herstellerwerk bereits einer Druckprüfung unterzogenen Anlagenteile, wie Behälter, größere Sammler und Verteiler sowie der Erhitzer und gegebenenfalls der Wärmeverbraucher von der Dichtheitsprüfung mit Luft ausgeschlossen werden. Dies kann durch Blindflanschen der genannten Bauteile erfolgen. Ebenfalls sollten insbesondere Umwälzpumpen mit Stopfbuchse ausgeklammert werden, da hier die Gefahr besteht, dass durch die große Gasleckage an der Stopfbuchse kein Prüfdruck aufrechterhalten werden kann.

3.9.1.4 Füllen der Anlage mit Wärmeträger und Druckprüfung

Grundsätzlich ist darauf zu achten, dass die Anlage nur mit dem auf dem Anlagenschild vermerkten Wärmeträgermedium befüllt werden darf. Das Füllen kann von Fässern oder vom Tankwagen aus erfolgen. Es ist zweckmäßig, vom tiefsten Punkt der Anlage aus langsam zu füllen, so dass die Luft durch die geöffneten Entlüftungsleitungen entweichen kann. Der Füllvorgang ist so lange fortzusetzen, bis der Mindestfüllstand im Ausdehnungsbehälter erreicht ist. Ist eine Kaltmediumvorlage im Sammelbehälter vorgesehen, dann muss noch das entsprechende Wärmeträgervolumen in diesem Behälter eingefüllt werden. Von dem frisch eingefüllten Wärmeträger ist eine Probe von etwa 1 l zu entnehmen und zur Untersuchung einzureichen. Die Analysendaten aus diesen Untersuchungen stellen die in dem Betriebskontrollblatt ausgewiesenen Daten des «frischen» Wärmeträgers.

Nach dem Füllen der Anlage sind die druckbeaufschlagten Anlagenteile einer Druckprüfung mit dem Wärmeträger zu unterziehen, falls die Anlage den TRR-Vorschriften unterliegt.
Der Prüfüberdruck bei Raumtemperatur (20 °C) darf den höheren der wie folgt ermittelten Werte nicht unterschreiten:

$$p_{\text{test}} = 1{,}25 \cdot p_{\vartheta} \cdot \frac{K_{20^\circ}}{K_{\vartheta}} \cdot \frac{S_{\vartheta}}{S_{20^\circ}}$$

S_{ϑ} Sicherheitsbeiwert bei Betriebstemperatur = 1,5...1,8 (bei Berechnung mit $K_{\vartheta} = \sigma_{0,2/\vartheta}$)
S_{20° Sicherheitsbeiwert bei Raumtemperatur

K_ϑ Festigkeitskennwert bei Betriebstemperatur üblicherweise $\sigma_{0,2/\vartheta}$

$K_{20°}$ Festigkeitskennwert bei Raumtemperatur, $\sigma_{0,2/\vartheta}$

p_ϑ zulässiger Betriebsüberdruck auf dem Fabrikschild bei der zulässigen Betriebstemperatur

oder

$$p_{\text{prüf}} = p_\vartheta \cdot 1{,}43$$

3.9.1.5 Funktionsprüfung

Die Funktionsprüfung umfasst die Kontrollen, die vor dem Einschalten der Beheizung durchzuführen sind, z.B. die folgenden Arbeiten:

- Einstellen der Mess-, Regelungs-, Wächter- und Begrenzungsgeräte,
- Einstellen der Motorschutzschalter auf die jeweiligen Nennströme,
- Schmierung der Armaturenspindeln mit Molybdändisulfid, Prüfung der Stopfbuchsen und der Gängigkeit,
- Kontrolle, ob alle Armaturen im Kreislaufsystem geöffnet sind,
- Prüfung der Schmierung der Umwälzpumpenlager,
- Prüfung der Pumpenwelle auf leichte Drehbarkeit und Kupplungslauf,
- Einschaltung des im elektrischen Schaltkasten installierten Hauptschalters,
- Einschaltung der Hauptumwälzpumpen und Drehrichtungskontrolle,
- Entlüftung der Anlagenteile und Nachfüllung des Wärmeträgers (wenn nötig),
- Ausschalten der Umwälzpumpe nach ca. ½ Stunde und Schmutzfänger reinigen. Diesen Arbeitszyklus:
  – Pumpe einschalten,
  – entlüften,
  – Schmutzfänger reinigen
  so oft wiederholen, bis die Anlage vollständig entlüftet ist und sich in den Schmutzfängern keine Ablagerungen mehr zeigen. Von Vorteil ist es, für den Anfahrbetrieb feinmaschige Filtersiebe einzubauen, die nach dem Reinigungszyklus durch grobmaschige Siebe ersetzt werden.
- Kontrolle, ob die Brennstoffversorgung betriebsbereit ist,
- Störmeldesystem vor dem Einschalten der Beheizung entriegeln und kontrollieren, ob sämtliche Überwachungsgeräte kein optisches oder akustisches Signal mehr anzeigen.

3.9.1.6 Inbetriebnahme

Die erstmalige «thermische» Inbetriebnahme der Anlage beginnt mit dem Einschalten der Beheizung. Der Vorlauftemperaturregler ist dabei auf ca. 100 °C einzustellen. Ist diese Temperatur erreicht, so schaltet die Beheizung ab, und die Anlage muss nochmals entlüftet und auf Dichtheit überprüft werden.

Der Ausdehnungsbehälter muss ab jetzt, falls keine direkte Verbindung zur Atmosphäre besteht, geöffnet werden (auch bei Systemen mit Inertgasüberlagerung). Das ist erforderlich, da ab ca. 100 °C das in der Anlage und im Wärmeträger befindliche Wasser zu verdampfen beginnt. Durch die Drucküberlagerung der Pumpe ergibt sich eine Verschiebung der Verdampfungstemperatur bis üblicherweise auf max. 200 °C. Damit die sich im System befindenden Gase und Dämpfe relativ schnell entfernt werden können, sollte an der Verbindungsstelle der Ausdehnungsleitung an das Kreislaufsystem ein Gasabscheider installiert sein.

Beim Aufsteigen der Gase in die Ausdehnungsleitung und in den Ausdehnungsbehälter besteht die Gefahr, dass die Dämpfe durch Abkühlung wieder kondensiert werden. Es kann daher notwendig sein, dass der Ausdehnungsbehälter mittels einer Bypassleitung während der «Auskochzeit» heißgefahren wird.

Der Regelkontakt für die Vorlauftemperatur muss im Bereich zwischen 100 °C und 200 °C langsam hochgestellt werden, bis keine Druckschwankungen mehr im System auftreten und somit sichergestellt ist, dass keine Gase und Dämpfe mehr in der Anlage vorhanden sind.

Danach ist der Ausdehnungsbehälter bei Anlagen mit Inertgasabdeckung wieder zu schließen, jedoch ist bei wieder erkalteter Anlage ein einmaliger Druckausgleich vorzunehmen, da ansonsten im Betriebszustand $\vartheta_v < 200$ °C ein entsprechendes Vakuum im Ausdehnungsbehälter vorhanden wäre. Damit der Luftsauerstoff des Volumens zwischen dem Sammelbehälter mit Kaltmediumvorlage und dem Ausdehungsbehälter nicht auch nur einmal mit dem Wärmeträger reagieren kann, ist es von Vorteil, dieses Zwischenluftvolumen durch Inertgas zu ersetzen.

Jetzt muss eine Zwischenkontrolle des Systems auf die Dichtheit, Rohrdehnungen, Pumpenkühlwassertemperatur usw. einsetzen. Anschließend kann die Anlage langsam auf die Betriebstemperatur hochgefahren werden.

Ist die Betriebstemperatur erreicht und nochmals die Anlage auf Dichtheit und ordnungsgemäßen Zustand überprüft (Flanschverbindungen nachziehen), dann sind die Sicherheitsgeräte auf Funktionsfähigkeit, durch Veränderung des Schaltpunktes, zu kontrollieren und auf die Grenzauslegedaten der Anlage einzustellen.
Im wesentlichen werden hier

- Sicherheitstemperaturbegrenzer,
- Rauchgastemperaturbegrenzer,
- Strömungsbegrenzer,
- Niveaubegrenzer im Ausdehnungsbehälter,
- Druckbegrenzer (bei Überdruckanlagen),
- Freigabethermostate bei der Schwerölverbrennung,
- Kühlwasserwächter bei gekühlten Pumpen,
- Leckagen im Erhitzer, falls vorhanden,
- Sicherheitsventile, falls vorhanden,
- Niveauständе in Ausdehnungsbehältern

überprüft und eingestellt. Danach ist über die Anlage ein Messprotokoll anzufertigen.

3.9.1.7 Messprotokoll

Im Messprotokoll sind die wichtigsten Kenndaten bei Nennlastbetrieb aufzuführen. Allgemein handelt es sich dabei um die Vor- und Rücklauftemperaturen sowie die Drücke an den Pumpen und am Erhitzer. Ebenfalls sind die Betriebsstundenzahl und der Wärmeträger-Volumenstrom festzuhalten. Bei elektrischen Erhitzern sind die Stromaufnahmedaten und bei Heißgaserhitzern die Gastemperaturdaten zu notieren. Flammenbeheizte Erhitzer bedürfen einer wesentlich umfangreicheren Messtechnik. Hier handelt es sich im wesentlichen um die Erfassung von:

- Brennstoffart,
- Heizwert,
- Brennstoffstrom,
- Flammengeometrie,
- Rauchgasdaten
  - Rauchgastemperatur,
  - CO_2-Gehalt,
  - CO-Gehalt bei Gasbrennern,
  - Rußzahl bei Ölbrennern,
  - NO_x-Gehalt, falls gefordert,
  - Rauchgasdrücke,
- Bestimmung des feuerungstechnischen Wirkungsgrads zur Nennleistungsermittlung.

Während der Messungen müssen konstante Belastungsverhältnisse vorliegen!

3.10 Abnahme

Gemäß den festgelegten Rahmenbedingungen (üblich enthalten in der Spezifikation) sind die Abnahmeanforderungen einzustellen und danach ist die Anlage (bei Erfüllung) abzunehmen. Es wird ein Abnahmeprotokoll erstellt und von beiden Seiten unterzeichnet. Da an dieses Protokoll oftmals eine Zahlungsbedingung geknüpft ist, sollte dieses Dokument schnellstens an alle entsprechenden Abteilungen weitergeleitet werden.
Die Anlagen sollten so mit MSR-Technik ausgerüstet werden, dass eine Abnahme der Garantieleistungen mit den Daten im PLC möglich ist.

3.11 Aufmaß

Nach der erfolgreichen Abnahme (und noch eventuellen Restarbeiten, wie z. B. Wärmedämmung) können die restlichen Aufmaße zur Rechnungsstellung, falls notwendig und vereinbart, durchgeführt werden.

4 Betrieb der Anlage

Die bei der Inbetriebnahme ermittelten Daten sollten als Grundlage für das Betreiben der Anlage dienen, notwendige Abweichungen von den üblichen Daten dem Anlagenbauer mitgeteilt werden. Grenz- und Schwachstellen sind ebenfalls zusammen mit dem Anlagenlieferanten durchzusprechen (s. Abschnitt 5.5). Arbeits- und Betriebsanweisungen hat der Betreiber zu erstellen.

4.1 Wartung und Instandhaltung

Ergänzend zu den Instandhaltungsplänen des Anlagenbauers (Bild 4.1) werden Betriebserfahrungen sowie Richtlinien von technischen Organisationen, wie z. B. VDI 3033 (für Wärmeträger-Ölanlagen), mit berücksichtigt. Reparaturen sind nur nach Rücksprache mit dem Anlagenbauer anzuraten.

Als kritische Teile sind anzusehen:	drehende Teile,
nicht so kritisch:	bewegliche Teile,
unkritisch:	ruhende Teile.

4.1.1 Instandhaltungskonzept

Jedes Anlagenteil (z.B. Pumpen) wird je nach Anforderung inspiziert, optimal gewartet und notwendige Instandsetzungen rechtzeitig, rationell durchgeführt, um die Produktivität zu maximieren. Das führt zu einer hohen Verfügbarkeit der Anlage mit minimaler Stillstandszeit. Anhand der individuellen Randbedingungen eines Anlagenteils bezüglich Redundanz, Sicherheitsanforderungen, Produktionsplanung usw. müssen Prioritäten gesetzt und Kompromisse eingegangen werden. Daraus lässt sich dann das geeignete Instandhaltungskonzept ableiten (Tabelle 4.1).

4.1.2 Instandsetzung nach Ausfall

In diesem einfachsten Fall besteht kein Wartungs- und Überwachungsplan. Der Zeitpunkt des Schadens und somit des Produktionsausfalles ist unvorhersehbar. Dieses Vorgehen ist

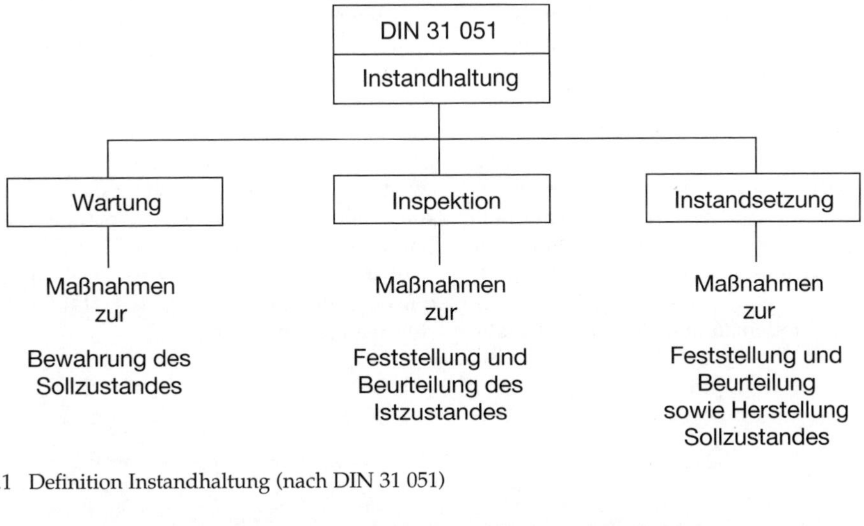

Bild 4.1 Definition Instandhaltung (nach DIN 31 051)

Tabelle 4.1 Instandhaltungsstrategien in der Übersicht

Strategie	I planmäßig	II vorbereitet	III ungeplant
Wartung und Inspektion	nach Plan, Intervall nach Erfahrung	nach Bedarf, wenig Aufwand	keine
Schaden	früh erkannt	erwartet	unerwartet
Instandsetzung	geplant durchgeführt	vorbereitet durchgeführt	ungeplant durchgeführt
Ergebnis	hohe Verfügbarkeit	Verfügbarkeit nicht voll gewährleistet	größerer Aufwand bis zur vollen Verfügbarkeit

deshalb nur für unkritische oder redundante Anlagenteile zulässig, für die nur geringe Anforderungen an die Verfügbarkeit bestehen.

4.1.3 Vorbeugende Instandhaltung

Bei der vorbeugenden Instandhaltung wird das Betriebsintervall so kurz gewählt, dass keine ungeplanten Ausfälle infolge Schäden zu erwarten sind. Dadurch erreicht man eine hohe Zuverlässigkeit mit planbarer, jedoch nicht optimaler Verfügbarkeit, weil die Intervalle relativ kurz sind und Bauteile vor deren Lebensende ausgetauscht werden (Kraftfahrzeuge werden nach dieser Methode gewartet).

4.1.4 Zustandsbezogene Instandhaltung

Sie ist ein Idealkonzept, da Instandsetzungsarbeiten genau dann durchgeführt werden, wenn der Zeitpunkt des zu erwartenden Ausfalls bekannt ist und die Produktionsanlage planbar und betrieblich günstig abgeschaltet werden kann. Stillstandszeiten und Instandhaltungskosten werden dadurch auf ein Minimum reduziert. Allerdings muss das Anlagenteil (z.B. eine Pumpe) überwacht und der Zustand mit geeigneten Methoden analysiert werden (s. Abschnitt 5.6). Für besonders kritische Anlagenteile, bei denen Verschleiß und Abnutzung schnell eintreten, ist eine kontinuierliche Überwachung erforderlich; für andere genügen periodische Inspektionen (Bild 4.2). Die Grundlage zustandsbezogener Instandhaltung ist die Verarbeitung von Daten zur Bestimmung und Analyse von Zustandsgrößen, so dass verlässliche Informationen über Funktion, Zustand und den zu erwartenden Ausfallzeitpunkt eines Anlagen- oder Bauteils für den Anwender erkennbar sind.

Zusammenfassend ist festzuhalten, dass eine hohe Verfügbarkeit unmittelbar zur Produktionssteigerung beiträgt. Die zustandsbezogene Instandhaltung erhält auch bei Pumpen, von denen die Produktion unmittelbar abhängig ist, wachsende Bedeutung. (Sie ist wirtschaftlicher als die vorbeugende Instandhaltung, bei der Nutzungswert verschenkt wird.) Dazu wird ein entsprechendes Know-how benötigt, um die Messergebnisse so interpretieren zu können, dass eine zuverlässige Vorhersage für den betrieblich günstigsten Zeitpunkt der Instandsetzung möglich ist. Auch die Ersatzteilbewirtschaftung bei einer zustandsbezogenen Instandhaltung lässt sich besser planen und wird damit kostengünstiger.

In den Bildern 5.7, 5.8 und 5.9 sind Standardabläufe für Wartung, Inspektion und Instandsetzung dargestellt.

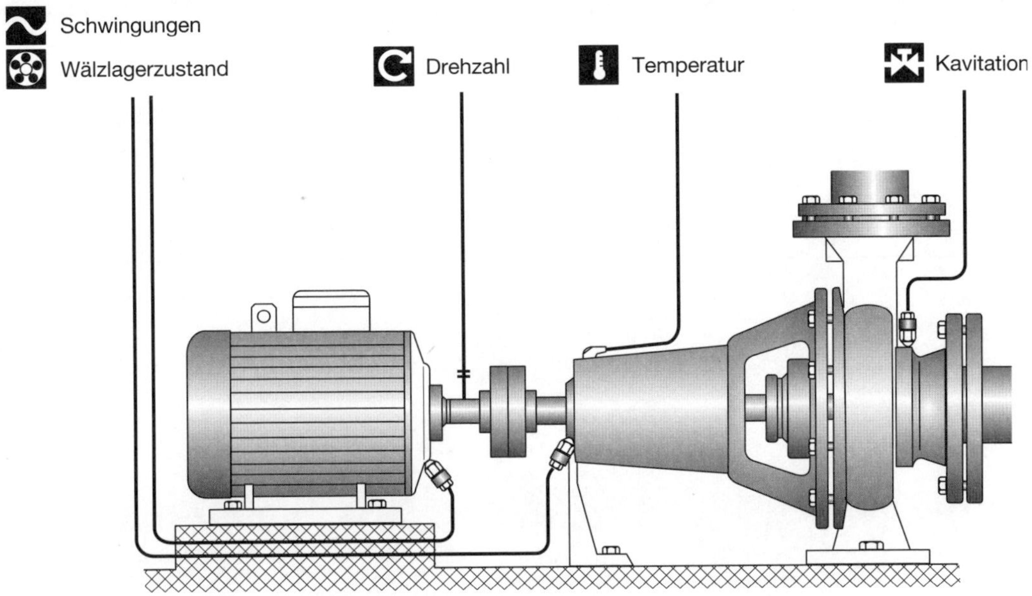

Bild 4.2 Überwachte Zustandsparameter in der zustandsorientierten Instandhaltung

5 Beispielhafter Ablauf eines Anlageprojektes in Diagrammen

5.1 Zeitliche Planung

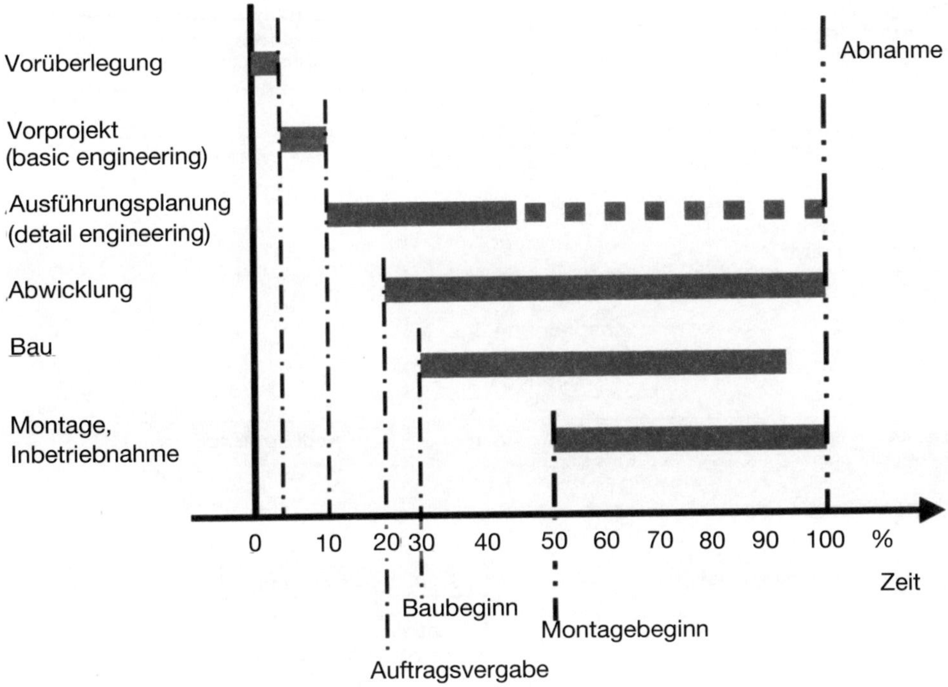

5.2 Typischer Planungsablauf

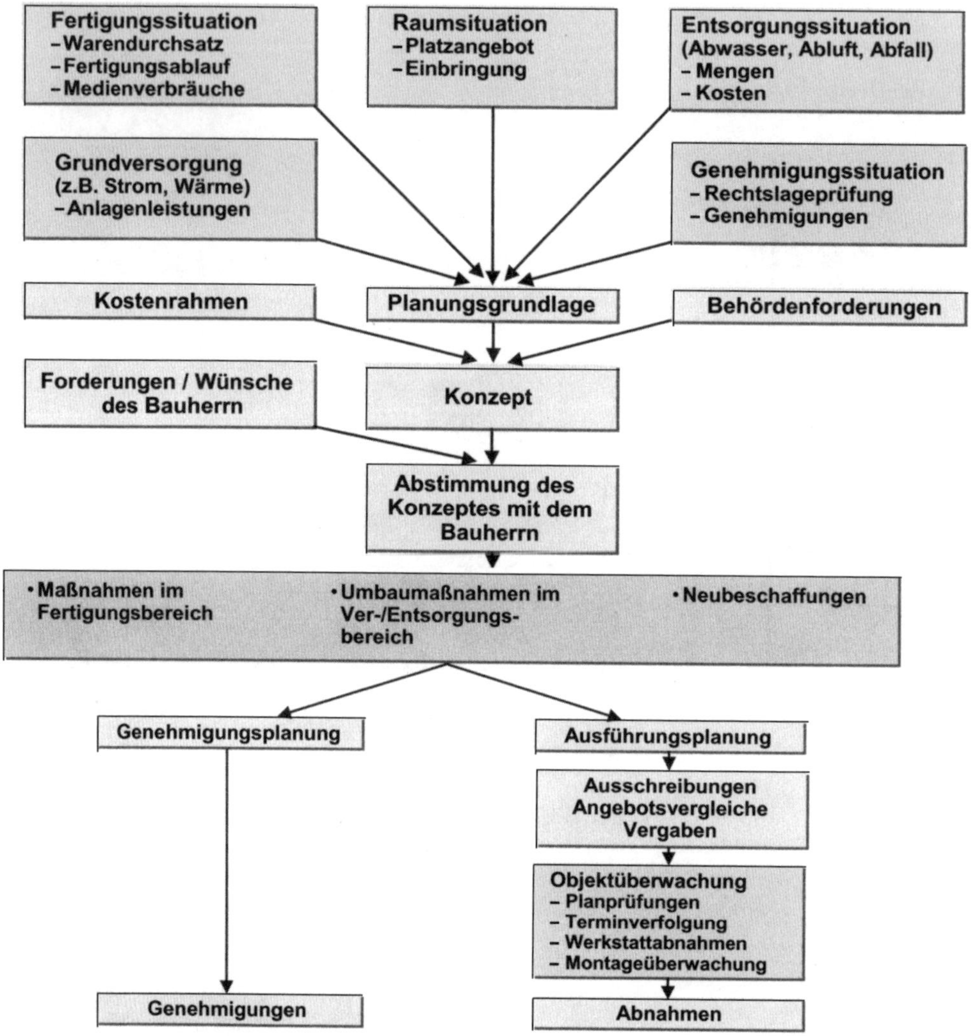

5.3 Aufgaben und Zielstellungen der Inbetriebnahme

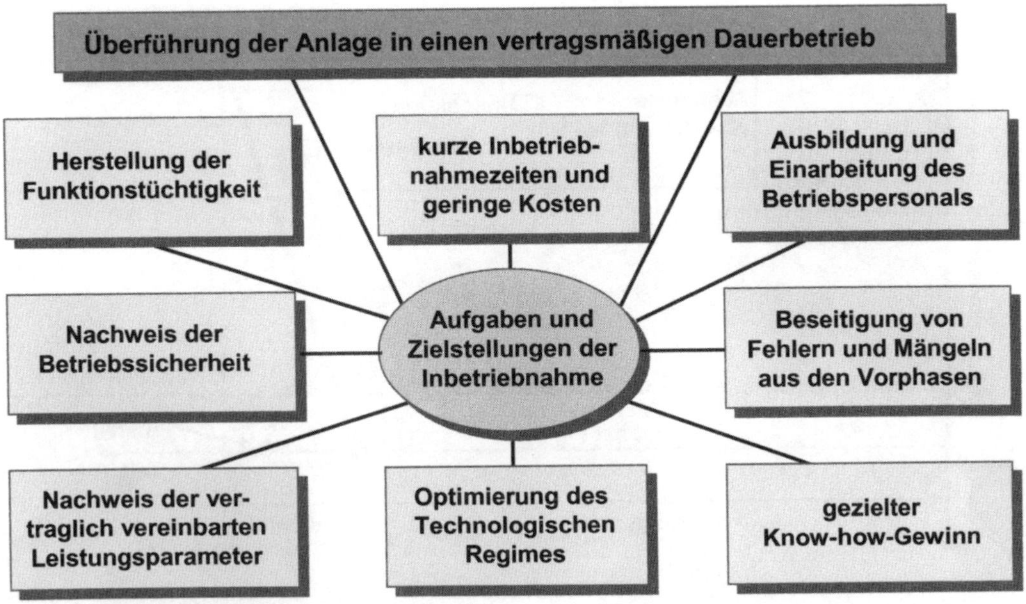

5.4 Typischer Inbetriebnahmeablauf

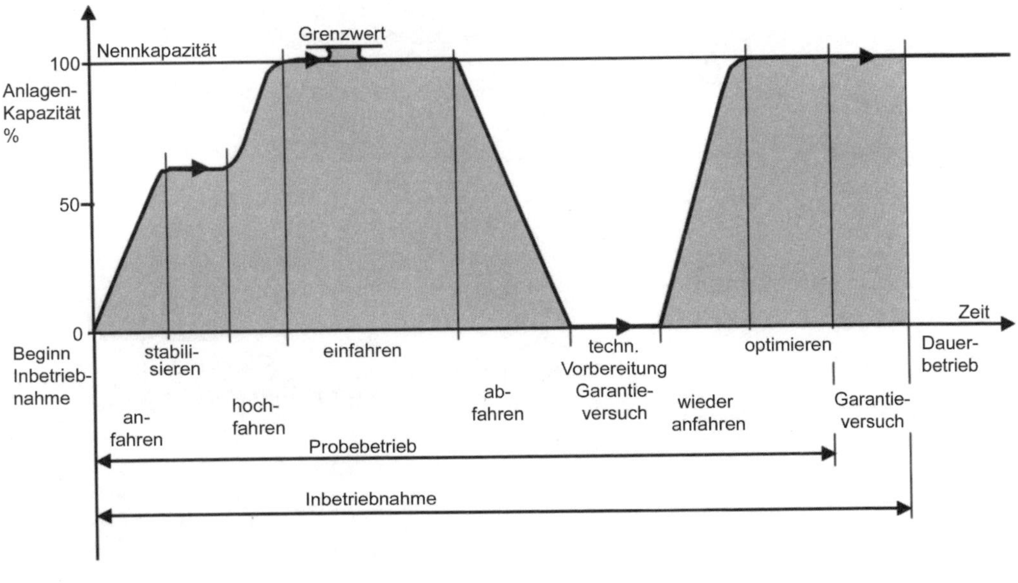

5.5 Betrieb der Anlage

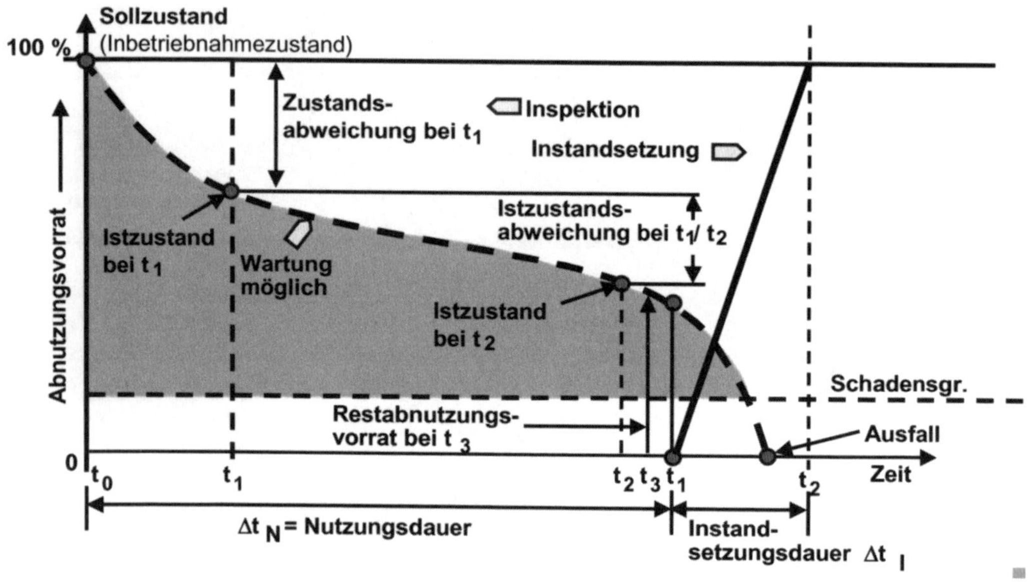

5.6 Pumpenüberwachung

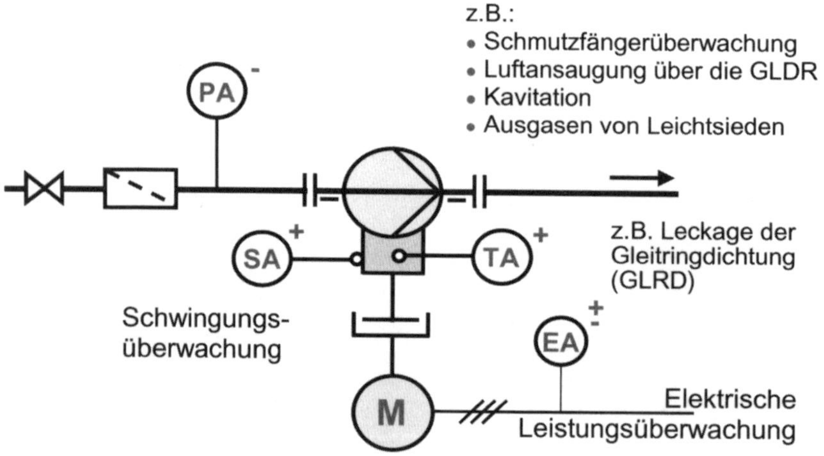

5.7 Standardablauf einer Wartung

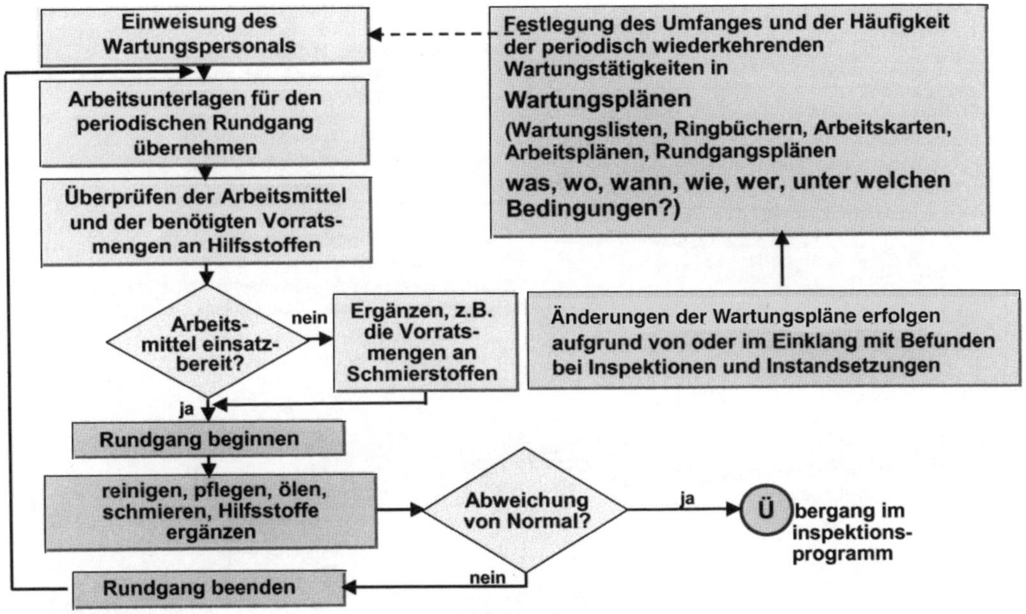

5.8 Standardablauf einer Inspektion

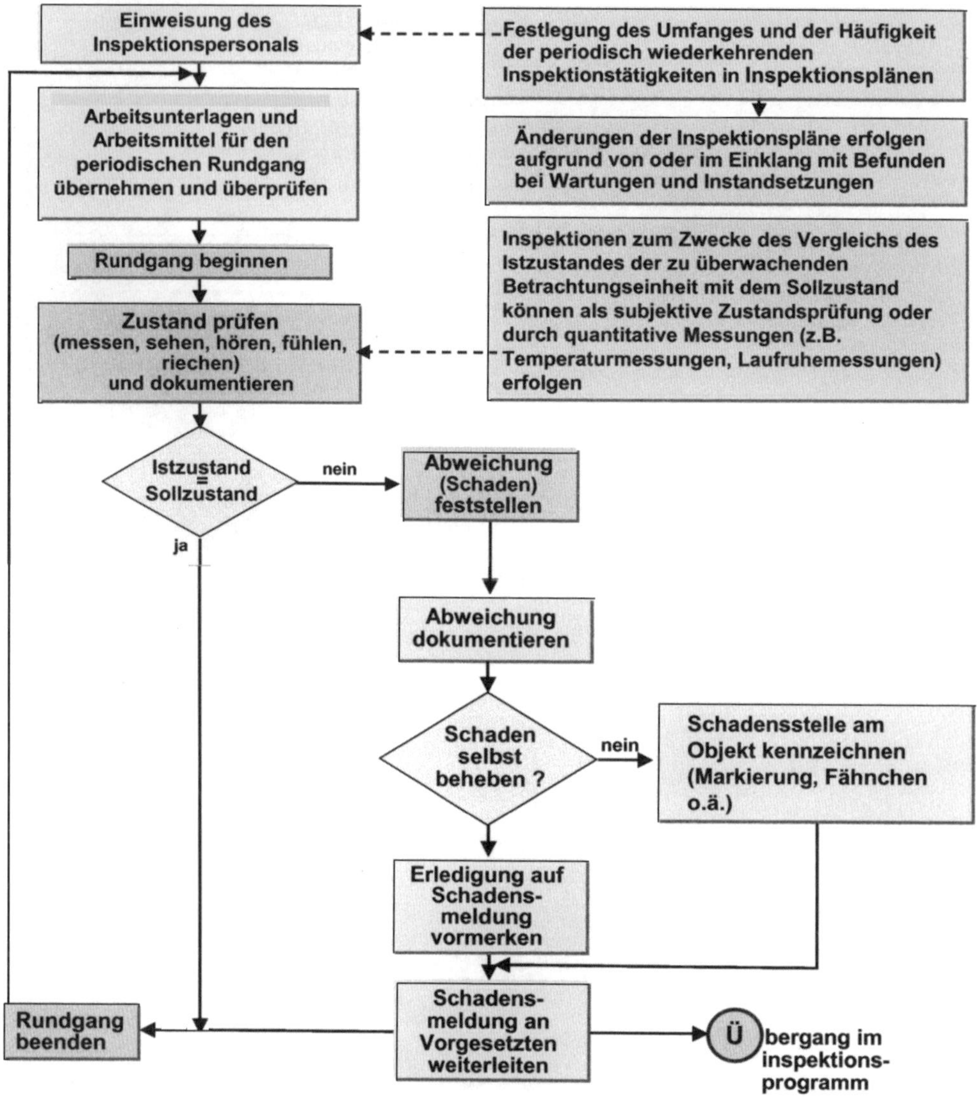

5.9 Standardablauf einer Instandsetzung

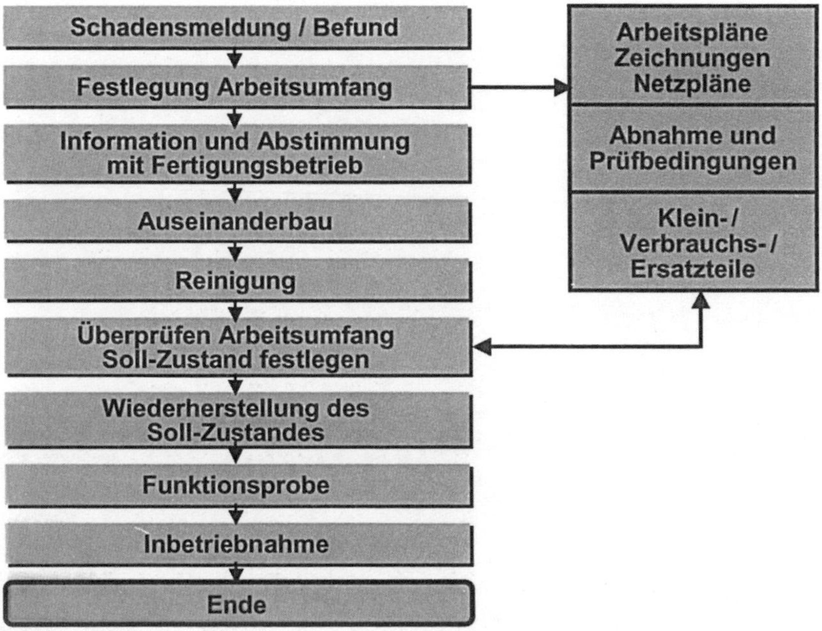

6 Projektierungsgleichungen und Faustformeln

6.1 Allgemeines

Bei der Planung von Anlagen ist es zweckmäßig mit Projektierungsgleichungen oder mit «Faustformeln» Überschlagsrechnungen durchzuführen, um mit der Dimensionierung im vorgegebenen Rahmen zu bleiben, was Leistungen, Bilanzen, Abmessungen und Kosten betrifft.

Bei dieser Sammlung von Faustformeln ist zu beachten, dass die Zahlenwerte mit den entsprechenden Einheiten eingesetzt werden müssen.

6.2 Projektierungsgleichungen

In den Tabellen 6.1 bis 6.7 sind einige wichtige Gleichungen für den Anlagenbau aufgeführt. Hierbei sollte immer beachtet werden, dass die Bilanzen von Massen und Energie übereinstimmen.

6.3 Faustformeln

6.3.1 Volumenstrombestimmung

Ermittlung des Volumenstroms $\dot{V}$ aus dem Wärmestrom $\dot{Q}$ (Bild 6.1):
mit:

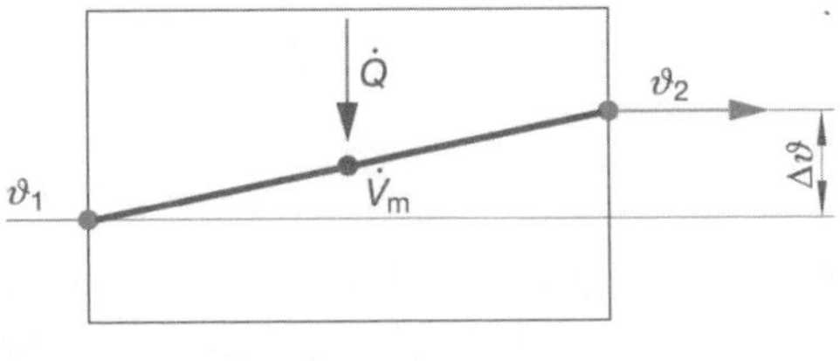

Bild 6.1 Volumenstrombestimmung

$$\dot{V}_m = \frac{\dot{Q}}{\rho_m \cdot c_m \cdot \Delta\vartheta} \qquad \text{(Gl. 6.1)}$$

mit:

$\dot{V}$ Volumenstrom
ρ Dichte
c wahre spezifische Wärmekapazität
$\Delta\vartheta$ Temperaturdifferenz im Volumenstrom $\vartheta_2 - \vartheta_1$ in °C oder K

Index: m bezieht sich auf die mittlere Temperatur:

$$\vartheta_m = \frac{\vartheta_1 + \vartheta_2}{2}$$

6.3.1.1 Heißwasser

Mit: $\rho_m = 950\ \text{kg/m}^3$
$c_m = 4{,}2\ \text{kJ/(kg} \cdot \text{K)}$

$$\text{wird: } \dot{V}_{H_2O(m^3/h)} = \frac{\dot{Q}_{(kW)} \cdot 3600}{950 \cdot 4{,}2 \cdot \Delta\vartheta} = \frac{\dot{Q}_{(kW)}}{1{,}1 \cdot \Delta\vartheta}$$

$$\dot{V}_{H_2O(m^3/h)} \approx \frac{\dot{Q}_{(kW)}}{\Delta\vartheta} \qquad \text{(Gl. 6.2)}$$

6.3.1.2 Thermoöle bei der oberen Anwendungstemperatur

Mit: $\rho_m = 700\ \text{kg/m}^3$
$c_m = 2{,}7\ \text{kJ/(kg} \cdot \text{K)}$

$$\text{wird: } \dot{V}_{Öl(m^3/h)} = \frac{\dot{Q}_{(kW)} \cdot 3600}{700 \cdot 2{,}7 \cdot \Delta\vartheta} = \frac{\dot{Q}_{(kW)}}{0{,}52 \cdot \Delta\vartheta}$$

$$\dot{V}_{Öl(m^3/h)} \approx 2 \cdot \frac{\dot{Q}_{(kW)}}{\Delta\vartheta} \qquad \text{(Gl. 6.3)}$$

6.3.1.3 Luft (im Normzustand)

Mit: $\rho_m = 1{,}3\ \text{kg/m}^3$
$c_m = 1{,}0\ \text{kJ/(kg} \cdot \text{K)}$

$$\text{wird: } \dot{V}_{Luft\,(m^3/h)} = \frac{\dot{Q}_{(kW)} \cdot 3600}{1{,}3 \cdot 1{,}0 \cdot \Delta\vartheta}$$

$$\dot{V}_{Luft,\,n\,(m^3/h)} \approx 2800 \cdot \frac{\dot{Q}_{(kW)}}{\Delta\vartheta} \qquad \text{(Gl. 6.4)}$$

Tabelle 6.1 Projektierungsgleichungen für Rohrleitungen

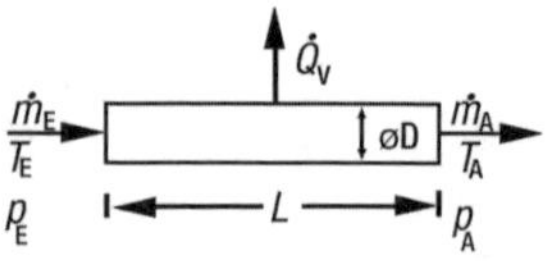

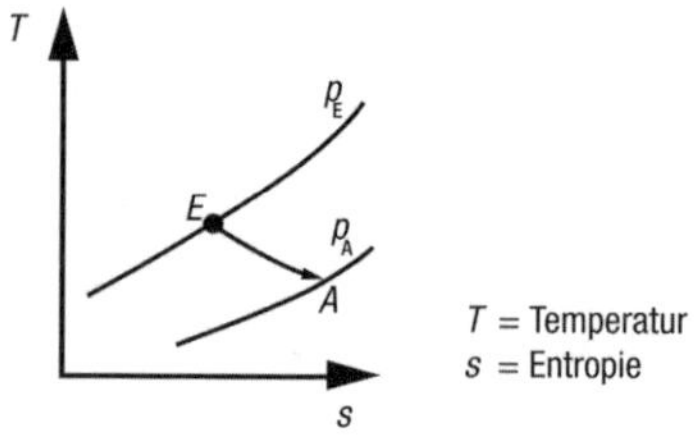

Mengenbilanz:

$$\dot{m}_E = \dot{m}_A = \dot{m} = \rho \cdot w \cdot A = \rho \cdot w \cdot \frac{\pi}{4} D^2$$

Energiebilanz:

$$\dot{H}_E + \dot{W}_{pot\,E} + \dot{W}_{kin\,E} = \dot{H}_A + \dot{W}_{potA} + \dot{W}_{kin\,A} + \dot{Q}_V$$

$$\dot{m} \cdot h_E + \dot{m} \cdot g \cdot z_E + \frac{\dot{m}}{2} \cdot w_E^2 = \dot{m} \cdot h_A + \dot{m} \cdot g \cdot z_A + \frac{\dot{m}}{2} \cdot w_A^2 + \dot{Q}_V$$

Druckverlust:

– inkompressible Medien

$$\Delta_p = \left(\frac{\lambda}{D} \cdot L + \sum_i \xi_i \right) \cdot \frac{\rho}{2} \cdot w^2$$

– kompressible Medien

$$\Delta_p = p_E \left\{ 1 - \sqrt{\frac{\rho_E \cdot w_E^2 \cdot \lambda \cdot L \cdot (1+\alpha) \cdot T_m}{p_E \cdot D \cdot T_E}} \right\}$$

(T_m = mittlere Temp., $\alpha = D \cdot \sum_i \xi_i / (\lambda \cdot L)$, $\lambda = f(\mathrm{Re})$)

Pumpleistung:

– inkompressible Medien

$$P = \dot{m} \cdot \frac{\Delta_p}{\rho \cdot \eta_p}$$

– kompressible Medien

$$P = \frac{\dot{m} \cdot c_p}{\eta_P} \cdot T_E \left\{ \left(\frac{p_A}{p_E} \right)^{\frac{\kappa - 1}{\kappa}} - 1 \right\}$$

Wärmeverlust:

– inkompressible Medien

$$\dot{Q}_V = \dot{m} \cdot c_p \cdot (T - T_u) \left[\exp\left(\frac{k \cdot A}{\dot{m} \cdot c_p} \right) - 1 \right]$$

– Drücke p_A und p_E sind Absolutdrücke

κ Isentropenexponent $\kappa = \frac{c_p}{c_v}$

Tabelle 6.2 Projektierungsgleichungen für Wärmeaustauscher

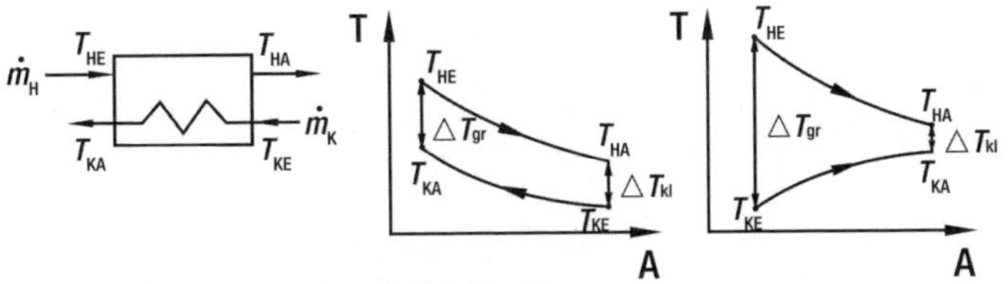

Gegenstrom Gleichstrom

Mengenbilanz:

$\dot m_{H_E} = \dot m_{H_A} = \dot m_H$

$\dot m_{K_E} = \dot m_{K_A} = \dot m_K$

Energiebilanz:

$\dot m_H \cdot (h_{H_E} - h_{H_A}) = \dot m_K \cdot (h_{K_A} - h_{K_E})$

charakteristische Gleichungen:

$\dot C_H = \dot m_H \cdot c_{pH}\,,\ \dot C_K = \dot m_K\, c_{pK}$

$T_{H_A} = T_{H_E} - \Phi \cdot (T_{H_E} - T_{K_E})$

$T_{K_A} = T_{K_E} + \Phi \cdot \frac{\dot C_H}{\dot C_K} \cdot (T_{H_E} - T_{K_E})$

$$\Phi = \frac{1 - \exp\left[-\left(1 - \frac{\dot C_H}{\dot C_K}\right)\frac{k \cdot A}{\dot C_H}\right]}{1 - \frac{\dot C_H}{\dot C_K} \cdot \exp\left[-\left(1 - \frac{\dot C_H}{\dot C_K}\right)\frac{k \cdot A}{\dot C_H}\right]}$$

(Gegenstrom)

$$\Phi^* = \frac{1 - \exp\left[-\left(1 + \frac{\dot C_H}{\dot C_K}\right)\frac{k \cdot A}{\dot C_H}\right]}{1 + \frac{\dot C_H}{\dot C_K}}$$

(Gleichstrom)

charakteristische Werte für den Wärmedurchgangskoeffizient *k*:

$\frac{1}{k} = \frac{1}{\alpha_1} + \frac{1}{\lambda/s} + \frac{1}{\alpha_2}$ (für ebene Geometrien)

Medium in Rohren (*l*)	Medium außerhalb der Rohre (2)	α_1 (W/m² · K)	α_2 (W/m² · K)	typische *k*-Zahl (W/m² · K)
Luft	Rauchgas	20	20	10...15
Wasser	Luft	1000	20	10...15
Öl	Wasser	1000	500	100...300
Wasser	Wasser	2000	500	500...1000
Wasser	Dampf (kondensierend)	2000	10 000	2000...3000

Gleichungen zur Dimensionierung von Wärmetauschern:

$\dot Q = \dot m_H \cdot c_{pH} \cdot (T_{H_E} - T_{H_A}) = \dot m_K \cdot c_{pK} \cdot (T_{K_A} - T_{K_E})$

$\dot Q = k \cdot A \cdot \Delta T_{log}\,;\quad \Delta T_{log} = \frac{\Delta T_{gr} - \Delta T_{kl}}{\ln(\Delta T_{gr}/\Delta T_{kl})}$

Tabelle 6.3 Projektierungsgleichungen für Verdichter

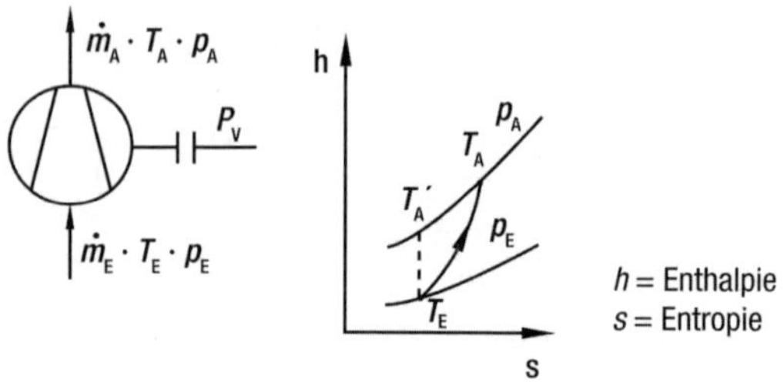

Mengenbilanz:

$$\dot{m}_E = \dot{m}_A = \dot{m}$$

Energiebilanz:

$$\dot{m}_E \cdot h_E + P_V = \dot{m}_A \cdot h_A$$

thermodynamische Beziehungen:

$$\mathrm{d}s = c_p \cdot \frac{\mathrm{d}T}{T} - R \cdot \frac{\mathrm{d}p}{p}$$

$$\mathrm{d}h = c_p \cdot \mathrm{d}T$$

$$T_{A'} = T_E \cdot \left(\frac{p_A}{p_E}\right)^{\frac{\kappa - 1}{\kappa}} \qquad \text{ideal}$$

$$T_A = T_E \cdot \left\{1 + \frac{1}{\eta_V}\left[\left(\frac{p_A}{p_E}\right)^{\frac{\kappa - 1}{\kappa}} - 1\right]\right\} \qquad \text{real}$$

innerer Wirkungsgrad:

$$\eta_V = \frac{T_{A'} - T_E}{T_A - T_E}$$

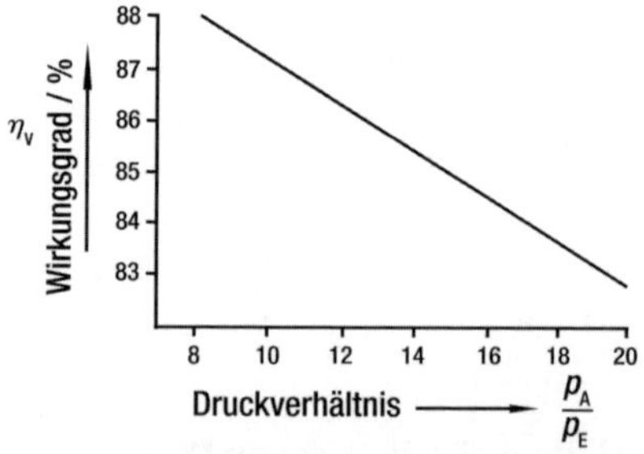

Drücke: p_A u. p_E sind Absolutdrücke

κ Isentropenexponent $\kappa = \frac{c_p}{c_V}$

Tabelle 6.4 Projektierungsgleichungen für Gasturbinen

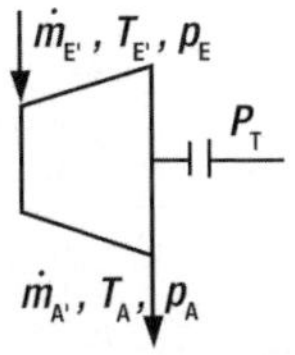

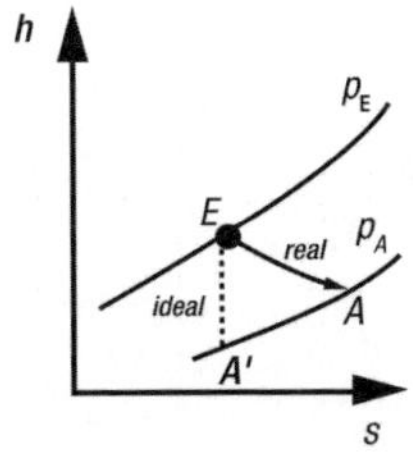

h = Enthalpie
s = Entropie

Mengenbilanz: **Energiebilanz:**

$\dot{m}_E = \dot{m}_A = \dot{m}$ $\qquad \dot{m}_E \cdot h_E = \dot{m}_A \cdot h_A + P_T$

thermodynamische Beziehungen:

$$ds = c_p \cdot \frac{dT}{T} - R \cdot \frac{dp}{p}$$

$$dh = c_p \cdot dT$$

$$T_{A'} = T_E \cdot \left(\frac{p_A}{p_E} \right)^{\frac{\kappa - 1}{\kappa}} \qquad \text{ideal}$$

$$T_A = T_E \cdot \left[1 - \eta_T + \eta_T \left(\frac{p_A}{p_E} \right)^{\frac{\kappa - 1}{\kappa}} \right] \qquad \text{real}$$

innerer Wirkungsgrad:

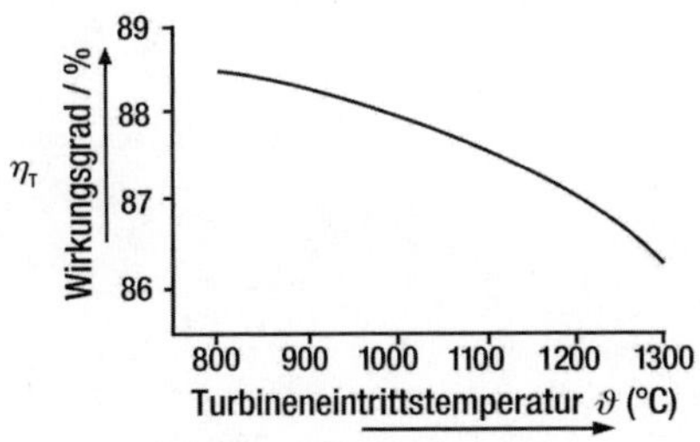

Drücke: p_A u. p_E sind Absolutdrücke
κ Isentropenexponent $\kappa = \frac{c_p}{c_v}$

Tabelle 6.5 Projektierungsgleichungen für Dampfturbinen

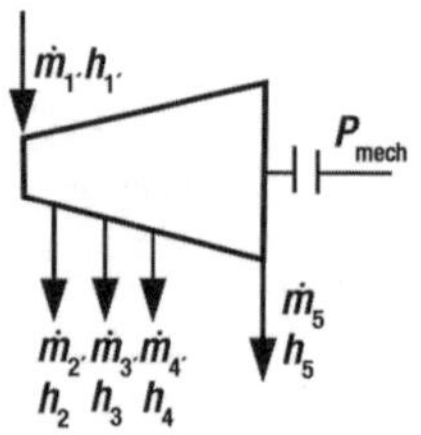

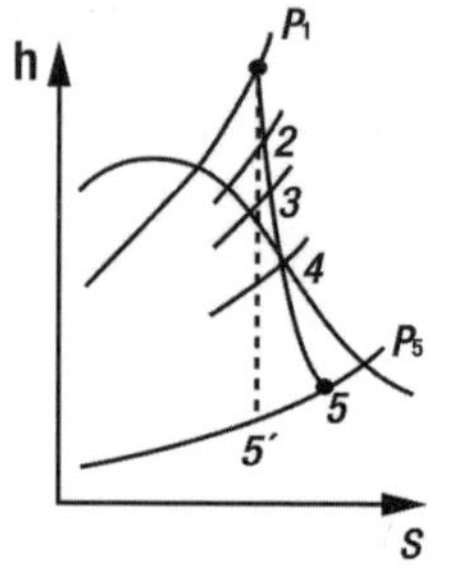

h = Enthalpie

s = Entropie

Mengenbilanz:

$$\dot{m}_1 = \sum_{i=2}^{5} \dot{m}_i$$

Energiebilanz:

$$\dot{m}_1 \cdot h_1 = \sum_{i=2}^{5} \dot{m}_i \cdot h_i + P_T + \sum_j \dot{Q}_{V_j}$$

thermodynamische Beziehungen:

$h = h(s, p, T,)$, $s = s(T, p)$

innerer Wirkungsgrad:

$$\eta_i = \frac{h_1 - h_5}{h_1 - h'_{5'}}$$

$= f$(Einsatz, p, T, technische Ausführung, Alter, Betriebsweise)

Tabelle 6.6 Projektierungsgleichungen für den Dampfturbinenprozess
a) Kondensationsanlage
b) Kraft-Wärme-Kopplungsanlage

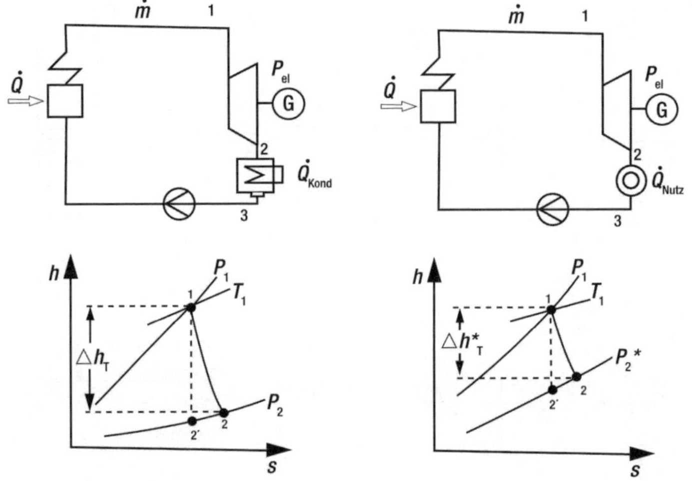

a)

$$P_{el} = \eta_m \cdot \eta_{Gen} \cdot \dot{m} \cdot \Delta h_T$$
$$\dot{Q}_{Kond} = \dot{m} \cdot h(p_2)$$
$$\dot{Q}_{Nutz} = 0$$

b)

$$P_{el} = \eta_m \cdot \eta_{Gen} \cdot \dot{m} \cdot \Delta h_T^*$$
$$\dot{Q}_{Kond} = 0$$
$$\dot{Q}_{Nutz} = \dot{m} \cdot h^*(p_2^*)$$

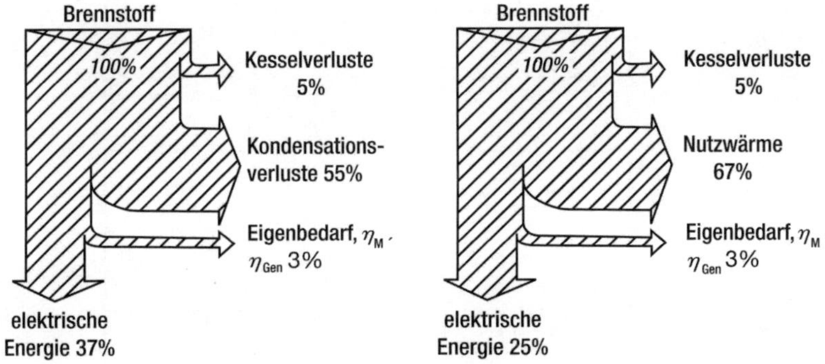

a)

$\eta_{el} = 37\%$

$\eta_{ges} = 37\%$

b)

$\eta_{el} = 25\%$

$\eta_{ges} = 92\%$

Tabelle 6.7 Projektierungsgleichungen für einen einfachenen offenen Gasturbinenprozess

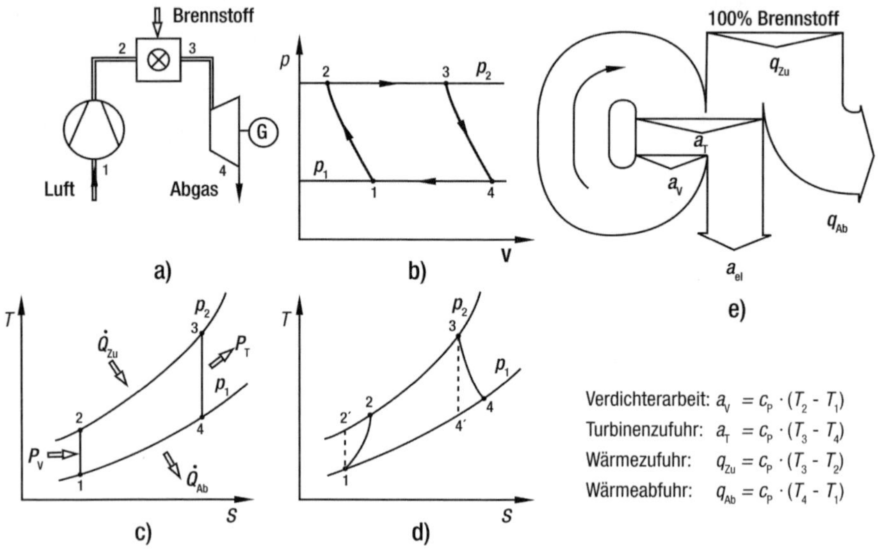

a) Schaltschema, b) *p*-*v*-Diagramm für den idealen Prozess, c) *T*-*s*-Diagramm (ideal), d) *T*-*s*-Diagramm (real), e) Sankey-Diagramm

Benennung	**idealer Prozess**	**realer Prozess**
isentroper Wirkungsgrad für Verdichtung	$\eta_v = 1$	$\eta_V = \frac{T_{2'} - T_1}{T_2 - T_1}$
isentroper Wirkungsgrad für Expansion	$\eta_v = 1$	$\eta_T = \frac{T_3 - T_4}{T_3 - T_{4'}}$
Temperatur nach der Verdichtung	$T_{2'} = T_1 \cdot \pi^{\frac{\kappa-1}{\kappa}}$	$T_2 = \frac{T_{2'}}{\eta_V} + T_{1'}\left(1 - \frac{1}{\eta_V}\right)$
Temperatur nach der Expansion	$T_{4'} = T_3 \cdot \pi^{-\frac{\kappa-1}{\kappa}}$	$T_4 = T_{4'} \cdot \eta_T + T_{3'}(1 - \eta_T)$
Verdichterarbeit $x = \pi^{\frac{\kappa-1}{\kappa}}$	$P_{V'} = \dot{m}_L \cdot c_{PL} \cdot (T_{2'} - T_1)$ $= \dot{m}_L \cdot c_{PL} \cdot T_1 \cdot (x - 1)$	$P_V = \frac{P_{V'}}{\eta_V}$
Turbinenarbeit $\alpha = \frac{\dot{m}_B}{\dot{m}_L} \approx 0 : c_{PR} \approx c_{PL}$	$P_{T'} = (\dot{m}_L + \dot{m}_B) \cdot c_{PR} \cdot (T_3 - T_{4'})$ $= \dot{m}_L (1 + \alpha) \cdot c_{PL} \cdot (T_3 - T_{4'})$ $\approx \dot{m}_L \cdot c_{PL} \cdot T_3 \cdot \left(1 - \frac{1}{x}\right)$	$P_T = \eta_T \cdot P_{T'}$
zugeführte Wärme	$\dot{Q}_{zu'} = \dot{m}_L \cdot c_{PL} \cdot (T_3 - T_{2'})$ $= \dot{m}_{B'} \cdot H_u$	$\dot{Q}_{zu} = \dot{m}_L \cdot c_{PL} \cdot (T_3 - T_2)$ $= \dot{m}_B \cdot H_u$
thermischer Wirkungsgrad	$\eta' = \frac{P_{T'} - P_{V'}}{\dot{Q}_{zu'}}$	$\eta = \frac{P_T - P_V}{\dot{Q}_{zu}}$
c_{PL} = konst., $\alpha \ll 1$ $x = \pi^{\frac{\kappa-1}{\kappa}}$	$\eta' = 1 - \frac{1}{x}$	$\eta = \eta' \cdot \eta_T \cdot \frac{1 - \frac{T_1 \cdot x}{T_3 \cdot \eta_T \cdot \eta_V}}{1 - \frac{T_1}{T_3 \cdot \eta_V}(x + 1 - \eta_V)}$
$\pi = \frac{p_2}{p_1}$ Druckverhältnis		

6.3.2 Rohrleitungs-innendurchmesser

Aus dem Volumenstrom V und der mittleren Stömungsgeschwindigkeit w ergibt sich der Rohrinnendurchmesser (Bild 6.2):

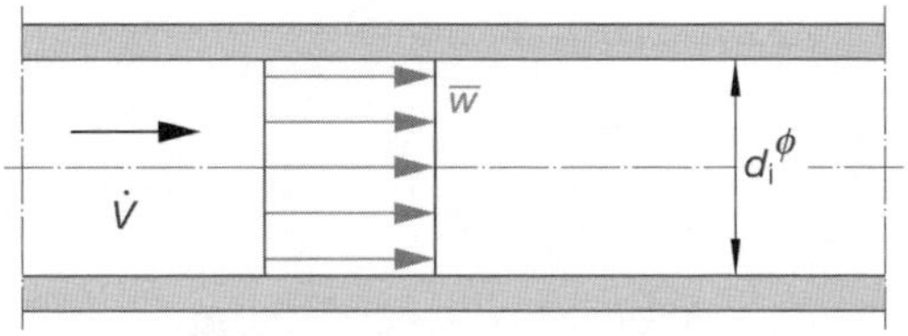

Bild 6.2 Bestimmung von d_i

über $A_i = \frac{\dot{V}}{\overline{w}}$

$$\frac{d_i^2 \cdot \pi}{4} = \frac{\dot{V}}{\overline{w}}$$

$$d_i = \sqrt{\frac{\dot{V} \cdot 4}{\pi \cdot \overline{w}}} = \sqrt{\frac{\dot{V}_{(m^3/h)} \cdot 4}{3600 \cdot \pi \cdot \overline{w}}}$$

$$d_{i(mm)} \approx 18{,}8 \cdot \sqrt{\frac{\dot{V}_{(m^3/h)}}{\overline{w}_{(m/s)}}} \quad \text{(Gl. 6.5)}$$

Die wirtschaftliche Geschwindigkeit kann für die Projektierung angenommen werden:

Für Flüssigkeiten

$$\overline{w}_{l(m/s)} \approx 0{,}2 \cdot \sqrt{d_{i(mm)}} \quad \text{(Gl. 6.6)}$$

Für Gase

$$\overline{w}_{g(m/s)} \approx 2 \cdot \sqrt{d_{i(mm)}} \quad \text{(Gl. 6.7)}$$

setzt man diese wirtschaftliche Geschwindigkeit in die Bestimmungsgleichung (Gl. 6.5) für den Durchmesser ein, erhält man diesen direkt aus dem Volumenstrom $\dot{V}$:

Für Flüssigkeiten

$$d_{i,l(mm)} = 20 \cdot \dot{V}^{0,4}_{(m^3/h)} \quad \text{(Gl. 6.8)}$$

Für Gase

$$d_{i,g(mm)} = 8 \cdot \dot{V}^{0,4}_{(m^3/h)} \quad \text{(Gl. 6.9)}$$

6.3.3 Leistungsbedarf von Pumpen

Aus dem Produkt von Volumenstrom $\dot{V}$ und dem Druckverlust Δp_v, bzw. der Verlusthöhe ΔH_v ergibt sich mit dem Wirkungsgrad η_p der Pumpe welcher Leistungsbedarf ? (Bild 6.3)

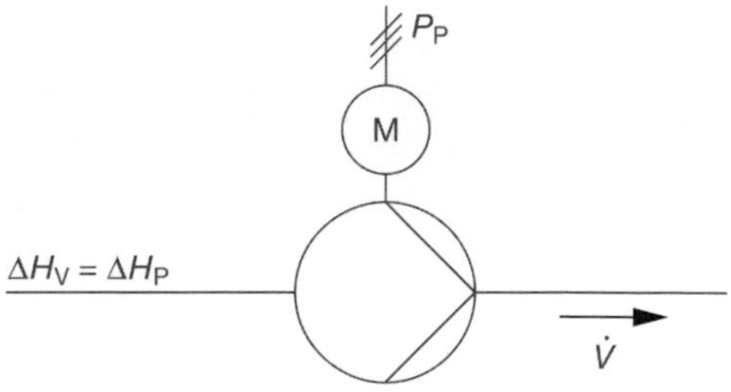

Bild 6.3 Bestimmung des Leistungsbedarfs von Pumpen

$$P_p = \frac{\dot{V} \cdot \Delta p_v}{\eta_p} = \frac{\dot{V} \cdot \rho \cdot g \cdot \Delta H_v}{\eta_p} \quad \text{(Gl. 6.10)}$$

$$P_{p(kw)} = \frac{\dot{V}_{(m^3/h)} \cdot \rho_{(kg/m^3)} \cdot g \cdot \Delta H_{v(m)}}{3600 \cdot \eta_p \cdot 1000}$$

Für Flüssigkeiten : $\rho = 1000\ \text{kg/m}^3$
$\eta_p = 0{,}7$ –

ergibt sich:

$$P_{p(kW)} \approx \frac{\dot{V}_{(m^3/h)} \cdot \Delta H_{v(m)}}{250} \quad \text{(Gl. 6.11)}$$

6.3.4 Leistungsbedarf von Ventilatoren

Analog zu den Pumpen (Abschnitt 6.3) ergibt sich für Ventilatoren bei Betriebsvolumenstrom

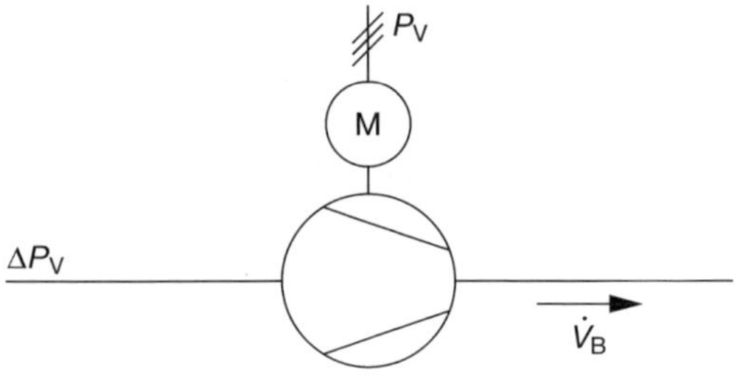

Bild 6.4 Bestimmung des Leistungsbedarfs bei Ventilatoren

$$P_v = \frac{\dot{V}_B \cdot \Delta p_v}{\eta_v} \qquad \text{(Gl. 6.12)}$$

$$P_{v(kw)} = \frac{\dot{V}_{B(m^3/h)} \cdot \Delta p_{v(mbar)} \cdot 100}{3600 \cdot \eta_v \cdot 1000}$$

Mit : $\eta_v = 0{,}7$ – wird

$$P_{v(kw)} \approx \frac{\dot{V}_{B(m^3/h)} \cdot \Delta p_{v(mbar)}}{25000} \qquad \text{(Gl. 6.13)}$$

6.3.5 Elektrische Stromstärke *I* für die Zuleitung zum Motor im Drehstromnetz

$$P = \sqrt{3} \cdot U \cdot I \cdot \eta_M \cdot \cos\varphi \qquad \text{(Gl. 6.14)}$$

$$I_{(A)} = \frac{P_{(kW)} \cdot 1000}{\sqrt{3} \cdot U_{(v)} \cdot \eta_M \cdot \cos\varphi}$$

Mit : $\eta_M = 0{,}8$ Motorenwirkungsgrad
$\cos\varphi = 0{,}85$

$$I_{(A)} \approx 850 \cdot \frac{P_{M(kw)}}{U_{(v)}} \qquad \text{(Gl. 6.15)}$$

Bei einer Spannung von $U = 400\ V$ wird

$$I_{(A)} \approx 2 \cdot P_{M(kW)} \qquad \text{(Gl. 6.16)}$$

6.3.6 Messblendenbohrung

Aus dem Volumenstrom $\dot{V}$ und dem Wirkdruck ΔP_w erhält man den Blenden-Bohrungsdurchmesser nach [6.1] gemäß (Bild 6.5):

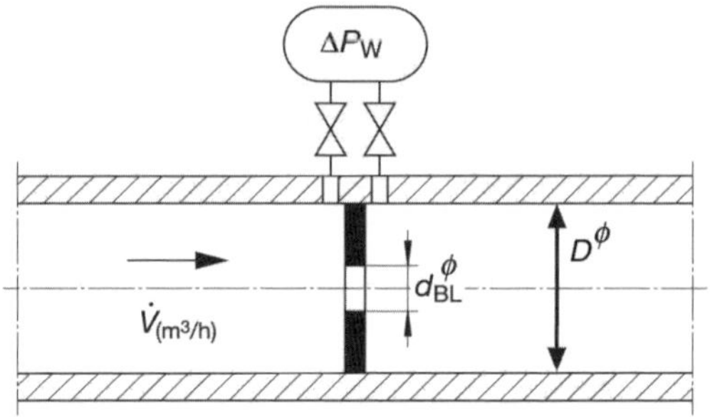

Bild 6.5 Bestimmung der Messblendenbohrung

$$\dot{V} = \alpha \cdot \varepsilon \cdot A_D \cdot m \cdot \sqrt{\frac{2 \cdot \Delta p_w}{\rho}} \qquad \text{(Gl. 6.17)}$$

mit:

α Durchflußzahl
ε Expansionszahl (bei Gasen)
$m = \left(\frac{d_{BL}}{D}\right)^2$
ρ Dichte

zu:

$$d_{BL(mm)} = f_{BL} \cdot \frac{\sqrt{\dot{V}_{(m^3/h)}}}{\sqrt[4]{\frac{\Delta p_{w(Pa)}}{\rho_{(kg/m^3)} \cdot g}}} \qquad \text{(Gl. 6.18)}$$

$f_{BL} \approx 10{,}8$

6.3.6.1 Wasser

$\rho = 950\ kg/m^3$
$\Delta p_w = 0{,}3\ bar = 30\,000\ Pa$

$$d_{BL.H_2O(mm)} = \frac{10{,}8 \cdot \sqrt{\dot{V}_{(m^3/h)}}}{\sqrt[4]{\frac{30000}{950 \cdot 9{,}81}}}$$

$$d_{BL.H_2O(mm)} \approx 8 \cdot \sqrt{\dot{V}_{(m^3/h)}} \qquad \text{(Gl. 6.19)}$$

6.3.6.2 Thermoöl

$\rho = 700\ kg/m^3$
$\Delta p_w = 0{,}3\ bar = 30\,000\ Pa$

$$d_{BL.Öl(mm)} \approx 7{,}5 \cdot \sqrt{\dot{V}_{(m^3/h)}} \qquad \text{(Gl. 6.20)}$$

6.3.6.3 Wasserdampf (Sattdampf)

$\rho_{(kg/m^3)} \approx \frac{p_{(bar,abs)}}{2}$
$\Delta p_w = 0{,}3\ bar = 30\,000\ Pa$

$$d_{BL.Sattd.(mm)} \approx 1{,}23 \cdot \sqrt{\dot{V}_{(m^3/h)}} \cdot \sqrt[4]{p_{(bar,abs)}} \qquad \text{(Gl. 6.21)}$$

Die Berechnung kann auch mit der Sattdampftemperatur durchgeführt werden mit:

$\vartheta''_{D(°C)} \approx 100 \cdot \sqrt[4]{p_{(bar,abs)}}$

wird:

$$d_{BL.Sattd.(mm)} = \frac{\vartheta''_{D(°C)}}{100} \cdot \sqrt{\dot{V}_{(m^3/h)}} \qquad \text{(Gl. 6.22)}$$

6.3.7 Verbrennungstechnik

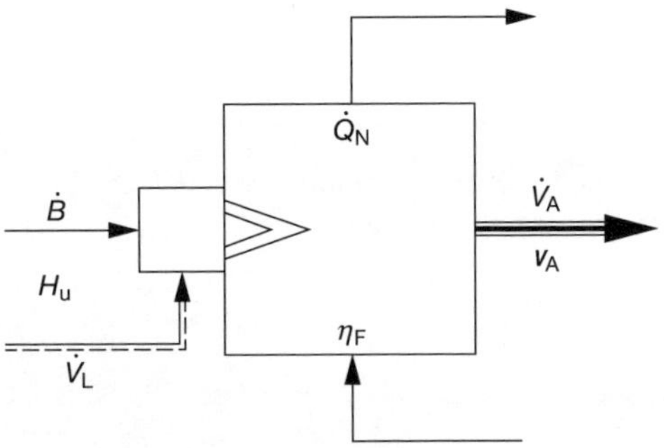

Bild 6.6 Verbrennungstechnik

6.3.7.1 Brennstoffstrom $\dot{B}$ und Abgasstrom $\dot{V}_A$

$$\dot{B} = \frac{\dot{Q}_N}{H_u \cdot \eta_F} \qquad \text{(Gl. 6.23)}$$

mit:
$\dot{Q}_N$ Nennwärmeleistung
H_u Heizwert
η_F feuerungstechnischer Wirkungsgrad

$$\dot{V}_A = \upsilon_A \cdot \dot{B} \qquad \text{(Gl. 6.24)}$$

υ_A = spezifische Abgasmenge

6.3.7.2 Flüssige und gasförmige Brennstoffe

Mit: $H_u = 40\,000$ kJ/kg
$\eta_F = 0{,}9$

$$\dot{B}_{(kg/h)} = \frac{\dot{Q}_{N(kW)} \cdot 3600}{40000 \cdot 0{,}9}$$

$$\dot{B}_{(kg/h)} \approx 0{,}1 \cdot \dot{Q}_{N(kW)} \qquad \text{(Gl. 6.25)}$$

und $v_{A,n} \approx 14$ m³/kg bei ca. 20 % Luftüberschuss

$$\dot{V}_{A,n\,(m^3/h)} = 1{,}4 \cdot \dot{Q}_{N(kW)} \qquad \text{(Gl. 6.26)}$$

Bei 200 °C Abgastemperatur ($\eta_F \approx 0{,}9$) ergibt sich der Betriebsabgasstrom;

$$\dot{V}_{A\,(m^3/h)} \approx 2{,}5 \cdot \dot{Q}_{N(kW)} \qquad \text{(Gl. 6.27)}$$

6.3.7.3 Holzverbrennung

Trockenes Holz: $H_u = 18\,000$ kL/kg
$\eta_F = 0{,}8$

$$\dot{B}_{(kg/h)} \approx 0{,}25 \cdot \dot{Q}_{N(kW)} \qquad \text{(Gl. 6.28)}$$

Nasses Holz: $H_u = 9000$ kL/kg
$\eta_F = 0{,}8$

$$\dot{B}_{(kg/h)} \approx 0{,}50 \cdot \dot{Q}_{N(kW)} \qquad \text{(Gl. 6.29)}$$

Abgasstrom: $v_{A,n} \approx 16$ m³/kg für trockenes Holz
$v_{A,n} \approx 8$ m³/kg für nasses Holz

$$\dot{V}_{A\,(m^3/h)} \approx 4 \cdot \dot{Q}_{N(kW)} \qquad \text{(Gl. 6.30)}$$

Bei 200 °C Abgastemperatur ($\eta_F \approx 0{,}8$) ergibt sich der Betriebsabgasstrom bei Holzverfeuerung:

$$\dot{V}_{A\,(m^3/h)} \approx 7 \cdot \dot{Q}_{N(kW)} \qquad \text{(Gl. 6.31)}$$

7 Datensammlung und Planungsmaterial

7.1 Auslegungen

7.1.1 Strömungsgeschwindigkeiten aus der Praxis

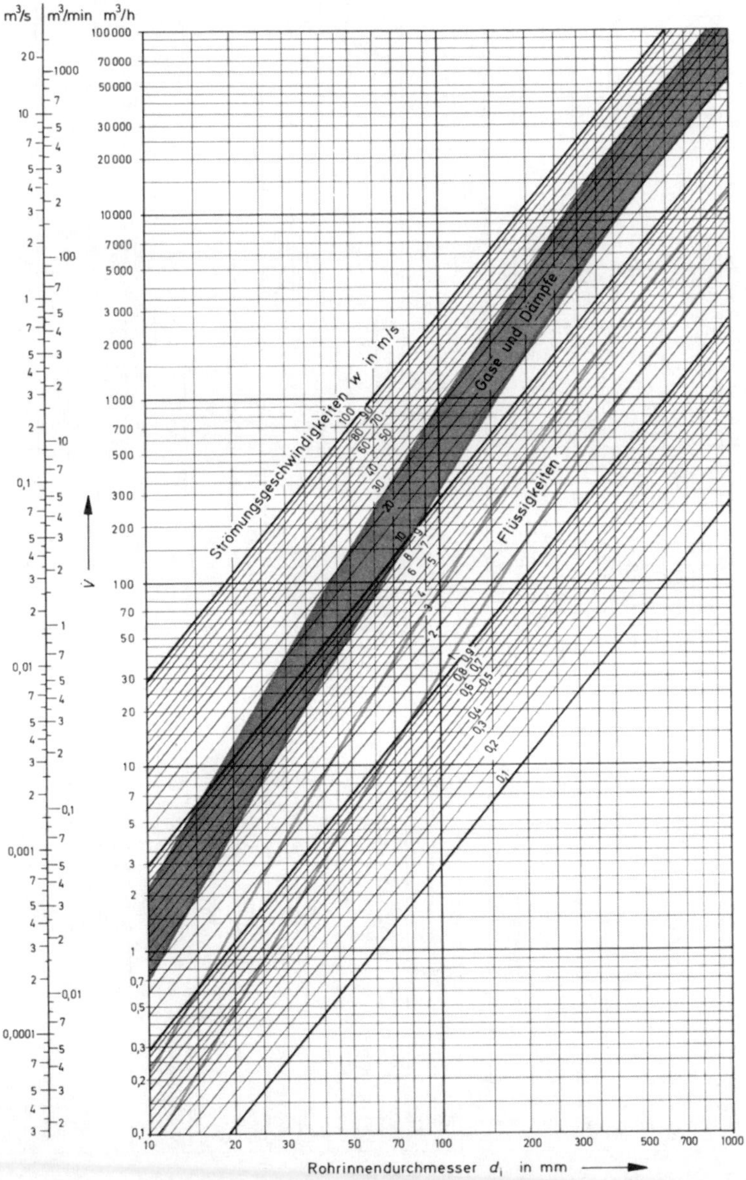

7.1.2 Hauptdaten von Rohrleitungen und Rohrleitungselementen

Benennung			DN 10	15	20	25	32	40	50	65	80	100	125	150	200	250	300	350	400	500
Außendurchmesser	d_a	mm	17,2	21,3	26,9	33,7	42,4	48,3	60,3	76,1	88,9	114,3	139,7	168,3	219,1	273	323,9	355,6	406,4	508
geeignet für Rohrgewinde nach DIN EN 10226-1		–	R 3/8"	R 1/2"	R 3/4"	R 1"	R 1 1/4"	R 1 1/2"	R 2"	R 2 1/2"	R 3"	R 4"	R 5"							
Wanddicke*	s	mm	1,8	2	2,0	2,3	2,6	2,6	2,9	2,9	3,2	3,6	4	4,5	6,3	6,3	7,1	8	8,8	11
Innendurchmesser	d_i	mm	13,6	17,3	22,9	29,1	37,2	43,1	54,5	70,3	82,5	107,1	131,7	159,3	206,5	260,4	309,7	339,6	388,8	486
spez. Masse	G	kg/m	0,89	0,962	1,24	1,79	2,57	2,95	4,14	5,28	6,81	9,90	13,5	18,1	33,2	41,6	55,6	68,3	85,9	135
Inhalt	V	Ltr./m	0,201	0,235	0,391	0,638	1,087	1,459	2,333	3,882	5,346	9,009	13,62	19,93	33,75	53,26	75,33	90,5	118,5	186
Oberfläche	A_O	m²/m	0,054	0,067	0,084	0,106	0,133	0,152	0,189	0,239	0,279	0,36	0,438	0,529	0,688	0,856	1,017	1,12	1,28	1,59
Stahlquerschnitt	A_Q	cm²	0,87	1,21	1,56	2,27	3,25	3,73	5,23	6,67	8,62	12,5	17,1	23,2	42,1	52,8	70,7	87,4	110	172
Trägheitsmoment	J	cm⁴	0,26	0,57	1,22	2,81	6,46	9,78	21,6	44,7	79,2	192	393	777	2386	4696	8869	$1{,}3 \cdot 10^4$	$2{,}2 \cdot 10^4$	$5{,}3 \cdot 10^4$
Widerstandsmoment	W	cm³	0,30	0,53	0,907	1,67	3,05	4,05	7,16	11,8	17,8	33,6	56,2	92,4	218	344	548	742	1070	2090
Trägheitsradius	i	cm	0,55	0,69	0,833	1,11	1,41	1,62	2,03	2,59	3,03	3,92	4,8	5,79	7,53	9,43	11,2	12,3	14,1	17,6
Radius für Bogen 3	$R \approx 1{,}5 \cdot d_i$	mm	–	38	38	38	48	57	76	95	114	152	190	229	305	381	457	533	610	762
Faktor i 1) für Bogen 3		–	–	1,03	1,45	1,78	1,94	2,08	2,17	2,58	2,64	2,31	2,99	3,14	2,94	3,42	3,52	3,32	3,41	3,41
Kármán-Faktor	K für Bogen 3		–	0,5	0,3	0,22	0,19	0,17	0,16	0,13	0,12	0,15	0,10	0,09	0,10	0,08	0,08	0,09	0,08	0,08
Radius für Bogen 5	$R = 2{,}5 \cdot d_i$	mm	–	42,5	57,5	72,5	92,5	109	137,5	175	207,5	270	330	390	515	650	770	850	970	1245
Faktor i 1) für Bogen 5		–	–	1,0	1,1	1,06	1,25	1,35	1,46	1,72	1,77	1,93	2,07	2,20	2,07	2,40	2,49	2,43	2,50	2,46
Kármán-Faktor	K für Bogen 5		–	0,55	0,45	0,41	0,37	0,33	0,29	0,23	0,22	0,19	0,17	0,16	0,17	0,14	0,13	0,14	0,13	0,13
Bei Flüssigkeiten	$\dot{V}$ 2)	m³/h	0,2	0,5	1	2	4	6	10	20	30	60	100	150	300	500	750	950	1250	2000
Geschwindigkeit	w zu $\dot{V}$	m/s	0,4	0,6	0,7	0,87	1,0	1,14	1,20	1,43	1,56	1,85	2,04	2,09	2,47	2,61	2,76	2,91	2,92	3,0
Dämmdicke	s_D min. 3)	mm	20			30		40	50	65	80	100								
Größte Stützweite (Leitung ist gedämmt u. gefüllt)	$\approx L$	m	1,0	1,2	1,4	1,8	2,2	2,4	3,1	3,3	4,2	4,5	5,1	5,8	7,2	7,8	8,6	9,3	10,2	12
Ventilbaulänge 4)	L ⋈	mm	120	130	150	160	180	200	230	290	310	350	400	480	600	730	850	980	1100	
Schieberbaulänge 4)		mm	–	–	–	–	–	240	250	270	280	300	325	350	400	450	500	550	600	700
Flanschdaten für PN 25 n. DIN EN 1092-1 Flanschtyp 11	D_{FL}	mm	90	95	105	115	140	150	165	185	200	235	270	300	360	425	485	555	620	730
	h	mm	35	38	40	40	42	45	48	52	58	65	68	75	80	88	92	100	110	125
	Schrauben	Anzahl	4	4	4	4	4	4	4	8	8	8	8	8	12	12	16	16	16	20
	Schrauben	Abmess.	M 12 × 50	M 12 × 50	M 12 × 55	M 12 × 55	M 16 × 60	M 16 × 60	M 16 × 65	M 16 × 70	M 16 × 70	M 20 × 75	M 24 × 80	M 24 × 90	M 24 × 90	M 27 × 100	M 27 × 100	M 30 × 110	M 33 × 120	M 33 × 130
	b	mm	16	16	18	18	18	18	20	22	24	24	26	28	30	32	34	38	40	48

Flanschdaten für PN 16 n. DIN EN 1092-1 Flanschtyp 11	D_{FL}		mm	90	95	105	115	140	150	165	185	200	220	250	285	340	405	460	520	580	715
	h		mm	35	38	40	40	42	45	45	45	50	52	55	55	62	70	78	82	85	84
	Schrauben	Anzahl		4	4	4	4	4	4	4	4	8	8	8	8	12	12	12	16	16	20
		Abmess.		M 12 × 50	M 12 × 50	M 12 × 55	M 12 × 55	M 16 × 60	M 16 × 60	M 16 × 60	M 16 × 60	M 16 × 65	M 16 × 65	M 16 × 70	M 20 × 70	M 20 × 75	M 24 × 80	M 24 × 90	M 24 × 90	M 27 × 100	M 30 × 100
	b		mm	16	16	18	18	18	18	18	18	20	20	22	22	24	26	28	30	32	36

Längenänderung der Stahlrohre
bei Erwärmung von:

20 °C auf °C	Ferrit mm/m	Austenit mm/m
100	0,98	1,38
200	2,30	3,20
300	3,72	5,11
400	5,24	7,10
500	6,86	9,12

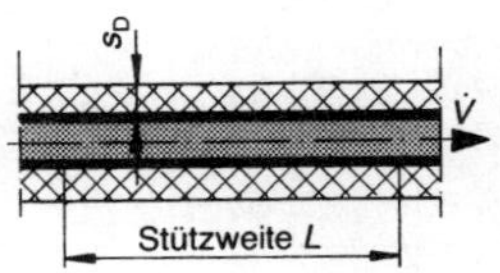

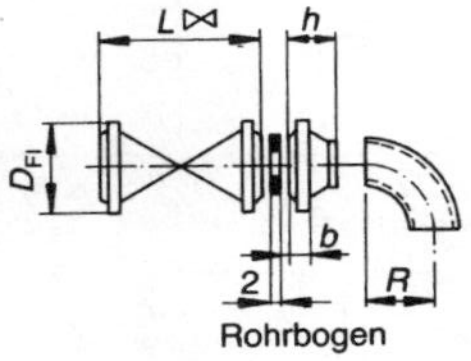

$R \approx 1{,}5 \cdot d_i$ n. DIN 2605
$R \approx 2{,}5 \cdot d_i$

1) Spannungserhöhungsfaktor im Bogen n. Abschnitt 3.2.7.
2) Anhaltswerte für den Volumenstrom (bei Gasen und Dämpfen das 10-fache wie bei Flüssigkeiten!)

7.1.3 Rohranschlussabmessungen, die sich aus den Flanschnormen ergeben

∅ *A*	PN 2,5		PN 6		PN 10		PN 16		PN 25		PN 40		PN 63		PN 100	
	S	Sp	S	Sp	*S*	*Sp*	*S*	*Sp*	*S*	*Sp*	*S*	*Sp*	*S*	*Sp*	*S*	*Sp*
17,2	2	2	2	2	2	2	2	2	2	2	2	2	2	2	2	2
21,3	2	2	2	2	2	2	2	2	2	2	2	2	2	2	3,2	2
26,9	2,3	2,3	2,3	2,3	2,3	2,3	2,3	2,3	2,3	2,3	2,3	2,3	2,6	2,3	3,2	2,3
33,7	2,6	2,6	2,6	2,6	2,6	2,6	2,6	2,6	2,6	2,6	2,6	2,6	2,6	2,6	3,6	2,6
24,4	2,6	2,6	2,6	2,6	2,6	2,6	2,6	2,6	2,6	2,6	2,6	2,6	2,9	2,6	3,6	2,9
48,3	2,6	2,6	2,6	2,6	2,6	2,6	2,6	2,6	2,6	2,6	2,6	2,6	2,9	2,9	3,6	3,2
60,3	2,9	2,9	2,9	2,9	2,9	2,9	2,9	2,9	2,9	2,9	2,9	2,9	4	3,2	4	3,6
76,1	2,9	2,9	2,9	2,9	2,9	2,9	2,9	2,9	2,9	2,9	2,9	2,9	4	3,6	4	4
88,9	3,2	3,2	3,2	3,2	3,2	3,2	3,2	3,2	3,2	3,2	3,2	3,2	4,5	4	5	5
114,3	3,6	3,6	3,6	3,6	3,6	3,6	3,6	3,6	3,6	3,6	3,6	3,6	4,5	4,5	5,6	5,6
139,7	4	4	4	4	4	4	4	4	4	4	4	4	5,6	5,6	6,3	6,3
168,3	4,5	4,5	4,5	4,5	4,5	4,5	4,5	4,5	4,5	4,5	4,5	4,5	6,3	6,3	8	8
219,1	6,3	6,3	6,3	6,3	6,3	6,3	6,3	6,3	6,3	6,3	6,3	6,3	7,1	7,1	8,8	8,8
273	6,3	6,3	6,3	6,3	6,3	6,3	6,3	6,3	7,1	7,1	7,1	7,1	8,8	8,8	10	10
323,9	7,1	7,1	7,1	7,1	7,1	7,1	7,1	7,1	8	8	8	8	11	10	12,5	12,5
355,6	7,1	7,1	7,1	7,1	7,1	7,1	8	8	8	8	8,8	8,8	12,5	10	14,2	14,2
406,4	7,1	7,1	7,1	7,1	7,1	7,1	8	8	8,8	8,8	11	11	14,2	11	16	16
457	7,1	7,1	7,1	7,1	7,1	7,1	8	8	8,8	8,8	12,5	12,5				
508	7,1	7,1	7,1	7,1	7,1	7,1	8	8	10	10	14,2	14,2				
610	7,1	7,1	7,1	7,1	8	7,1	10	8,8	11	11	16	1				
711	7,1	7,1	8	7,1	8,8	8	10	8,8	14,2	12,5						
813	7,1	7,1	8	7,1	8,8	8	12,5	10	16	14,2						
914	7,1	7,1	8	7,1	12,5	10	12,5	10	17,5	16						
1016	7,1	7,1	8	7,1	12,5	10	12,5	10	20	17,5						
1219	8	7,1	8,8	8	12,5	11	14,2	12,5								
1422	8	7,1	8,8	8	14,2	12,5	16	14,2								
1626	8,8	8	10	9	16	14,2	17,5	16								
1829	10	10	11	10	17,5	16	20	17,5								
2032	11	10	12,5	11	17,5	16	22	20								
2235	11	10	14	12,5	20	18										
2438	11	10	15	14,2	22,2	20										
2620	11	10	16	14,2	25	22,2										
2820	11	10	17	16	25	22,2										
3020	11	10	20	16	32	24										
3220	11	10	20	16												
3420	11	10	22	17,5												
3620	11	10	22	17,5												
3820	11	10														
4020	11	10														

ANMERKUNG
Die Werte für *Sp* müssen den in EN 10220 bzw. EN ISO 1127 festgelegten Werten entsprechen.

7.1.4 Kenngrößen für die Druckverlustberechnung

DN		10	15	20	25	32	40	50	65	80	100	125	150
Flüssigkeiten	$\dot{V}$ (m³/h)	0,15	0,4	1	2	3	6	10	20	30	60	100	150
	$\bar{w}$ (m/s)	0,3	0,5	0,7	0,9	0,8	1,14	1,19	1,43	1,56	1,85	2,04	2,09
Gase	$\dot{V}$ (m³/h)	1,5	4,0	10	20	30	60	100	200	300	600	1000	1500
	$\bar{w}$ (m/s)	2,9	4,7	7,1	8,7	7,7	11,4	11,9	14,3	15,6	18,5	20,4	20,9

DN		200	250	300	350	400	500	600	700	800	900	1000
Flüssigkeiten	$\dot{V}$ (m³/h)	300	500	700	1000	1500	2500	3000	5000	6000	7000	10 000
	$\bar{w}$ (m/s)	2,47	2,6	2,58	2,85	3,33	3,56	3,07	3,72	3,42	3,13	3,62
Gase	$\dot{V}$ (m³/h)	3000	5000	7000	10000	15000	25000	30000	50000	60000	70000	100000
	$\bar{w}$ (m/s)	24,7	26	25,8	28,5	33,3	35,6	30,7	37,2	34,22	31,3	36,2

Druckverlustberechnung: $\Delta p = \Sigma\zeta \cdot \frac{\varrho}{2} \cdot \bar{w}^2$ oder $\Delta H = \Sigma\zeta \cdot \frac{\bar{w}^2}{2 \cdot g}$

Geschwindigkeitsermittlung:

Gase

d_i [1]	$\dot{V}$ bei $\bar{w}$ = 10 m/s	$\dot{V}$ bei $\bar{w}$ = 20 m/s	$\dot{V}$ bei $\bar{w}$ = 30 m/s
mm	m³/h	m³/h	m³/h
100	282,6	565,2	847,8
112	356,4	712,8	1069,2
125	442,8	885,6	1328,4
140	554,4	1108,8	1663,2
160	720	1440	2160
180	914,4	1828,8	2743,2
200	1130	2260	3390
224	1418	2836	4254
250	1764	3528	5292
280	2196	4392	6588
315	2804	5608	8412
355	3564	7128	10692
400	4536	9072	13608
450	5724	11448	17172
500	7056	14112	21168
560	8856	17712	26568
630	11232	22464	33696
710	14256	28512	42768
800	18000	36000	54000
900	22896	45792	68688
1000	28260	56520	84780
1120	35460	70920	106380
1250	44172	88344	132516
1400	55440	110880	166320
1600	72360	144720	217060
1800	91440	182880	274320
2000	113040	226080	339120

Flüssigkeiten

DN [2]	d_i	$\dot{V}$ bei $\bar{w}$ = 1 m/s	$\dot{V}$ bei $\bar{w}$ = 2 m/s	$\dot{V}$ bei $\bar{w}$ = 3 m/s
	mm	m³/h	m³/h	m³/h
10	10 13,6	0,283 0,523	0,565 1,046	0,848 1,569
15	15 17,3	0,636 0,846	1,272 1,692	1,908 2,538
20	20 22,3	1,131 1,416	2,262 2,832	3,393 4,248
25	25 28,5	1,767 2,3	3,534 4,6	5,301 6,9
32	32 37,2	2,895 3,91	5,791 7,82	8,686 11,73
40	40 43,1	4,524 5,25	9,048 10,5	13,57 15,75
50	50 54,5	7,07 8,4	14,14 16,8	21,21 25,2
65	65 70,3	11,95 13,97	23,89 27,94	35,84 41,91
80	80 82,5	18,10 19,24	36,19 38,48	54,29 57,72
100	100 107,1	28,27 32,43	56,55 64,86	84,82 97,29
125	125 131,7	44,18 49,0	88,36 98	132,54 147
150	150 159,3	63,62 71,75	127,23 143,5	190,85 215,25
200	200 207,3	113,1 121,5	226,2 243	339,3 364,5
250	250 260,4	176,7 191,7	353,4 383,4	530,1 575,1
300	300 309,7	254,5 271,2	508,9 542,4	763,4 813,6
350	350 339,6	346,4 326,1	692,7 652,2	1039,1 978,3
400	400 388,8	452,4 427,4	904,8 854,8	1357,2 1282,2
500	500 486	706,9 667,8	1413,7 1335,6	2120,6 2003,4

Geschwindigkeitshöhe:

Gase

$\bar{w}$	$p_{dyn} = \frac{\varrho}{2} \cdot \bar{w}^2$
m/s	N/m² bei $\varrho = 1{,}2\ \frac{kg}{m^3}$
1	0,6
2	2,4
3	5,4
4	9,6
5	15,0
6	21,6
7	29,4
8	38,4
9	48,6
10	60,0
11	72,6
12	86,4
13	101,4
14	117,6
15	135,0
16	153,6
17	173,4
18	194,4
19	216,6
20	240,0
22	290,4
24	345,6
26	405,6
28	470,4
30	540,0
32	614,4
34	693,6
36	777,6
38	866,4
40	960,0
42	1058,4
44	1161,6
46	1269,6
48	1382,4
50	1500,0

Flüssigkeiten

$\bar{w}$	$H_{dyn} = \frac{\bar{w}^2}{2 \cdot g}$
m/s	m
0,1	0,0005
0,2	0,002
0,3	0,004
0,4	0,008
0,5	0,0127
0,6	0,018
0,7	0,025
0,8	0,033
0,9	0,041
1,0	0,051
1,1	0,062
1,2	0,073
1,3	0,086
1,4	0,10
1,5	0,11
1,6	0,13
1,7	0,15
1,8	0,16
1,9	0,18
2,0	0,20
2,2	0,25
2,4	0,29
2,6	0,34
2,8	0,40
3,0	0,46
3,2	0,52
3,4	0,59
3,6	0,66
3,8	0,74
4,0	0,82
4,2	0,90
4,4	0,99
4,6	1,08
4,8	1,17
5,0	1,27

Für Luft (ϑ_L in °C)	0	20	40	60	80	100	120	140	160	180	200	220	240	260
ϱ kg/m³	1,29	1,20	1,12	1,06	1,00	0,94	0,90	0,85	0,81	0,78	0,74	0,71	0,69	0,66
$f_\varrho = \varrho / \varrho_{20°}$	1,08	1,00	0,93	0,88	0,83	0,78	0,75	0,71	0,68	0,65	0,62	0,59	0,58	0,55
$f_\vartheta = \frac{\vartheta_L + 273}{273}$	1,00	1,07	1,15	1,22	1,29	1,37	1,44	1,51	1,59	1,66	1,73	1,81	1,88	1,95

Für Luft (ϑ_L in °C)	280	300	320	340	360	380	400	500	600	700	800	900	1000	1200
ϱ kg/m³	0,64	0,61	0,59	0,57	0,56	0,54	0,52	0,46	0,40	0,36	0,33	0,30	0,28	0,24
$f_\varrho = \varrho / \varrho_{20°}$	0,53	0,50	0,49	0,48	0,47	0,45	0,43	0,38	0,33	0,30	0,28	0,25	0,23	0,20
$f_\vartheta = \frac{\vartheta_L + 273}{273}$	2,03	2,10	2,17	2,25	2,32	2,39	2,47	2,83	3,20	3,56	3,93	4,30	4,66	5,40

[1] Kanalinnendurchmesser nach Normreihe

[2] ISO-Rohre mit Normalwanddicke nach DIN 2448

$Y_{dyn} = g \cdot H_{dyn}$

$p_{dyn} = \varrho \cdot g \cdot H_{dyn}$ (Pa = N/m² = 10^{-5} bar)

$w = \sqrt{\frac{2 \cdot p_{dyn}}{\varrho}}$ (m/s) oder $= \sqrt{\frac{2 \cdot \Delta p}{\varrho \cdot \Sigma\zeta}}$ (m/s)

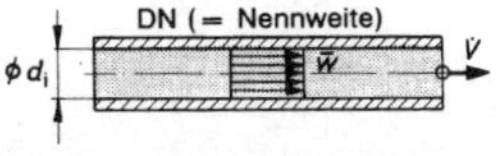

1 Torr = 1 mmHg = 1,33322 mbar = 133,32 Pa

1 mmWS ≙ 1 kp/m² ≙ 9,81 Pa ≙ 0,0981 mbar (≊ 10 Pa ≙ 0,1 mbar

1 Pa ≙ 0,102 mmWS ≙ 0,102 kp/m² ≙ 0,01 mbar (≊ 0,1 mmWS)

1 mbar ≙ 100 Pa ≙ 10,2 mmWS ≙ 10,2 kp/m² (≊ 10 mmWS)

Wirtschaftliche Geschwindigkeiten:
Anhaltswert für Flüssigkeiten:[3])

$\bar{w} \approx 0{,}2 \cdot \sqrt{d_i}$ m/s mit d_i in mm

Für Gase gilt die 10fache Geschwindigkeit.

[3]) Min. Geschwindigkeit für Gas-Mittransport
$w = 0{,}1 \cdot \sqrt{d_i}$ (m/s) mit d_i in mm

7.1.5 Verlusthöhenbestimmung bei Wasserleitungen

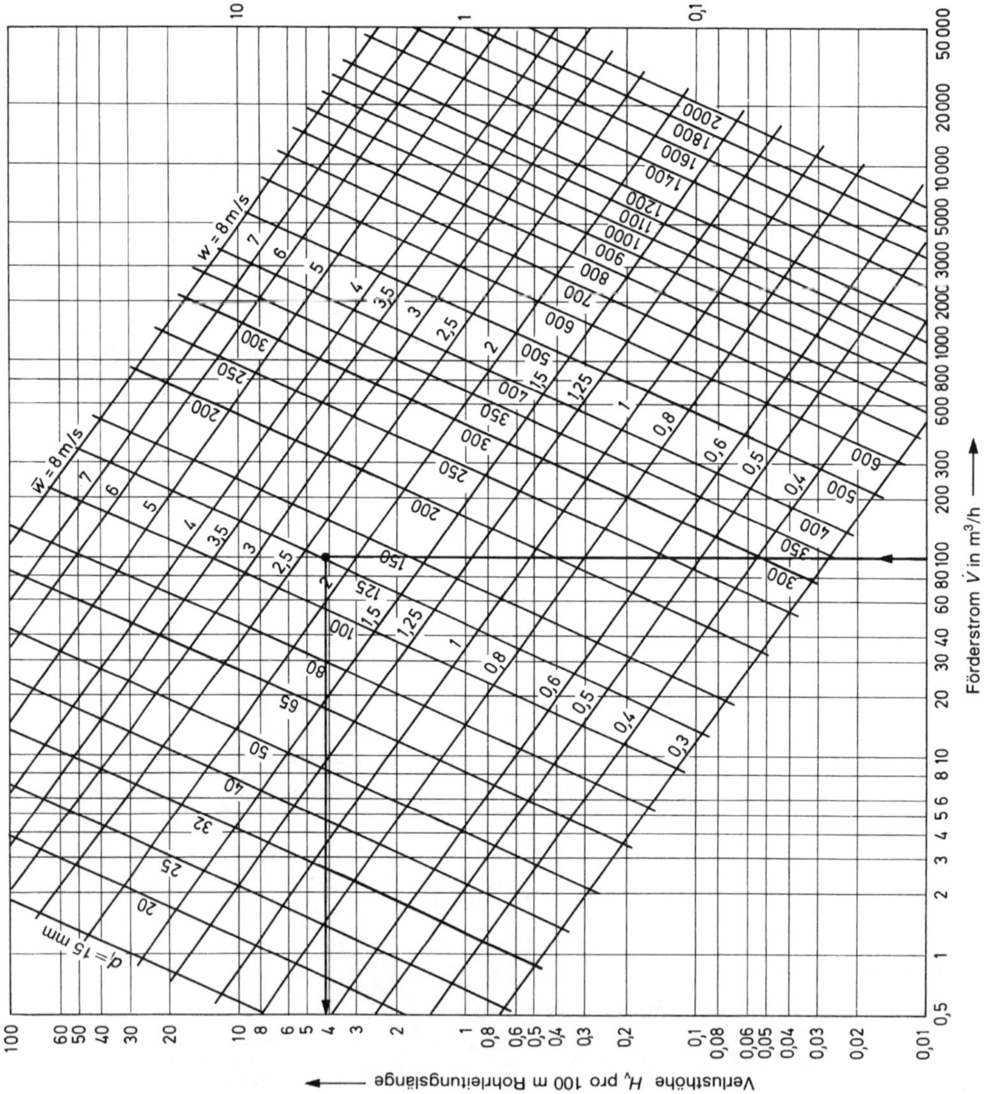

gültig für $k = 0{,}1$ mm; hydr. rauhes Rohr

Beispiel:

Gegeben: $\dot{V} = 100\,\text{m}^3/\text{h}$
$d_i = 125$ mm
$k = 0{,}1$ mm

Gesucht: $\Delta H_{V,100} = 4{,}2$ m

7.1.6 Nomogramm zur Berechnung des Strömungswiderstandes von Rohrleitungen, bezogen auf Luft bei 20 °C und 1,013 bar

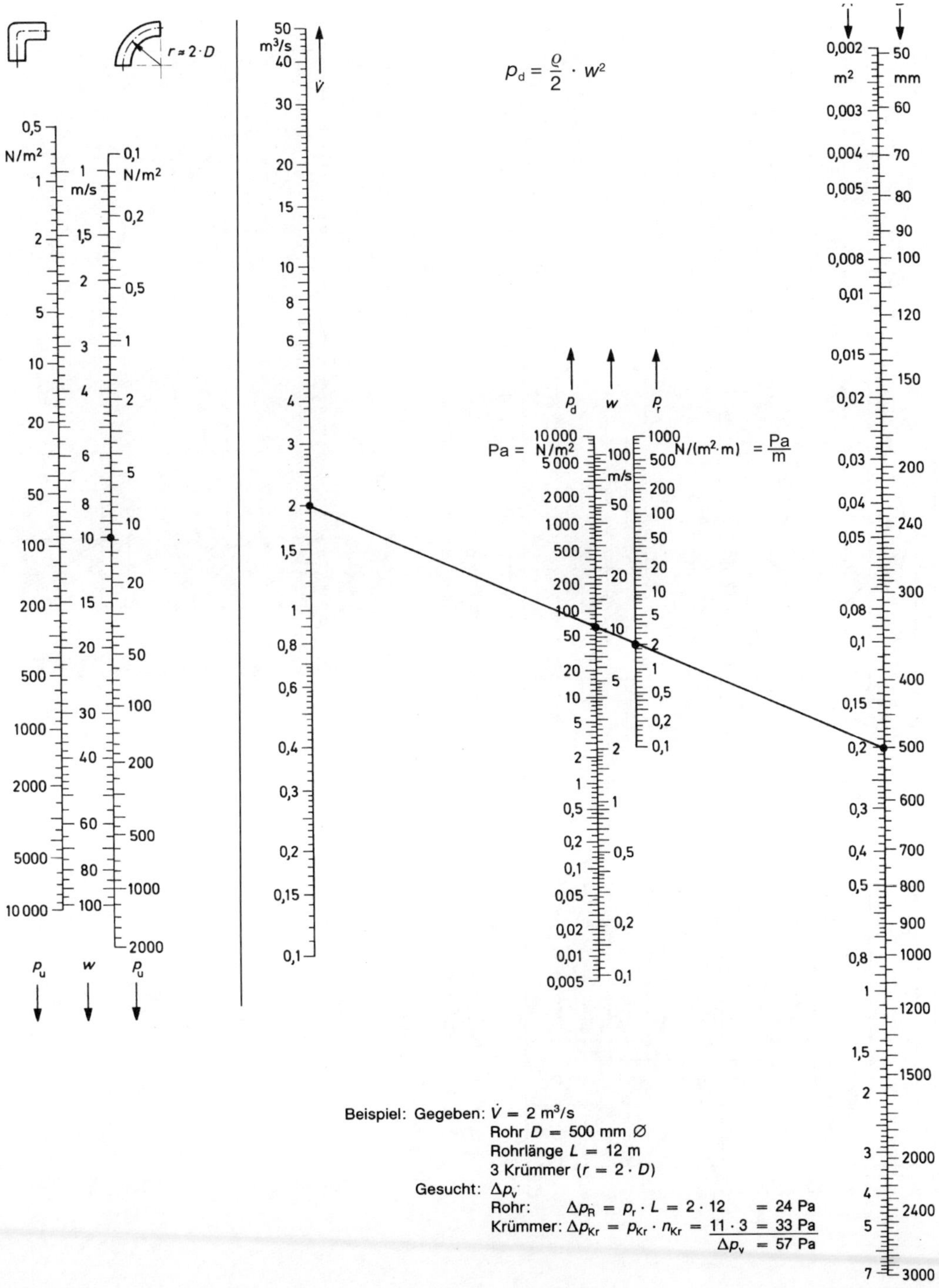

Beispiel: Gegeben: $\dot{V}$ = 2 m³/s
Rohr D = 500 mm Ø
Rohrlänge L = 12 m
3 Krümmer ($r = 2 \cdot D$)

Gesucht: Δp_v
Rohr: $\Delta p_R = p_r \cdot L = 2 \cdot 12 = 24$ Pa
Krümmer: $\Delta p_{Kr} = p_{Kr} \cdot n_{Kr} = 11 \cdot 3 = 33$ Pa
$\Delta p_v = 57$ Pa

7.1.7 Geschwindigkeit und Druckverlust in durchströmten Rohren (Bezugsgröße: Rohre nach DIN EN 10 216-2 mit Mindestwanddicke)

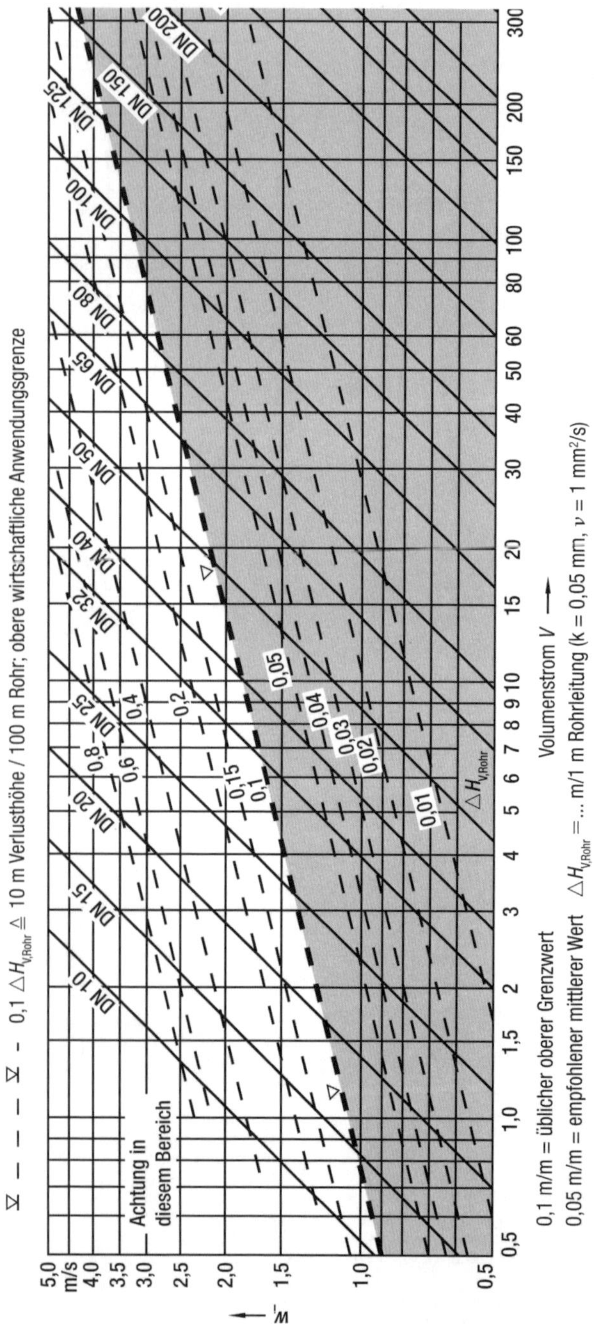

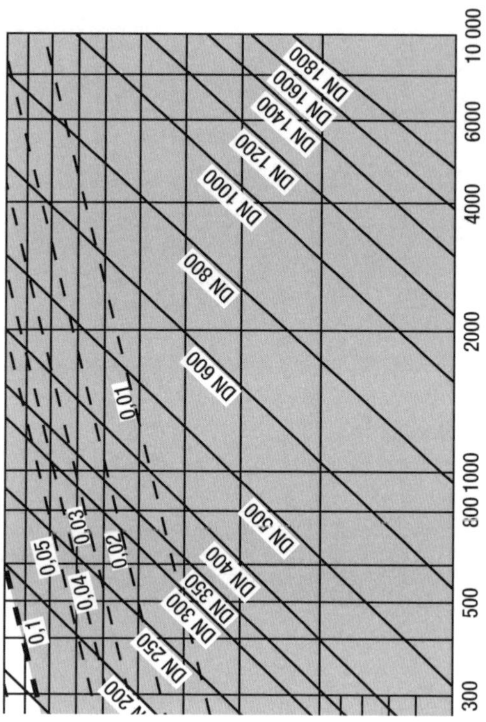

7.1.8 Verlusthöhe ΔH_v für $\Sigma\zeta = 15$ (~2 Stück Absperrventile mit 1 Stück Schmutzfänger) Bezugsgröße: DN = d_i … mm

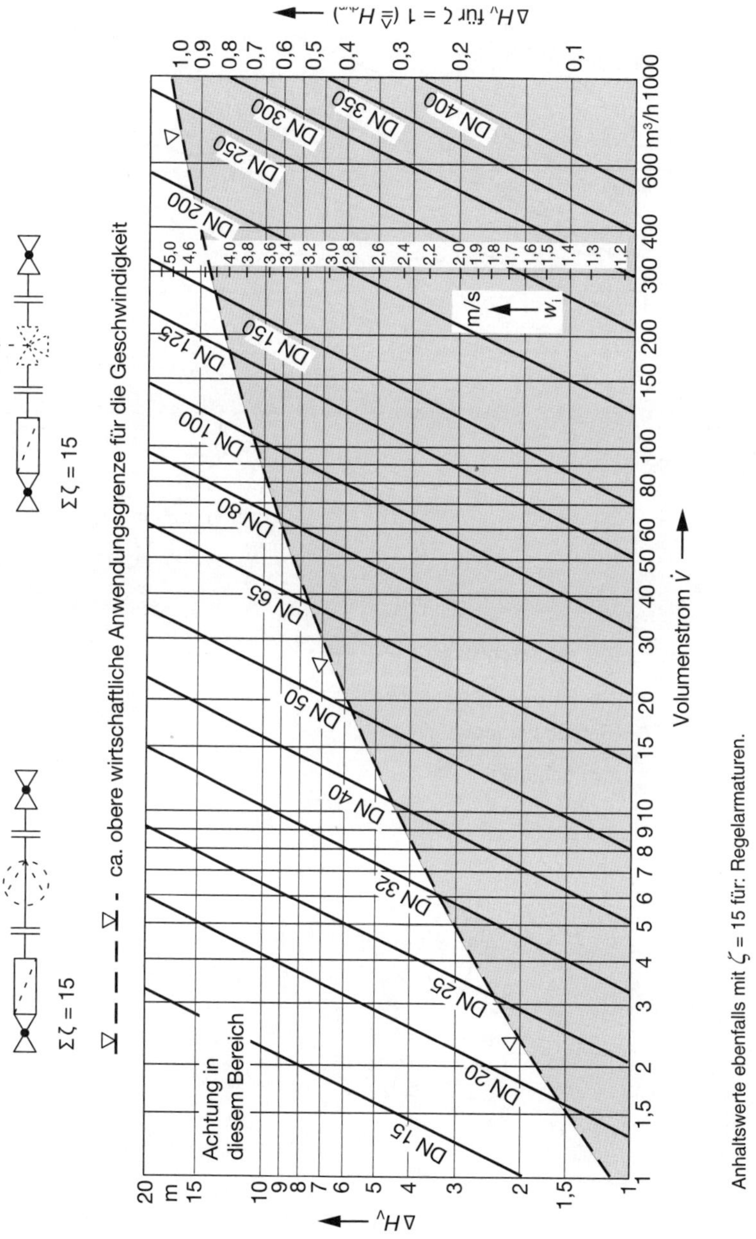

7.1.9 Erforderliche Dehnschenkellängen bei warmgehenden Stahlrohrleitungen

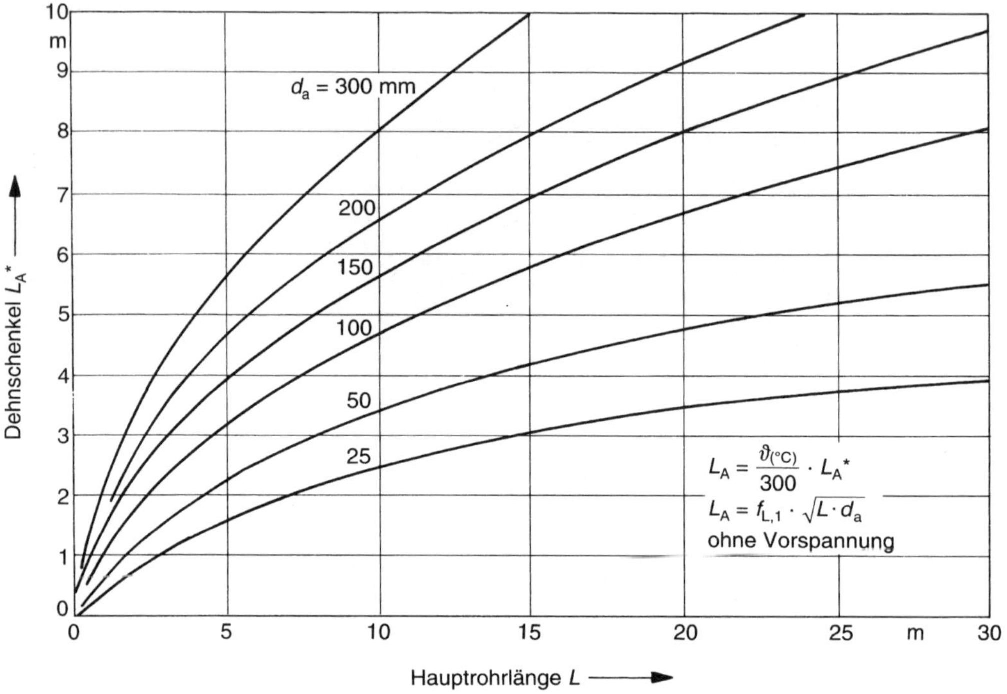

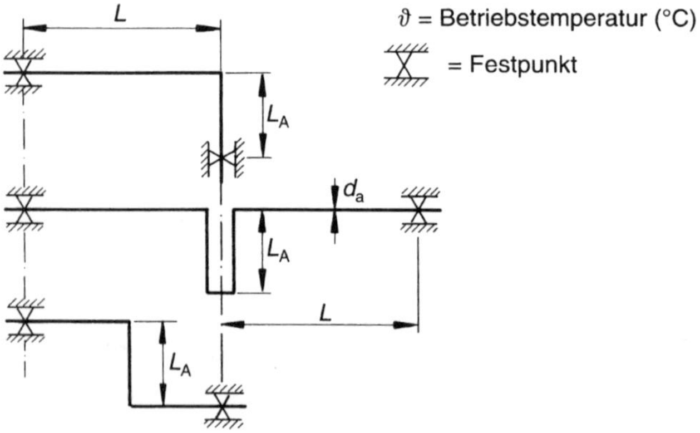

7.1.10 Verhältnis der gestreckten Länge L zur Verbindungslänge a als Kriterium für das elastische Verhalten eines Stahlrohrsystems in Abhängigkeit von der Temperatur und dem Geometrieparameter a/d_a

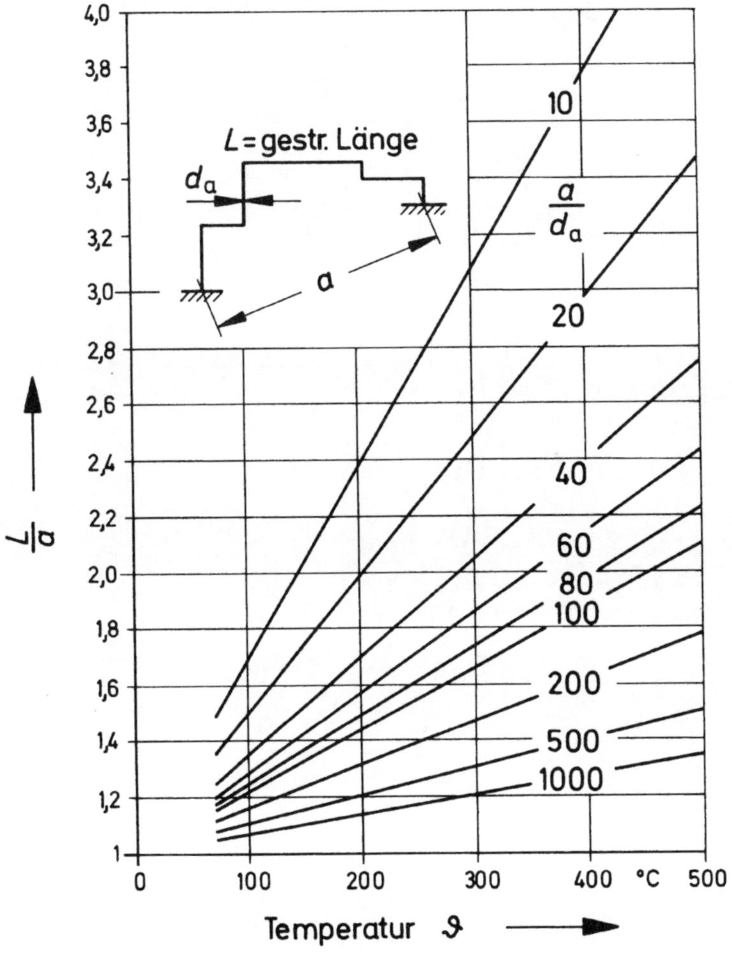

7.1.11 Dehnungsaufnahme von Rohrschenkeln n. TRR 100

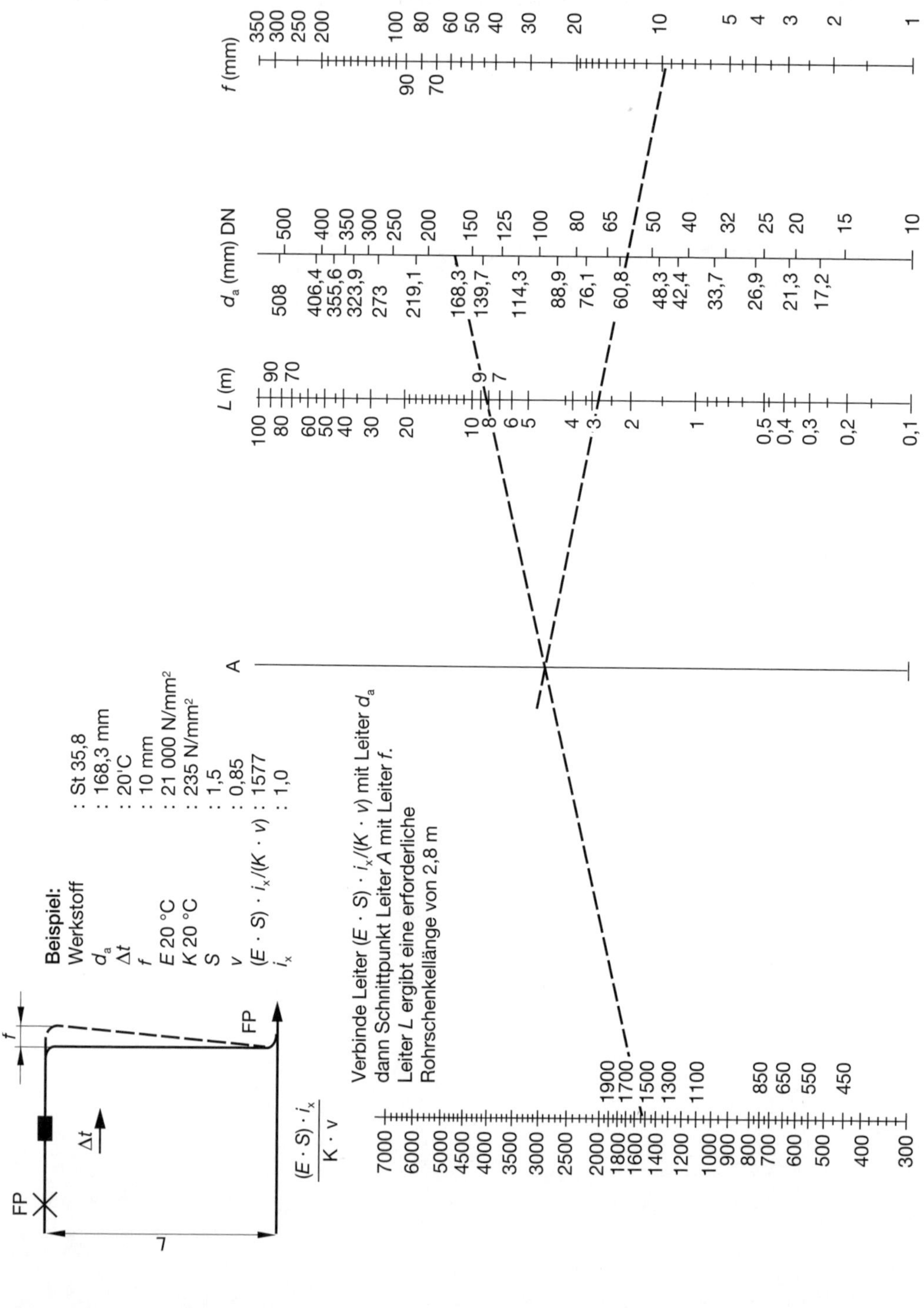

7.1.12 Dehnschenkel bei Kunststoffrohren

Längenänderungskoeffizienten verschiedener Werkstoffe

	Alle Werte in mm/(m · K)
PVC-C: 0,070	GFK (60%) : 0,025
PVC-U: 0,080	GFK (30%) : 0,045...0,058
PVDF : 0,120	Stahl : 0,011
PP : 0,150	Gusseisen : 0,009
PE-HD: 0,200	Kupfer/Cr-Ni-St.: 0,017

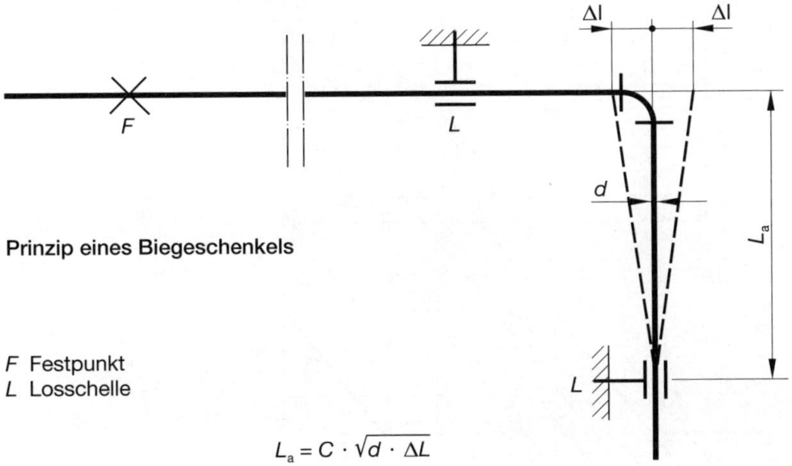

Prinzip eines Biegeschenkels

F Festpunkt
L Losschelle

$$L_a = C \cdot \sqrt{d \cdot \Delta L}$$

Hierbei bedeuten:

L_a Biegeschenkellänge in (mm)
ΔL Längenänderung in (mm)
d Rohraußendurchmesser in (mm)
C Werkstoffabhängige Konstante

Für C gelten folgende Werte:

PVC-U = 33,5
PVC-C = 33,5
PVDF = 21,6
PP = 30,0
PE-HD = 26,0

7.1.13 Leistungsbestimmung bei Pumpen

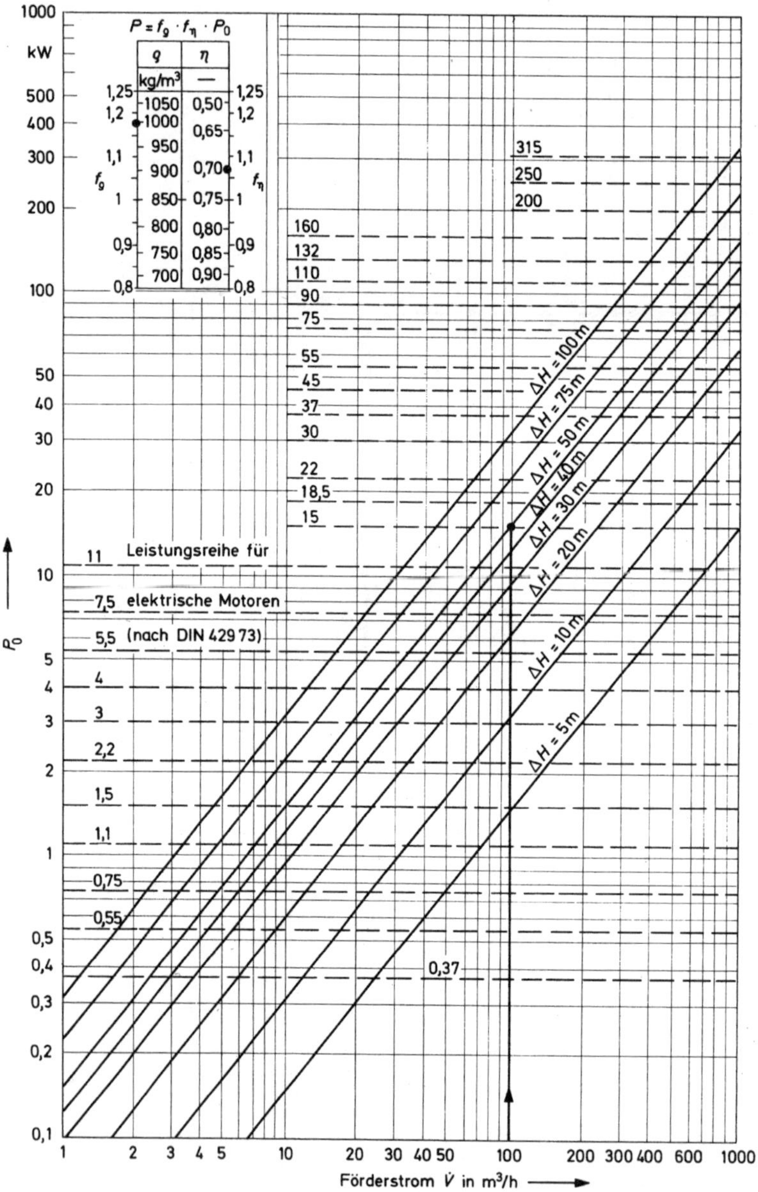

Beispiel:

Gegeben:

$\dot{V}$ = 100 m³/h
ΔH = 50 m
ϱ = 1000 kg/m³
η = 0,70

Gesucht:

$P = P_0 \cdot f_\varrho \cdot f_\eta = 15 \cdot 1{,}18 \cdot 1{,}07 \approx 19$ kW
P_M = 22 kW (Motorgröße)

7.1.14 Wirkungsgrad und Leistungsbedarf von 1-stufigen Kreiselpumpen im Optimum Laufraddurchmesser ca. 200 mm

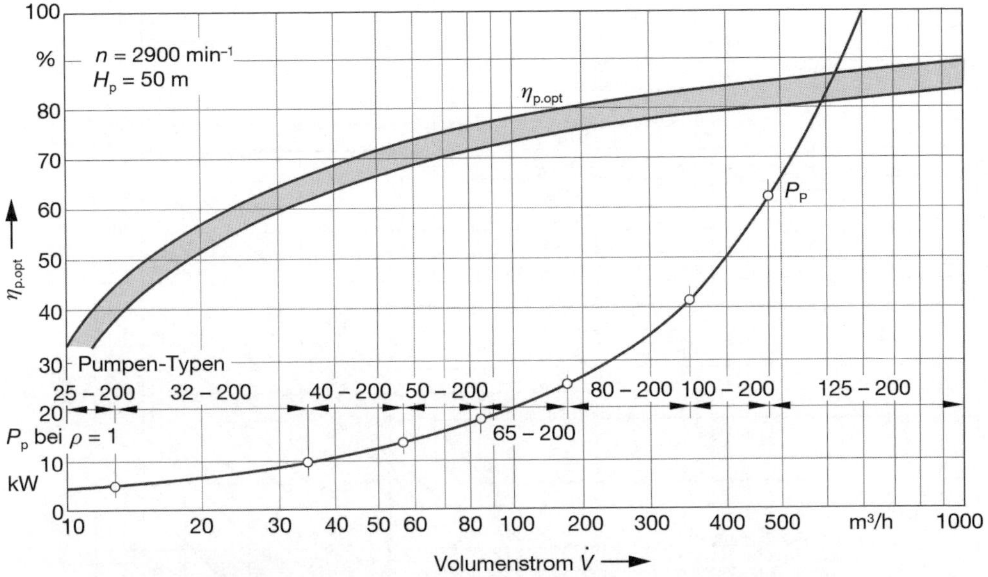

Handelsübliche Motorgrößen:

$P_{M(kW)}$ =									
–	0,55	0,75	1,1	1,5	2,2	3	4	5,5	7,5
11	15	18,5	22	30	37	45	55	75	90
110	132	160							

7.1.15 Leistungsbestimmung bei Ventilatoren

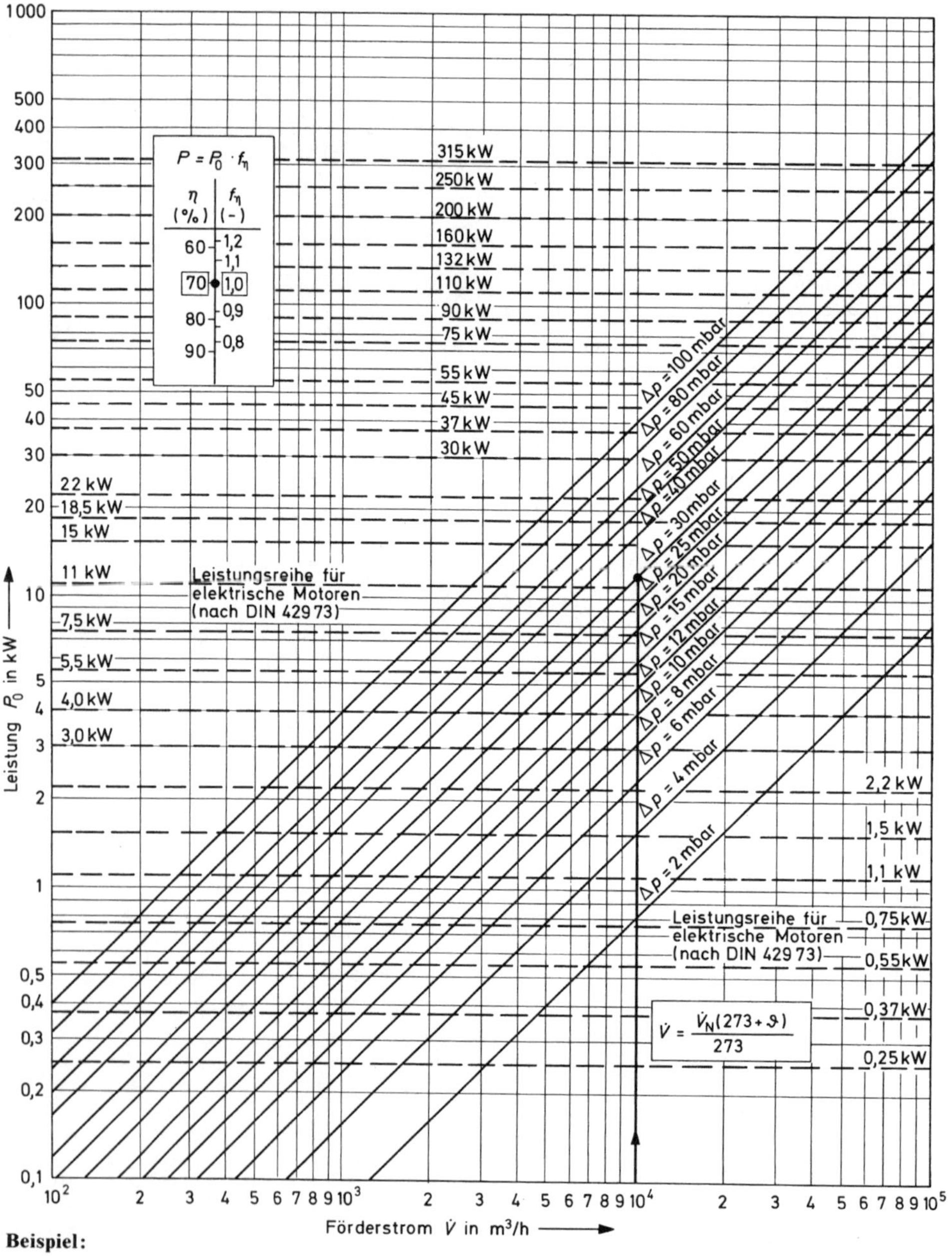

Beispiel:

Gegeben:

$\dot{V}$ = 10 000 m³/h;
η = 70%
Δp = 30 mbar

Gesucht:

$P = P_0 \cdot f_\eta = 11{,}5 \cdot 1{,}0$
P_M = 15 kW

7.1.16 Diagramm zur Bestimmung der Wanddicke von zylindrischen Mänteln

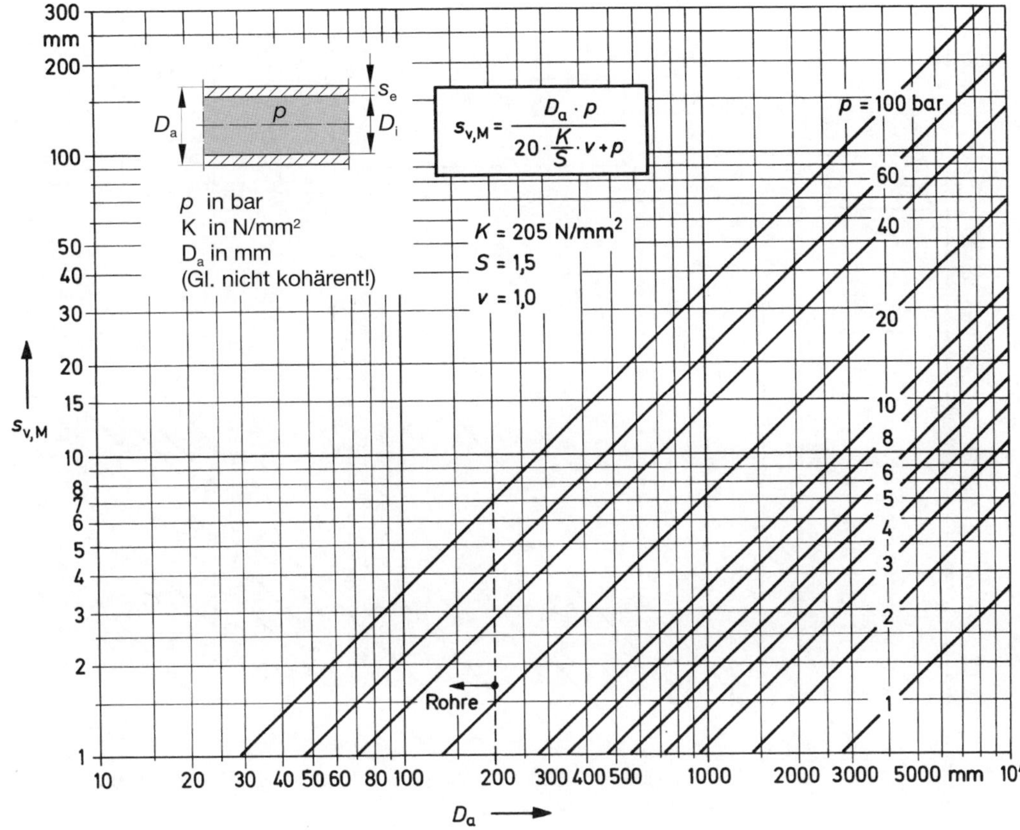

$s_{v,M}$ = s_M bei austenitischen Stählen!

7.1.17 Diagramm zur Bestimmung gewölbter Böden

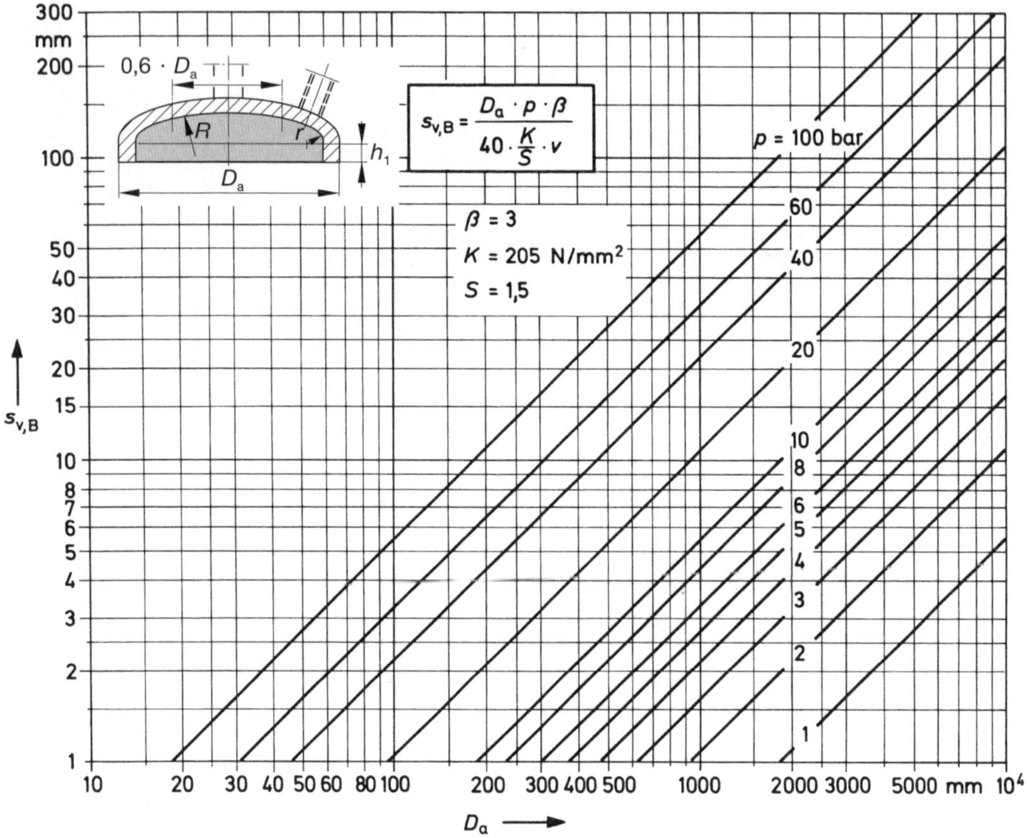

$s_{v,B} = s_B$ bei austenitischen Stählen

7.1.18 Diagramm zur Bestimmung von ebenen Böden

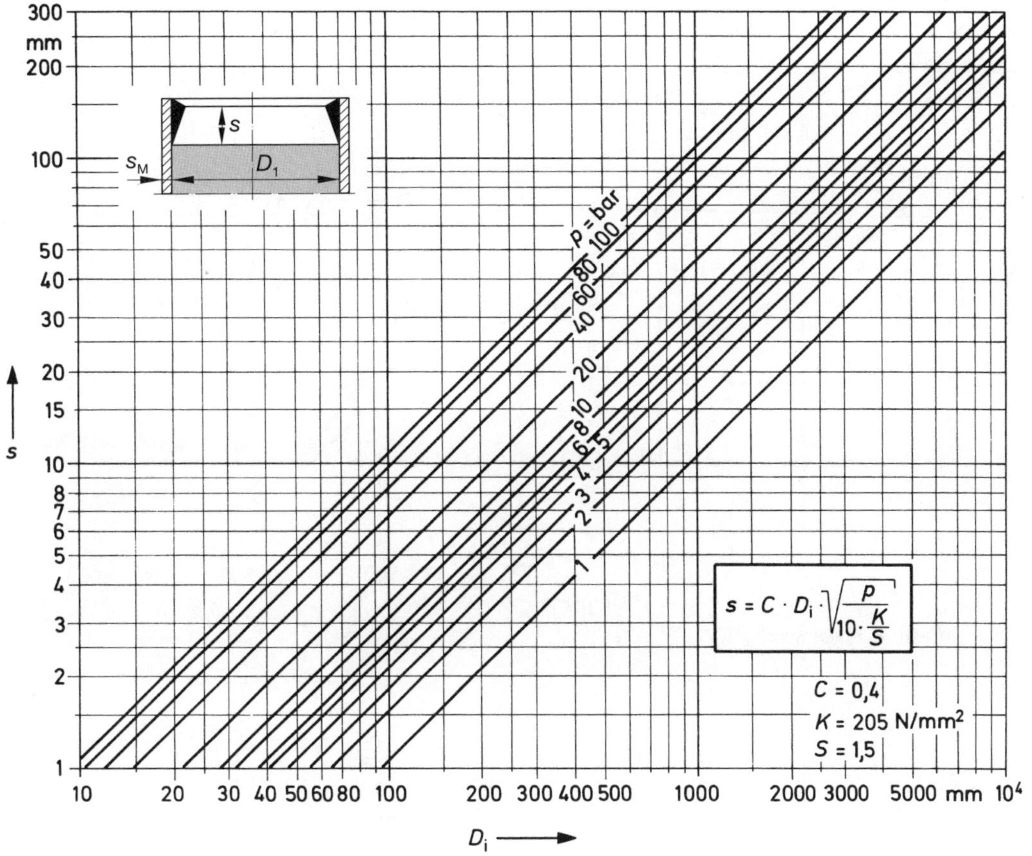

7.1.19 Streckgrenze und Langzeit-Warmfestigkeitswerte von nahtlosen Rohren aus warmfesten Stählen nach DIN EN 10 216-2

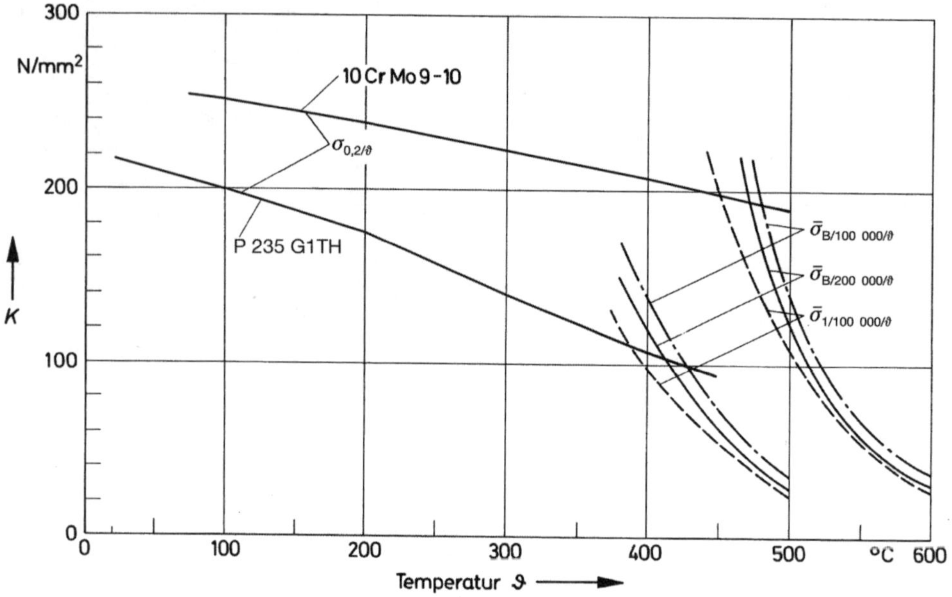

Festigkeitskennwerte K

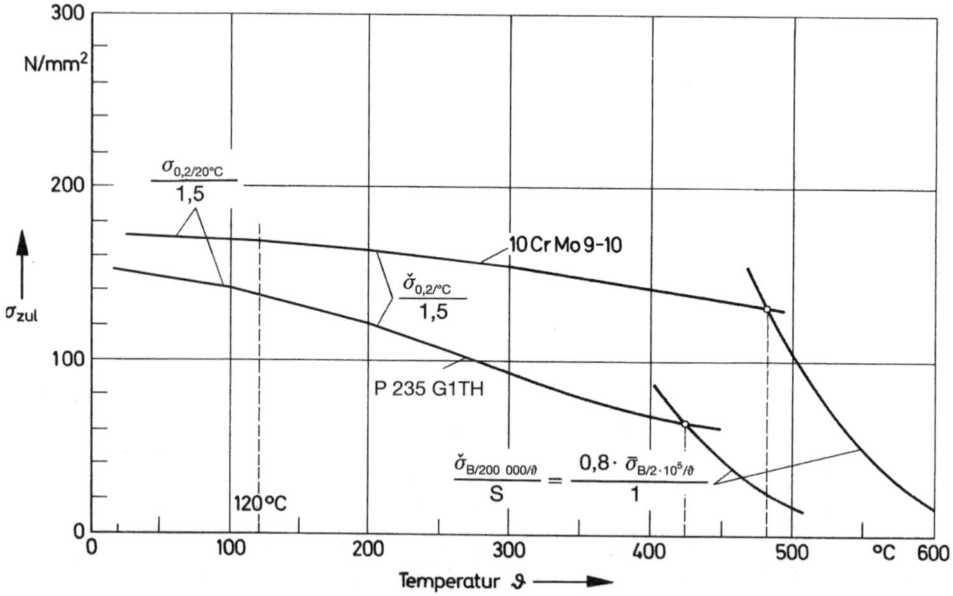

Zulässige Beanspruchung $\sigma_{zul} = \frac{K}{S}$

7.1.20 Stoffwerte von Stählen (*E*, λ und ρ)

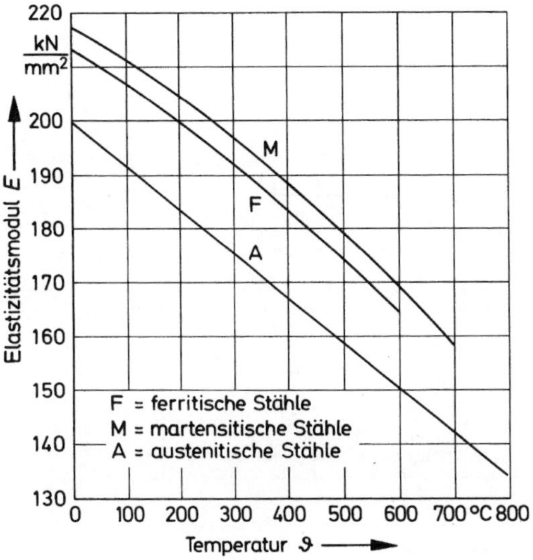

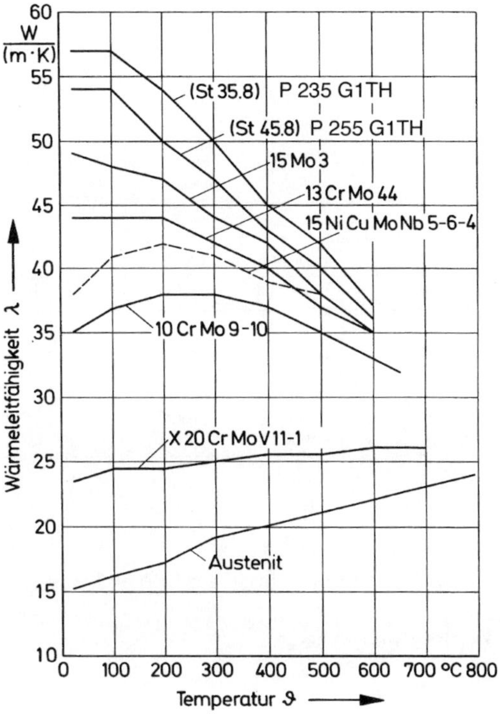

______ Differentieller Wärmeausdehnungskoeffizient β_L

– – – Integraler Wärmeausdehnungskoeffizient β_L zwischen 20 °C und ϑ °C

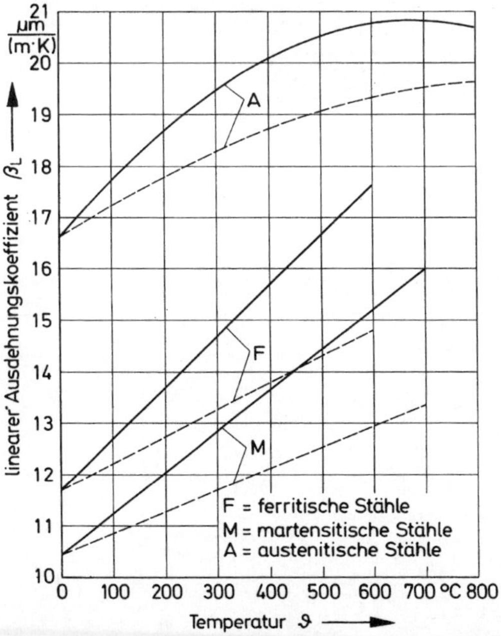

7.1.21 Drehmoment in Abhängigkeit von Antriebsleistung und Drehzahl

Drehmoment

$$P = M \cdot n \cdot 2 \cdot \pi$$

$$M_{(N \cdot m)} = 9550 \cdot \frac{P_{(kW)}}{n_{(1/min)}}$$

$$M_{(N \cdot m)} \approx 10\,000 \cdot \frac{P_{(kW)}}{n_{(1/min)}}$$

$P_{(kW)} \rightarrow$	1	5	10	20	50	P (kW)
$M_{(Nm)} \rightarrow$						
$n = 3000$	3,3	16,7	33,3	66,7	166,7	333
$n = 1000$	10	50	100	200	500	1000
$n = 100$	100	500	1000	2000	5000	10 000
$n = 10$	1000	5000	10 000	20 000	50 000	10^5
$n = 1$	10 000	50 000	10^5	$2 \cdot 10^5$	$5 \cdot 10^5$	10^8

7.1.22 Wellendurchmesser in Abhängigkeit vom Drehmoment

Wellendurchmesser

$$d = \sqrt[3]{\frac{16 \cdot M}{\pi \cdot \tau_{Zul}}}$$

mit: $\tau_{Zul} = 100\ N/mm^2$

wird: $$d_{(mm)} = 4 \cdot \sqrt[3]{M_{(N \cdot m)}}$$

oder: $$d_{(mm)} = 80 \cdot \sqrt[3]{\frac{P_{(kW)}}{n_{(min^{-1})}}}$$

$M_{(Nm)} \rightarrow$	1	10	100	1000	10 000	10^5	10^8
$d_{(mm)} \rightarrow$	4	8,6	18,5	40	86	186	400

7.1.23 Abblaseleistungen von Vollhub-Sicherheitsventilen und Normal-Sicherheitsventilen für Wasser

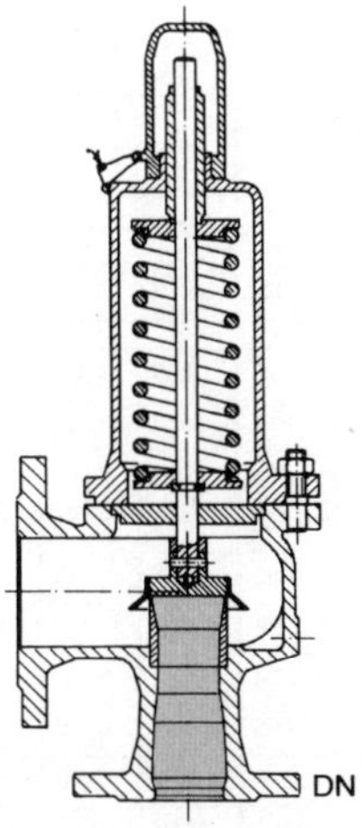

Ansprech-überdruck in bar	Abblaseleistung		**Wasser**		bei 20 °C in t/h
	DN 20	**DN 25**	**DN 32**	**DN 40**	**DN 50**
0,2	3,12	4,88	8,11	12,5	19,55
0,5	4,94	7,72	12,83	19,8	30,9
1,0	7,0	10,9	18,15	27,9	43,7
1,5	8,54	13,35	22,2	34,2	53,5
2,0	9,9	15,45	25,7	39,5	61,8
3	12,1	18,9	31,4	48,4	75,7
4	13,9	21,8	36,3	55,9	87,4
5	15,6	24,4	40,6	62,5	97,7
6	17,1	26,7	44,4	68,4	107,0
8	19,8	30,9	51,3	79,1	123,5
10	22,1	34,5	57,4	88,4	138,0
12	24,2	37,8	62,8	96,8	151,5
14	26,2	40,9	67,9	104,5	163,5
16	28,0	43,7	72,6	112,0	174,5
18	29,6	46,3	76,9	118,5	185,0
20	31,2	48,8	81,1	125,0	195,0
22	32,8	51,2	85,1	131,0	205,0
24	34,2				
28	37,0				
32	39,5				
40	44,2				

Für andere Flüssigkeiten als Wasser 20 °C (ϱ = 998 kg/m^3) ist vor Gebrauch obiger Tabelle der durch die Betriebsverhältnisse gegebene Massenstrom mit dem Faktor: $f = \sqrt{\frac{\varrho \text{ Wasser}}{\varrho \text{Flüssigkeit}}}$ zu multiplizieren!

7.1.24 Abblaseleistungen von Vollhub-Sicherheitsventilen und Normal-Sicherheitsventilen für Sattdampf und Luft

Ansprech-überdruck	Abblaseleistung							I Sattdampf in kg/h				II Luft 0 °C und 1,013 bar in m³/h				
bar	DN 20		DN 25		DN 32		DN 40		DN 50		DN 65		DN 80		DN 100	
	I	II	I	II	I	II	I	II	I	II	I	II	I	II	I	II
0,2	73	91	114	142	190	236	295	364	460	569	775	962	1170	1455	1830	2280
0,4	112	136	175	212	285	352	440	542	690	846	1160	1430	1760	2170	2750	3390
0,5	128	161	200	252	325	418	500	645	785	1007	1320	1700	2000	2580	3125	4030
0,6	140	173	220	270	365	449	560	692	880	1080	1480	1830	2235	2770	3500	4330
0,8	170	208	265	325	435	540	670	832	1050	1300	1770	2200	2680	3330	4200	5200
1	195	242	305	378	510	628	780	968	1220	1515	2060	2560	3120	3870	4900	6050
1,5	260	325	410	508	680	843	1045	1300	1630	2030	2760	3430	4180	5200	6550	8120
2	290	364	455	569	750	944	1155	1455	1810	2270	3050	3840	4620	5820	7250	9100
2,5	340	436	535	682	890	1135	1370	1750	2140	2730	3620	4610	5480	6990	8600	10900
3	395	506	620	791	1025	1315	1580	2020	2470	3160	4170	5340	6320	8090	9900	12650
4	500	640	780	1000	1290	1660	1990	2560	3105	4010	5250	6770	7950	10250	12450	16000
5	595	768	930	1200	1540	2000	2375	3080	3710	4810	6270	8120	9500	12300	14850	19250
6	690	896	1080	1400	1790	2330	2760	3590	4310	5610	7280	9480	11050	14350	17250	22400
7	780	1020	1230	1600	2040	2660	3140	4100	4910	6410	8300	10850	12600	16400	19650	25600
8	880	1150	1380	1800	2290	2990	3525	4610	5510	7210	9300	12200	14100	18500	22000	28800
9	975	1280	1525	2000	2535	3330	3910	5130	6100	8010	10300	13550	15600	20500	24400	32000
10	1070	1405	1675	2200	2780	3660	4290	5640	6700	8810	11350	14900	17150	22600	26800	35200
11	1165	1535	1825	2400	3030	3990	4670	6150	7300	9610	12300	16250	18700	24600	29200	38500
12	1260	1660	1970	2600	3275	4320	5045	6670	7900	10400	13350	17600	20200	26700	31600	41700
13	1355	1790	2120	2800	3525	4660	5430	7180	8500	11200	14350	18950	21700	28700	34000	44900
14	1450	1920	2270	3000	3770	4990	5810	7690	9100	12000	15350	20300	23250	30800	36300	48100
15	1550	2045	2420	3200	4015	5320	6200	8200	9680	12800	16350	21700	24800	32800	38700	51300
16	1645	2170	2570	3400	4265	5660	6570	8720	10260	13600	17380	23000	26300	34900	41100	54500
17	1735	2300	2710	3600	4510	5990	6950	9230	10850	14400	18340	24400	27780	36900	43400	57700
18	1830	2430	2860	3800	4750	6320	7330	9740	11450	15200	19350	25700	29300	39000	45800	60900
19	1925	2560	3010	4010	5000	6650	7710	10250	12040	16000	20350	27100	30800	41000	48100	64100
20	2020	2690	3160	4210	5240	6990	8080	10750	12630	16800	21350	28400				
22	2200	2950	3450	4610	5730	7650	8830	11800	13800	18450	23300	31100				
24	2395	3200														
28	2770	3720														
32	3150	4230														
40	3900	5250														

Berechnung entsprechend AD-Merkblatt A2

7.1.25 Strömungsgeschwindigkeit in Dampfleitungen

Beispiel:

Dampf-
temperatur 300 °C
Absoluter
Dampfdruck 16 bar
Dampf-
Massenstrom 30 t/h
Nennweite DN 200

Ergebnis:

Strömungs-
geschwindigkeit
w = 43 m/s

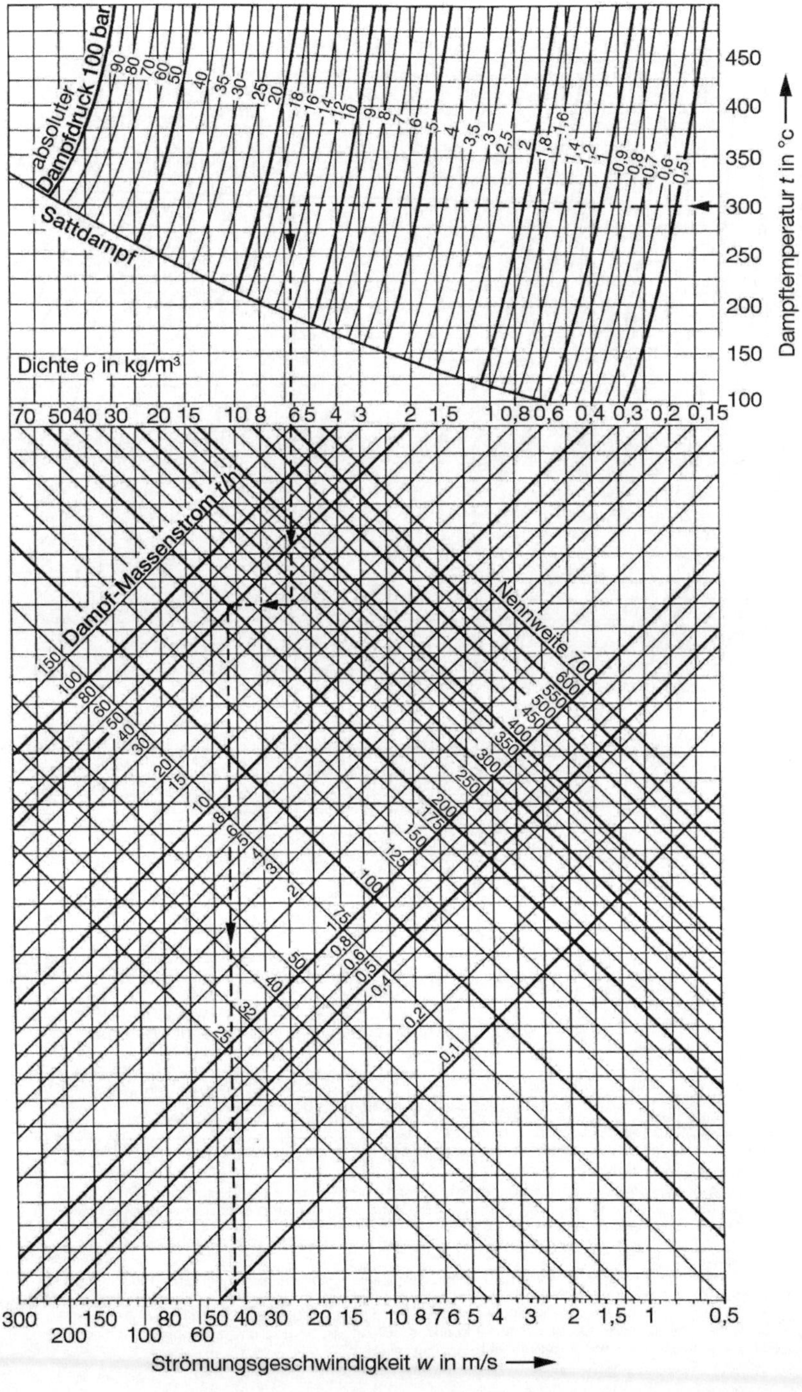

7.1.26 Bemessung von Kondensatleitungen

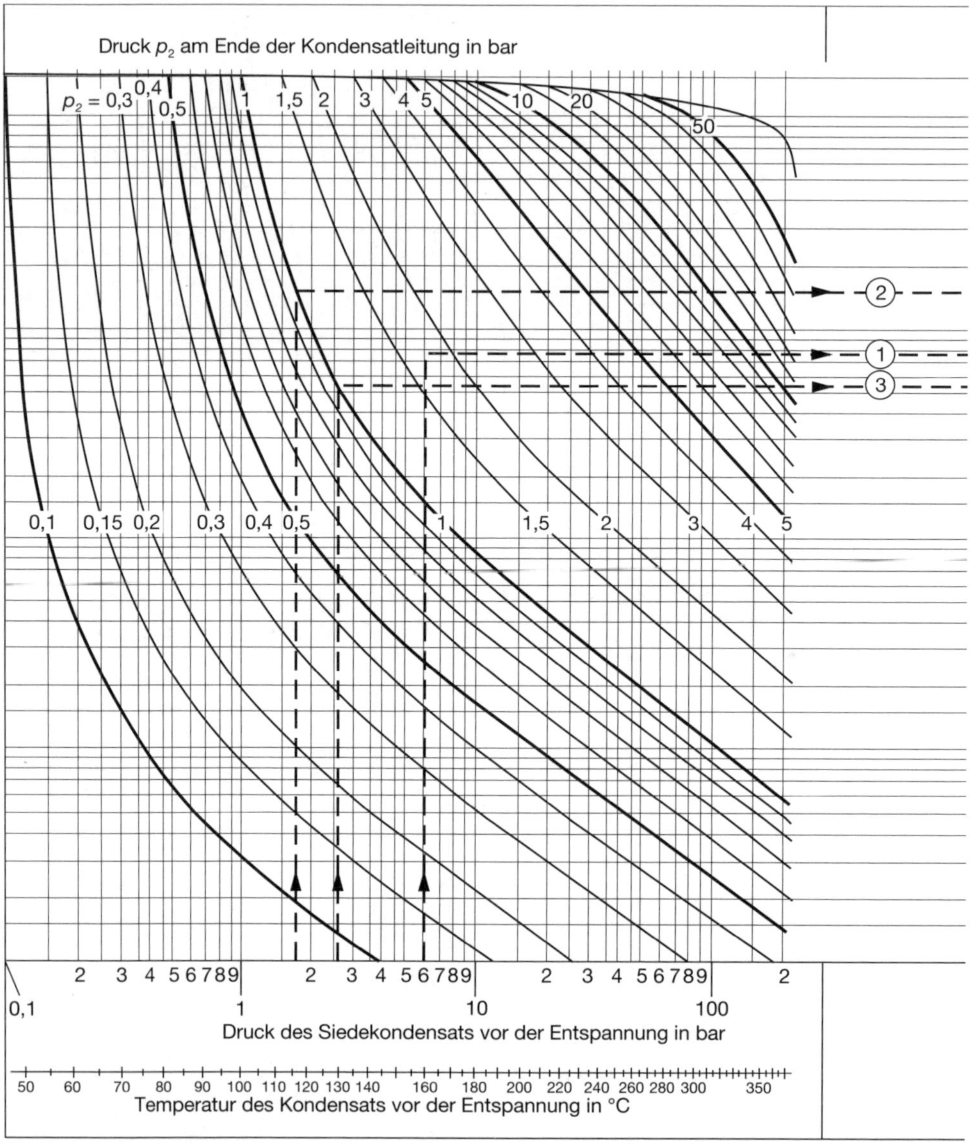

Hinweise:

Dieses Diagramm erfüllt folgende Bedingungen:

a) Der Entspannungsdampf strömt am Leitungsende mit etwa 10 bis 30 m/s (je nach Nennweite).

b) Der Druckabfall in Kondensatleitungen bis etwa 100 bis 150 m Länge liegt unter etwa 0,3 bar. (Bei größerer Leitungslänge ist Berechnung des Druckabfalls erforderlich).

c) Das obere Ende der Kurven «Druck am Ende» .....und «Innendurchmesser.....» gilt für ganz mit Wasser gefüllte Leitungen, also besonders für den
erhöhten Kondensatanfall beim Anfahren der Anlage oder für eine Kondensattemperatur unter 100 °C (absoluter Leitungsdruck 1 bar oder mehr). Die im oberen Endpunkt der Geraden D_i angegebene Kondensatmenge strömt dann mit einem Druckabfall von 0,001 bar/m (10 mm WS/m) durch die Leitung des Innendurchmessers D_i.

d) Kondensatunterkühlung oder Wärmeverlust der Kondensatleitung wird berücksichtigt, indem man von entsprechend niedriger «Temperatur des Kondensats vor Entspannung» ausgeht.

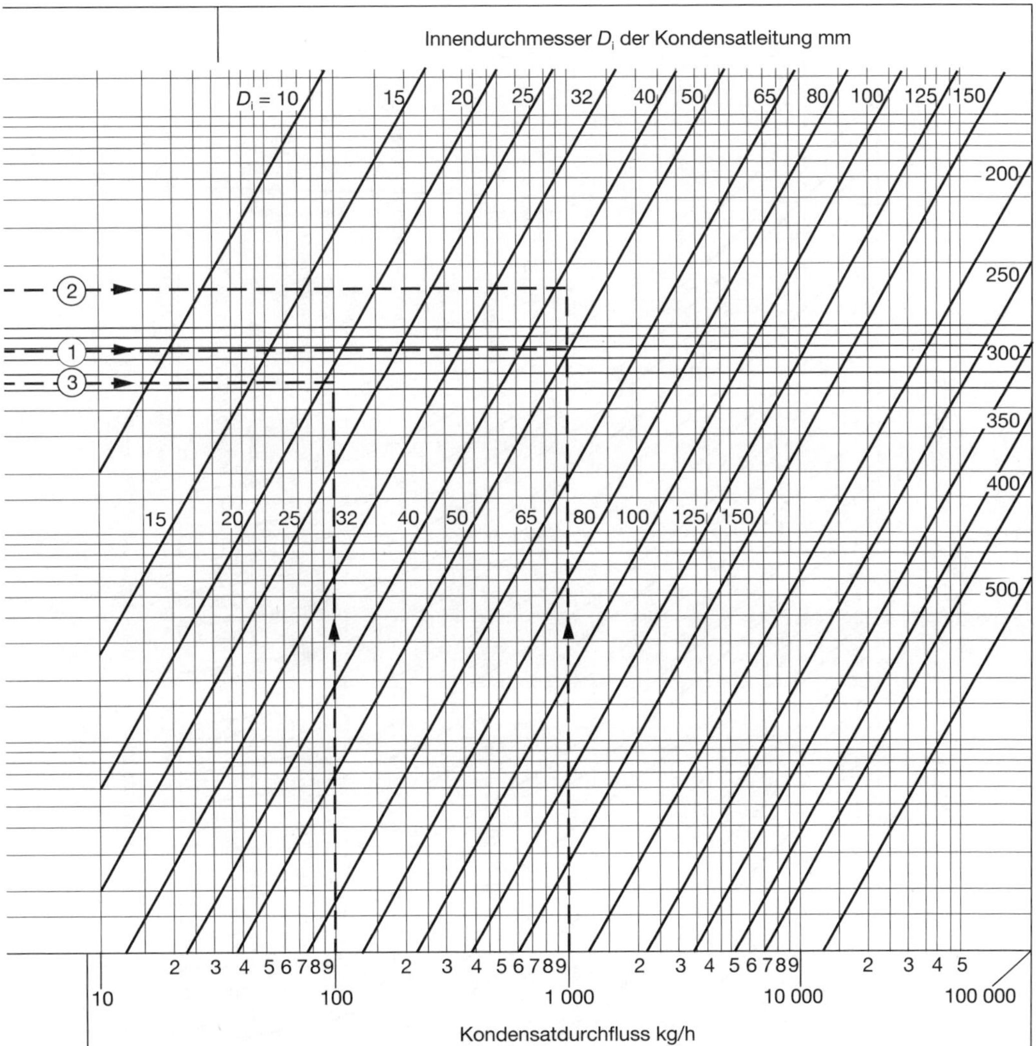

Oben ist der tatsächliche Innendurchmesser D_i der Rohrleitung in Millimeter anzuwenden (die Nennweite stimmt nur angenähert mit diesem Wert überein).

Beispiele:

1. Sollen 1000 kg/h Siedekondensat aus einem 6-bar-Netz in einen Kondensat-Entspanner unter einem Druck von 1,7 bar (= 1,7 ata) geleitet werden, so ist eine Leitung DN 50 zu verwenden.
2. Wird der Nachdampf aus dem Entspanner des Beispiels 1 abgezogen und kondensiert, so fallen wieder 1000 kg/h Siedekondensat an, jetzt aber aus 1,7 bar; um dieses Kondensat einem belüfteten Sammelgefäß (1 bar) zuzuführen, genügt eine Leitung DN 40 (D_i = 43 mm).
3. Fallen aus einer Begleitheizung 100 kg/h Kondensat aus einem 6-bar-Netz (158 °C) mit etwa 30 K Unterkühlung an, so ist von der Kondensattemperatur 128 °C auszugehen und eine Leitung DN 20 zu wählen.
4. Für 8000 kg/h Kondensat von 65 °C (bei 1 bar) ist eine Leitung DN 65 erforderlich.
5. Die nach Beispiel 1 für einen Kondensatanfall von 1000 kg/h ausgewählte Leitung DN 50 (D_i = 54,5 mm) leitet beim Anfahren bis zu 5500 kg/h kühles Kondensat mit Gefälle 1 : 100 ab.

Die Druckangaben des Diagrammes sind absolute Drücke.

7.1.27 Auslegung von Sattdampfleitungen bei max. 25 m/s Dampfgeschwindigkeit (Leitungslänge nicht über 50...100 m)

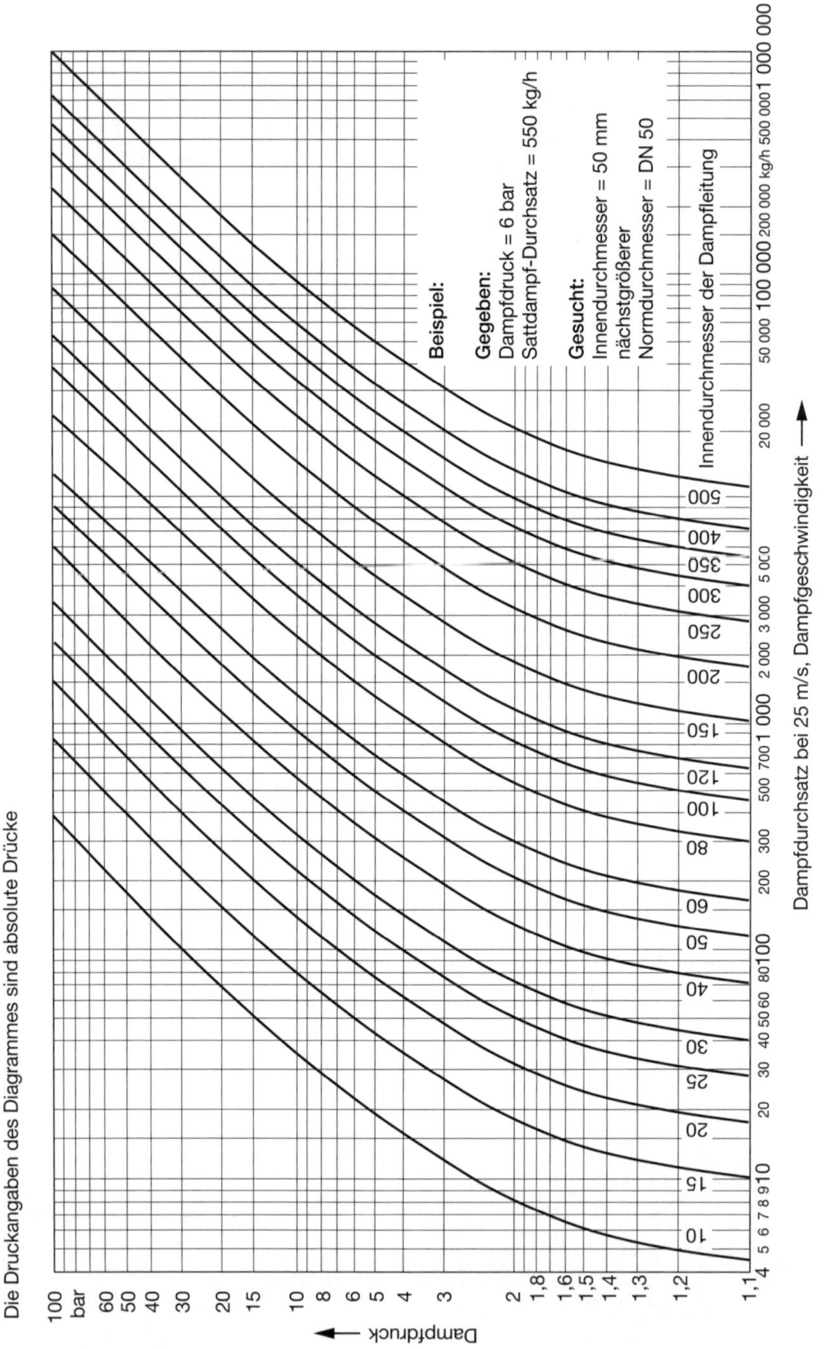

7.1.28 Nachverdampfung bei der Entspannung von Kondensat

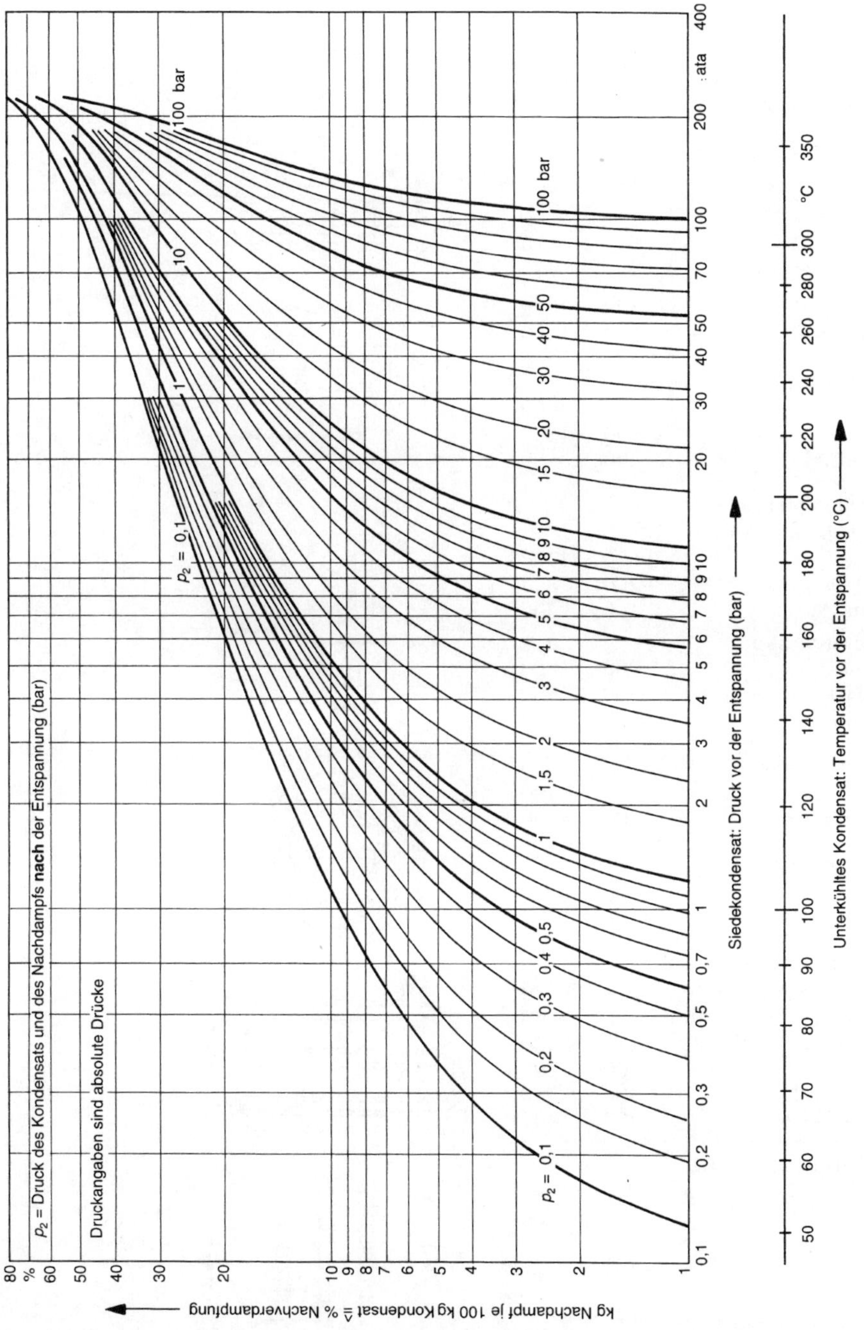

7.1.29 Anhaltswerte für den Wärmedurchgangskoeffizienten k bei Wärmeaustauschern

Bauart und Betriebsbedingungen	k W/(m^2 · K)
Rohrbündel-Wärmeaustauscher a)	
Gas/Gas	
Normaldruck ($p \approx 1$ bar)	5 ... 25
Hochdruck ($p > 200$ bar)	150 ... 500
Flüssigkeit/Gas	
Normaldruck ($p \approx 1$ bar)	15 ... 70
Hochdruck (Gas, $p > 200$ bar)	200 ... 400
Flüssigkeit/Flüssigkeit	150 ... 1200
Heizdampf/Flüssigkeit	300 ... 1200
Rohrbündel-Kondensator b)	
Wasserdampf	1500 ... 4000
Ammoniak (NH_3)	700 ... 1300
Halogen-Kältemittel	400 ... 800
Rohrbündel-Verdampfer c)	
Verdampfung im Mantelraum:	
Wasserdampf	600 ... 1700
Ammoniak (NH_3)	200 ... 800
Halogen-Kältemittel	150 ... 700
Verdampfung im Rohrraum:	
Wasserdampf	900 ... 3000
Ammoniak (NH_3)	500 ... 1500
Halogen-Kältemittel	250 ... 900
Plattenwärmeaustauscher *	
Gas/Flüssigkeit	20 ... 100
Flüssigkeit/Flüssigkeit	1200 ... 4500
Spiralwärmeaustauscher d)	
Dampf/Flüssigkeit	900 ... 3000
Flüssigkeit/Flüssigkeit	1700 ... 2300
Doppelrohr-Wärmeaustauscher e)	
Gas (Normaldr.)/Gas (Normaldr.)	10 ... 35
Gas (Hochdruck)/Gas (Normaldr.)	20 ... 60
Gas (Hochdruck)/Gas (Hochdruck)	150 ... 500
Flüssigkeit/Gas (Normaldruck)	200 ... 600
Flüssigkeit/Gas (Hochdruck)	400 ... 900
Flüssigkeit/Flüssigkeit	300 ... 1400
Luftgekühlte Wärmeaustauscher f)	
Luft/Gas	10 ... 35
Luft/Flüssigkeit	20 ... 60

* ohne Bild

a)

b)
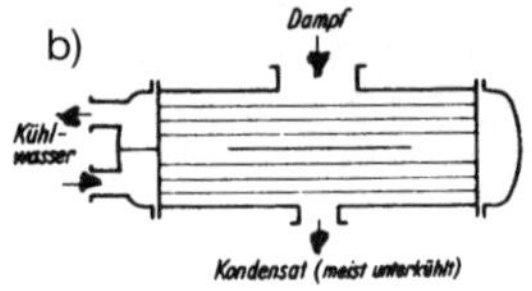

c)
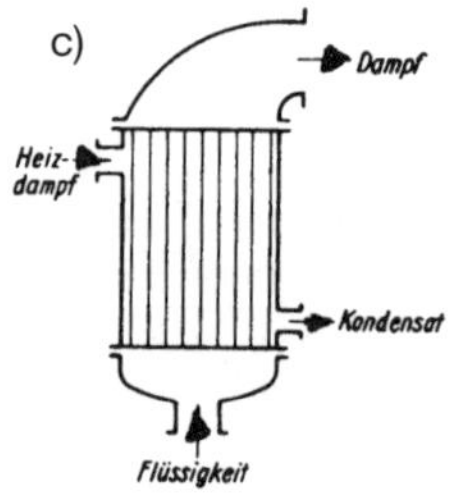

d)
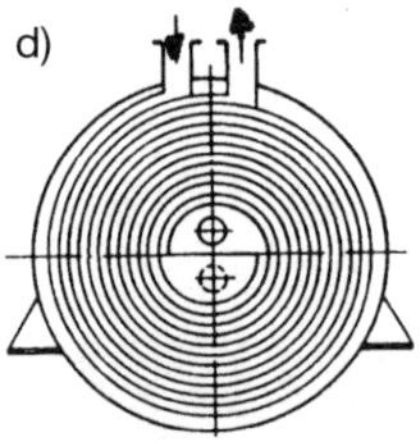

e)
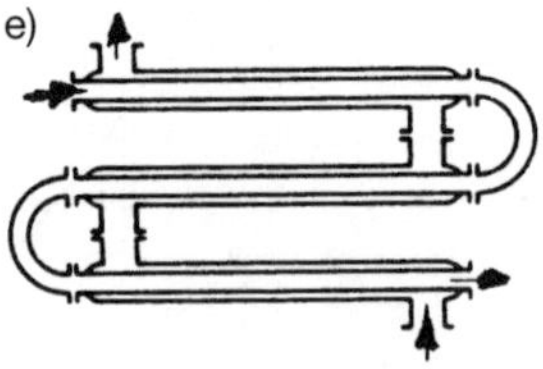

f)
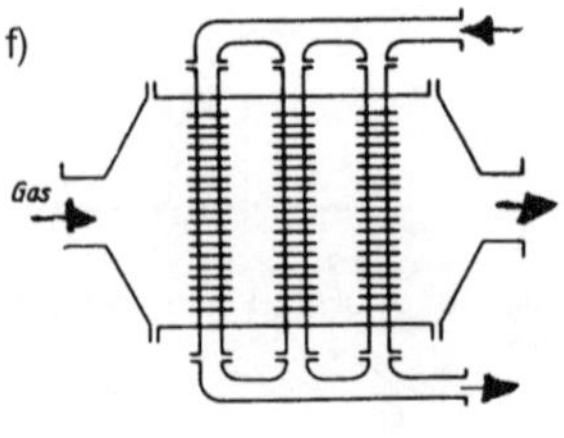

7.1.30 Mittlere Temperaturdifferenz für reinen Gleich- und Gegenstrom

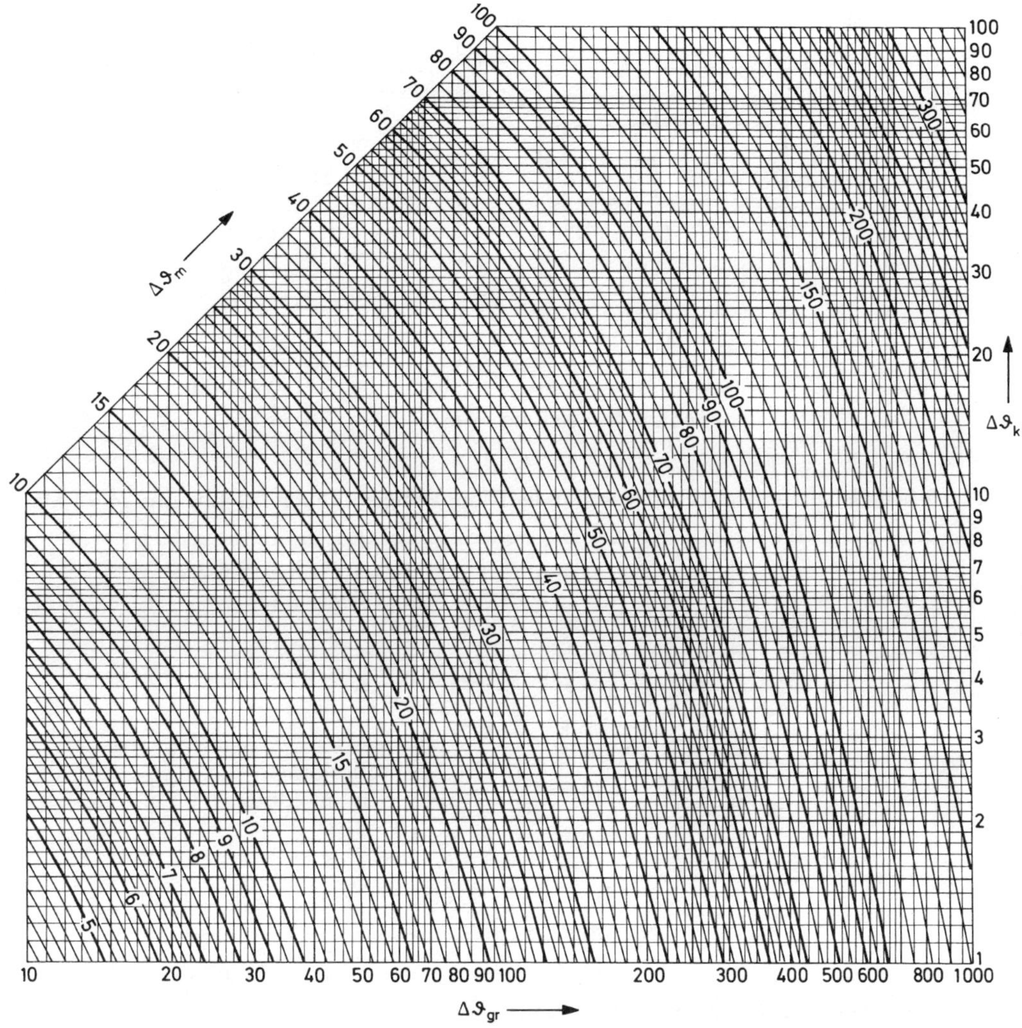

$$\Delta\vartheta_m = \frac{\Delta\vartheta_{gr} - \Delta\vartheta_{kl}}{\ln(\Delta\vartheta_{gr}/\Delta\vartheta_{kl})}$$

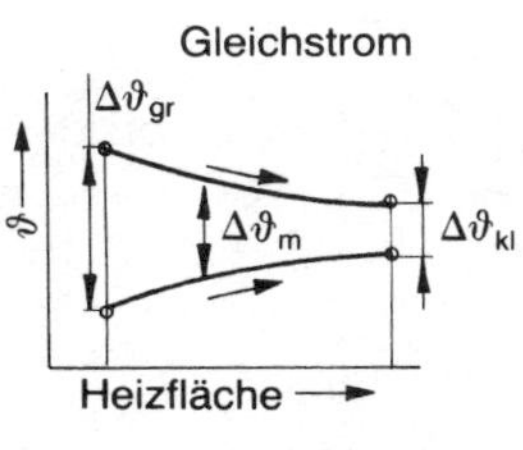

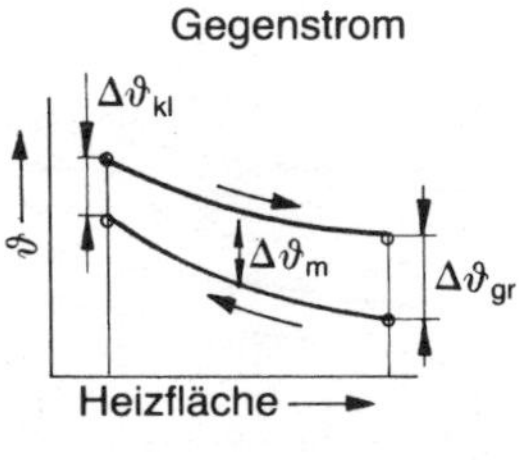

7.1.31 Richtwerte des Schalldruckpegels von Drehstrommotoren

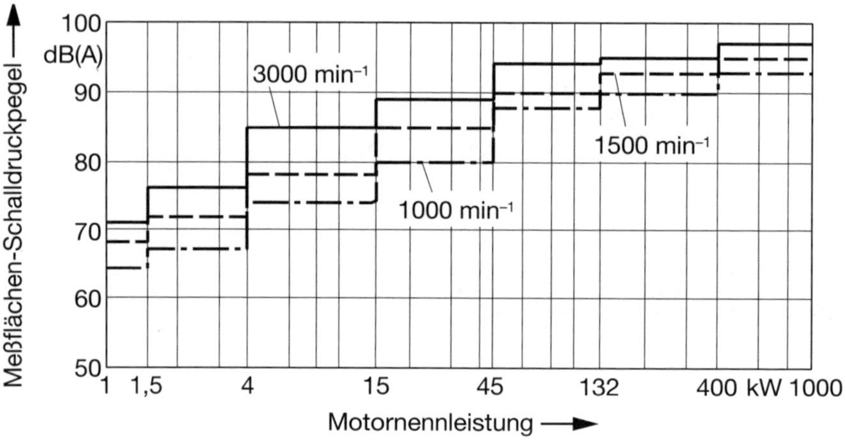

7.1.32 A-Schall-Leistungspegel an Spiral- oder Ringgehäusepumpen (Richtwerte) $P_0 = 1$ kW

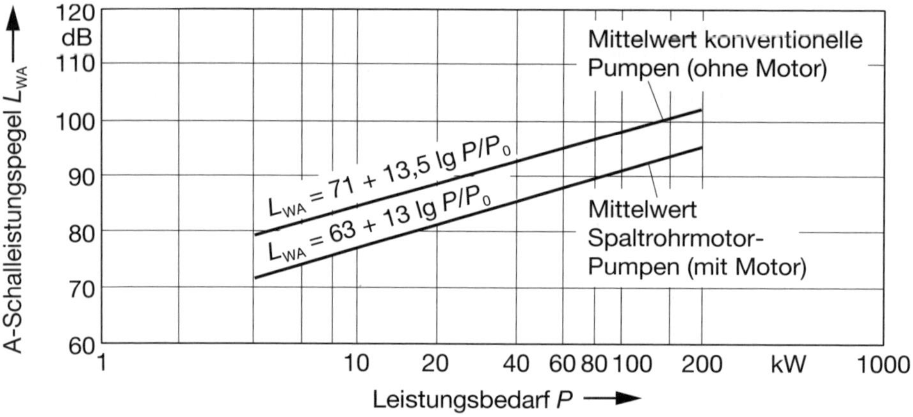

7.1.33 Schall-Leistungspegel von Ventilatoren

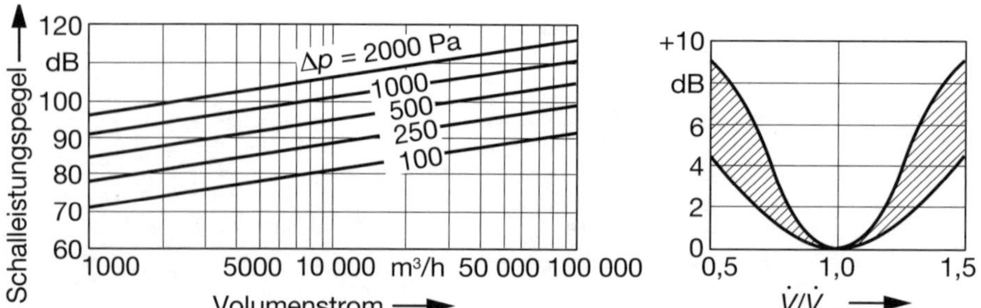

7.2 Konstruktion

7.2.1 Bildzeichen für Wärmekraftanlagen (nach DIN 2481)

Absperrarmatur, allgemein		Wasserdampf-erzeuger, Wasserdampfkessel		Abscheider, allgemein	
Armatur mit stetigem Stellverhalten		Wasserdampf-erzeuger, abhitzebeheizt		elektrostatischer Abscheider	
Absperrarmatur mit Sicherheitsfunktion		Wasserdampf-erzeuger mit Überhitzer, abhitzebeheizt		Rotations-abscheider, Fliehkraft abscheider	
Rückschlag-armatur allgemein		Wasserdampf-umformer		Naßabscheider	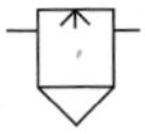
Kondensatableiter		Wasserdampf-erzeuger mit Überhitzer, Wasserdampfkessel mit Überhitzer	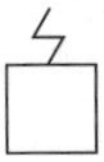	Kühlturm, allgemein	
Flüssigkeitspumpe, allgemein		Kernreaktor, allgemein		Feuerung, allgemein, Brenner, allgemein	
Kreiselpumpe		Oberflächen-Wärme-austauscher, allgemein, mit Kreuzung der Stoffflüsse		Antriebsmaschine mit Expansion des Arbeitsstoffs	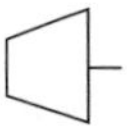
Verdichter, allgemein; Vakuumpumpe, allgemein		Oberflächen-Wärme-austauscher, allgemein, ohne Kreuzung der Stoffflüsse	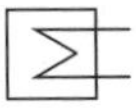	Stromerzeuger umlaufend, allgemein	
Zerkleinerungs-maschine, allgemein	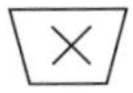	Wasserdampf-kondensator, allgemein	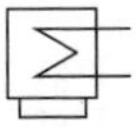	Elektromotor, allgemein	
Stetigförderer, allgemein	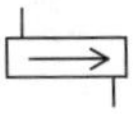	Wärmeverbraucher, allgemein		Entspanner	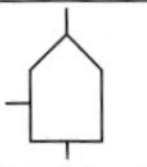
angetriebene mechanische Arbeitsmaschine	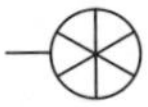	Behälter mit Rieselentgasung	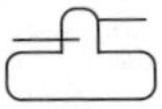	Behälter mit gewölbten Böden, allgemein	
Zuteiler für feste Stoffe, allgemein				Anlage zur chemischen Behandlung von Betriebswasser allgemein	

7.2.2 Transportabmessungen

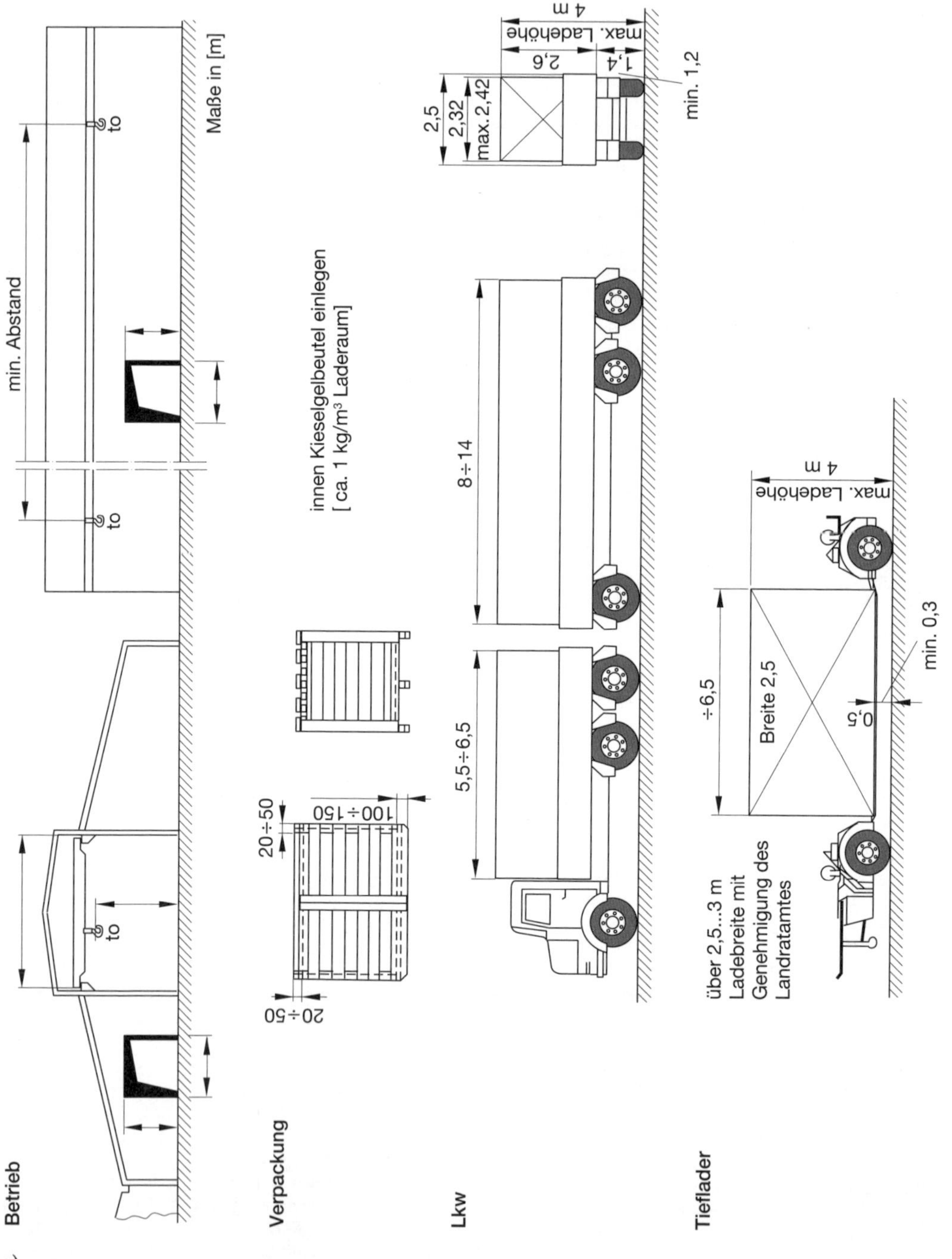

a)

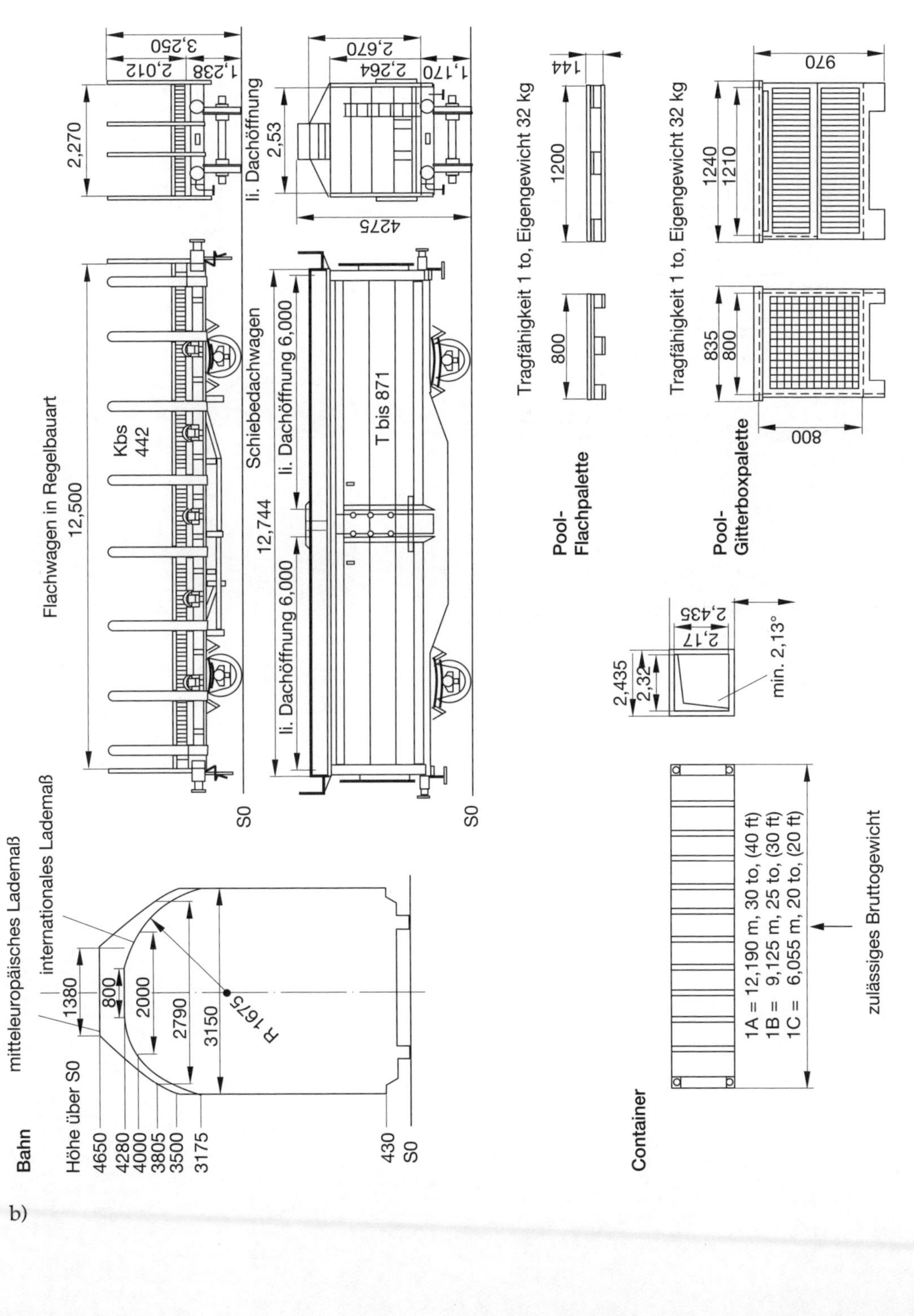
Bahn
Höhe über S0
mitteleuropäisches Lademaß
internationales Lademaß
4650
4280
4000
3805
3500
3175
430
S0
1380
800
2000
2790
3150
R 1675
Flachwagen in Regelbauart
12,500
Kbs
442
2,270
2,012
1,238
3,250
li. Dachöffnung
S0
Schiebedachwagen
12,744
li. Dachöffnung 6,000
li. Dachöffnung 6,000
T bis 871
2,53
4275
2,264
1,170
2,670
S0
Tragfähigkeit 1 to, Eigengewicht 32 kg
800
1200
144
Pool-
Flachpalette
Tragfähigkeit 1 to, Eigengewicht 32 kg
835
800
1240
1210
970
800
Pool-
Gitterboxpalette
Container
1A = 12,190 m, 30 to, (40 ft)
1B = 9,125 m, 25 to, (30 ft)
1C = 6,055 m, 20 to, (20 ft)
zulässiges Bruttogewicht
2,435
2,32
2,17
2,435
min. 2,13°

b)

7.2.3 Mindestabstände von Leitungen

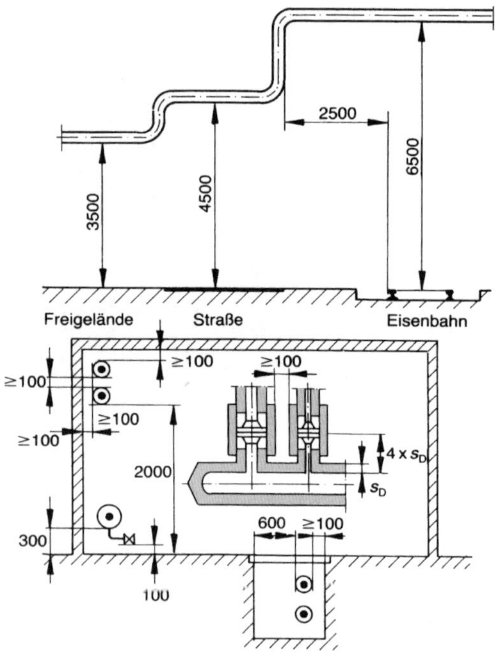

Mindestabstand zwischen Behältern, Apparaten usw. ≥ 1000 mm

7.2.4 Rohrbrücke

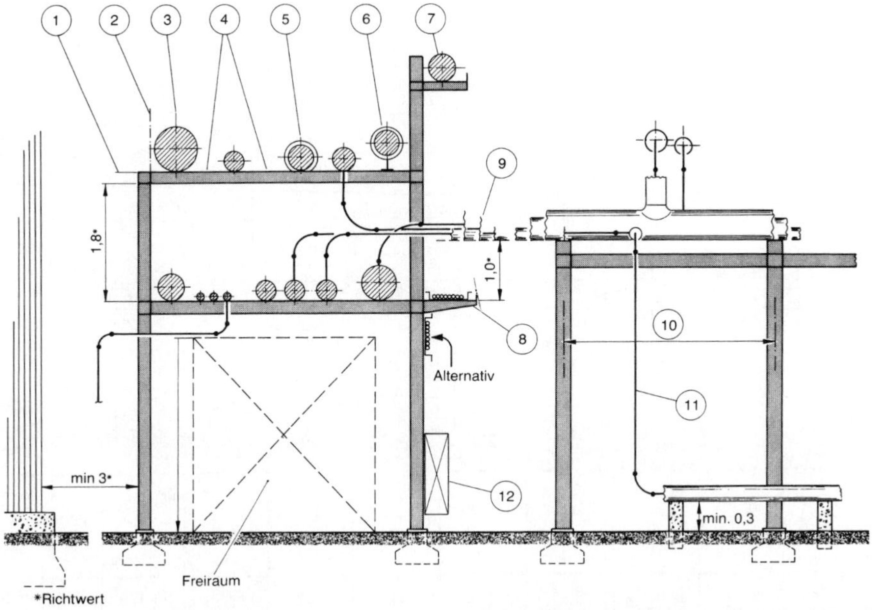

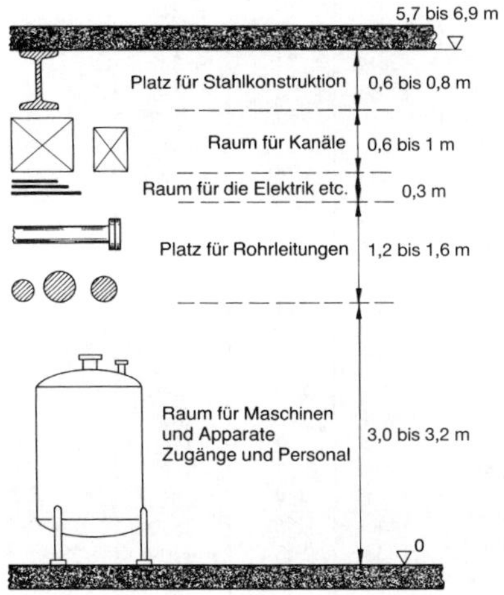

1. Bei der Verwendung einer zweifachen Belegung übereinander wird obenauf das Hilfssystem (Luft, Wasser, Dampf) verlegt.
2. Die Rohrleitungen sollen nicht über die senkrechte Stütze hinaus verlegt werden, um nachträglich noch einen Aufbau zu ermöglichen.
3. Flüssigkeitsgefüllte Leitungen möglichst außen verlegen, wegen Durchbiegung der horizontalen Träger.
4. Möglichst Platz lassen für zukünftige Rohrleitungen.
5. Heißgehende Rohrleitungen ($\vartheta > 100$ °C) mit Wärmedämmung versehen und auf Gleitstützen legen. Wärmedehnung beachten.
6. Warmgehende Rohrleitungen ($\vartheta \leq 100$ °C) können im Querträgerbereich an der Wärmedämmung ausgespart werden.
7. Sammlerposition.
8. Elektroleitung am besten außerhalb der Rohrbrücke anordnen.
9. Bei Richtungswechsel möglichst auch die Höhe ändern, um zukünftige Rohrleitungen nicht zu versperren.
19. Übliche Breite nicht über 7,5 m. Falls mehr Raum benötigt wird, dann sollte man zu einem Doppeldeck übergehen.
11. Leitung solte entleerbar sein.
12. Örtliche Hilfssystemversorgung (Dampf, Druckluft und Wasser); Elektrische Steuerung und Löschanschluss an senkrechter Stütze befestigen. Die Anschlüsse für Hilfssysteme sollten min. DN 25 sein.

7.2.5 U-Rohr-Wärmeaustauscher (2-2-Wege), Rohr 12 mm ∅ (Heizfläche), Maße und Gewichte

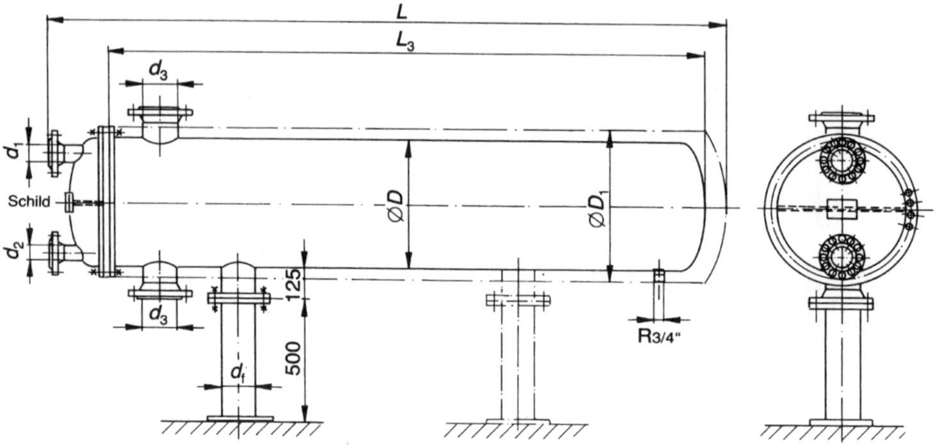

HF m²	DØ mm	D_1Ø mm	L_3 mm	L mm	d_fØ mm	$d_1 = d_{2*)}$ DN	$d_{3*)}$ DN	Inhalt Gehäuse l	Inhalt System¹) l	Masse²) kg
0,5	139	230	630	905	1 × 60	25	32	8	1,5	48
1,25	139	230	1535	1810	1 × 60	25	32	20	3	77
1,5	168	260	982	1265	1 × 60	32	50	19	4	80
3,0	168	260	1930	2215	1 × 60	32	50	38	6	121
3,5	219	310	1063	1365	1 × 76	40	65	35	9	121
7,5	219	310	2216	2515	2 × 76	40	65	75	17	211
8,0	273	365	1435	1745	1 × 76	50	80	75	19	206
15	273	365	2625	2935	2 × 76	50	80	140	34	340
16	324	415	1889	2210	1 × 89	65	100	141	38	347
25	324	415	2900	3220	2 × 89	65	100	218	57	507
27,5	350	440	2578	2910	2 × 89	65	100	229	63	519
32,5	350	440	3029	3360	2 × 89	65	100	270	74	594
35	400	490	2462	2805	1 × 114	80	125	286	88	633
47,5	400	490	3298	3645	2 × 114	80	125	386	108	808
50	450	540	2651	3010	2 × 114	100	150	398	117	825
65	450	540	3410	3770	2 × 114	100	150	508	148	1024
70	500	610	2952	3320	2 × 139	125	200	542	164	1124
90	500	610	3754	4135	2 × 139	125	200	693	205	1377
95	550	660	3242	3620	2 × 168	125	200	723	221	1435
120	550	660	4054	4435	2 × 168	125	200	909	273	1740
130	600	710	3634	4030	2 × 168	150	250	968	300	1868
150	600	710	4166	4560	2 × 168	150	250	1114	342	2106
160	650	760	3775	4185	2 × 219	150	300	1176	367	2327
190	650	760	4447	4855	2 × 219	150	300	1391	429	2683
200	700	810	4020	4445	2 × 219	200	300	1455	456	2819
225	700	810	4498	4925	2 × 219	200	300	1633	508	3109
250	750	860	4427	4860	2 × 273	200	300	1836	568	3518
275	750	860	4847	5280	2 × 273	200	300	2015	620	3813
300	800	910	4594	5040	2 × 273	250	350	2171	622	4101
325	800	910	4956	5400	2 × 273	250	350	2346	734	4389
350	850	960	4674	5125	2 × 324	250	350	2496	794	4663

1) System = Bündel (Rohr 12 × 1) Vorkopf
2) Masse mit Dämmung und Säulen, bei Stahlrohr 12 × 1,5, bei Betriebsdruck 10/10 bar
*) Die Anschluß-DN sind Mittelwerte.
Genaue Abmessungen sind in Abhängigkeit von der Leistung festzulegen

7.2.6 Hauptabmessungen sowie Heizflächen bei einem Rohrbündel-Wärmeübertrager

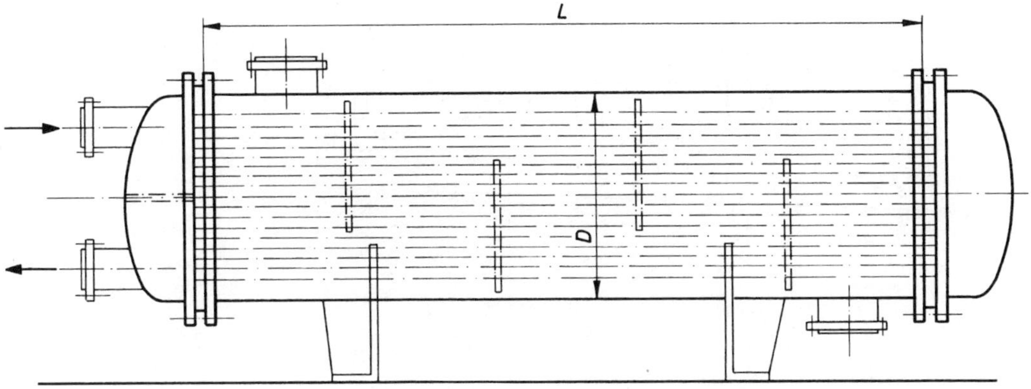

Mantelaußen-durchmesser	D	mm	219	267	324	419	508	600	700	800	900	1000	1100	1200
Innenrohr	d	mm	25 × 2	25 × 2	25 × 2	25 × 2	25 × 2	25 × 2	25 × 2	25 × 2	25 × 2	25 × 2	25 × 2	25 × 2
Rohrteilung	t	32 Δ	32 Δ	32 Δ	32 Δ	32 Δ	32 Δ	32 □	32 □	32 □	32 □	32 □	32 □	32 □
Anzahl der Rohre je Führung			11	18	30	57	83	11	156	206	264	334	411	486
Anzahl der Rohre			22	36	60	114	166	222	312	412	528	668	822	972
Anzahl der Führungen			2	2	2	2	2	2	2	2	2	2	2	2
Länge L in m	Austauschfläche A in m^2													
1,0			1,5	2,6	4,3	8,2	12,0	16,0	22,5	29,7	38,1	48,3	59,4	70,2
1,5			2,3	3,9	6,5	12,3	18,0	24,0	33,8	44,6	57,7	72,4	89,1	105,3
2,0			3,1	5,2	8,6	16,4	24,0	32,1	45,1	59,5	76,3	96,6	118,8	140,5
2,5			3,9	6,5	10,8	20,6	30,0	40,1	56,4	74,4	95,4	120,7	148,5	175,6
3,0			4,7	7,8	13,0	24,7	36,0	48,1	67,6	89,3	114,5	144,9	178,2	210,7
4,0			6,3	10,4	17,3	32,9	48,0	64,2	90,2	119,1	152,6	193,2	237,7	281,0
5,0			7,9	13,0	21,7	41,2	60,0	80,2	112,8	148,9	190,8	241,5	297,1	351,3

7.2.7 Bezeichnung von Wärmeaustauscher-Bauelementen nach TEMA

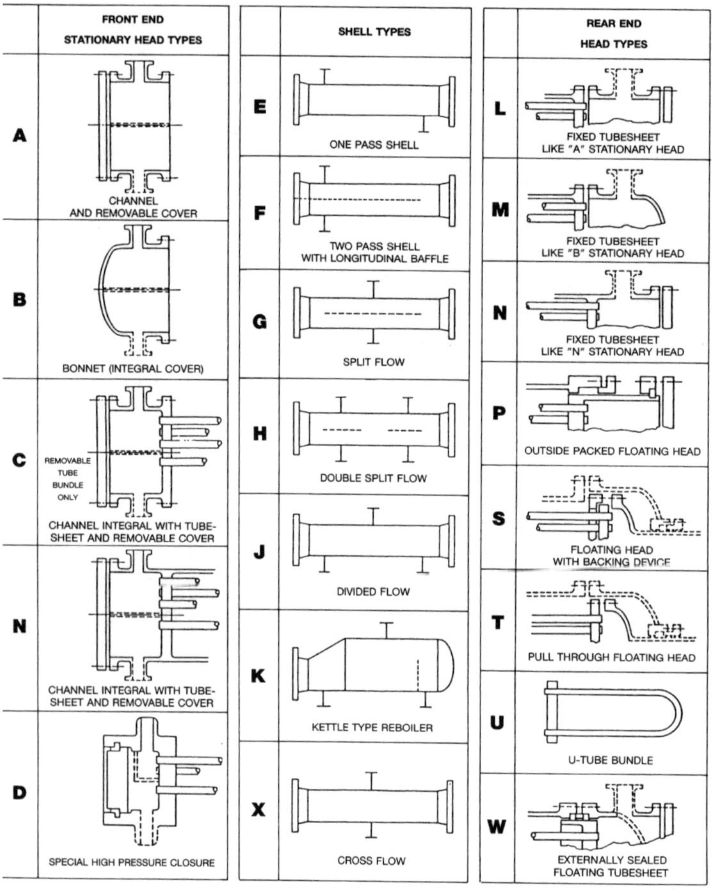

A Front End Stationary Head Types = Ausführung des festen Stirnbodens
Channel and Removable Cover = Vorkammer und abnehmbarer Deckel
B Bonnet (Integral Cover) = Haubenboden (in einem Stück mit Mantel)
C Removable Tube Bundle only = nur mit ausziehbarem Rohrbündel
Channel Integral with Tube-Sheet and Removable Cover = Vorkammer in einem Stück mit dem Rohrboden, abnehmbarer Deckel
D Special High Pressure Closure = mit HD-Verschluss in Sonderausführung
E Shell Types = Mantelausführungen
One Pass Shell = Mantel mit einem Durchgang
F Two Pass Shell with Longitudinal Baffle = Mantel mit zwei Durchgängen und längs eingebautem Leitblech
G Split Flow = geteilte Strömung
H Double Split Flow = doppelt geteilte Strömung
J Divided Flow = geteilte Strömung ohne Leitblech
K Kettle Type Reboiler = Kettle-Typ-Verdampfer
X Cross Flow = Kreuzstrom
L Rear End Head Types = Ausführung des hinteren Bodens
Fixed Tubesheet Like «A» Stationary Head = fester Rohrboden, ähnlich dem festen Boden A
M Fixed Tubesheet Like «B» Stationary Head = fester Rohrboden, ähnlich dem festen Boden B
N Fixed Tubesheet Like «N» Stationary Head = fester Rohrboden, ähnlich dem festen Boden «N»
P Outside Packed Floating Head = außen dichtgepackter Schwimmkopf
S Floating Head with Backing Device = Schwimmkopf mit Gegenhalter
T Pull Through Floating Head = durchgezogener Schwimmkopf
U U-Tube Bundle = U-Rohr-Bündel
W Externally Sealed Floating Tubesheet = außen abgedichteter Schwimmkopf-Rohrboden

7.2.8 Druck-Temperatur-Zuordnungen für nichtaustenitische Stähle nach DIN EN 1092-1 : 2008-9

Werkstoffe siehe «Rohrleitungstechnik» [7.1]
Gruppe; 3EO, $v_R \leq 50$ mm

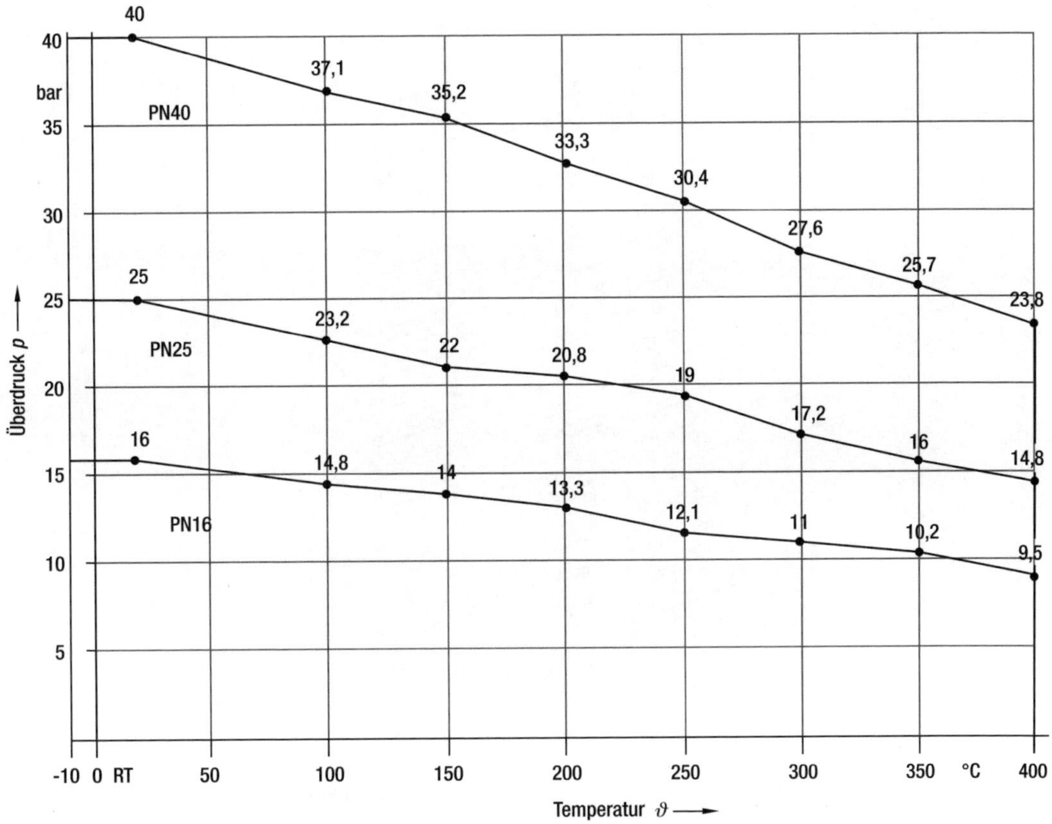

7.2.9 Übersichtsdiagramm zur Bestimmung der Baugrößen von Radialventilatoren

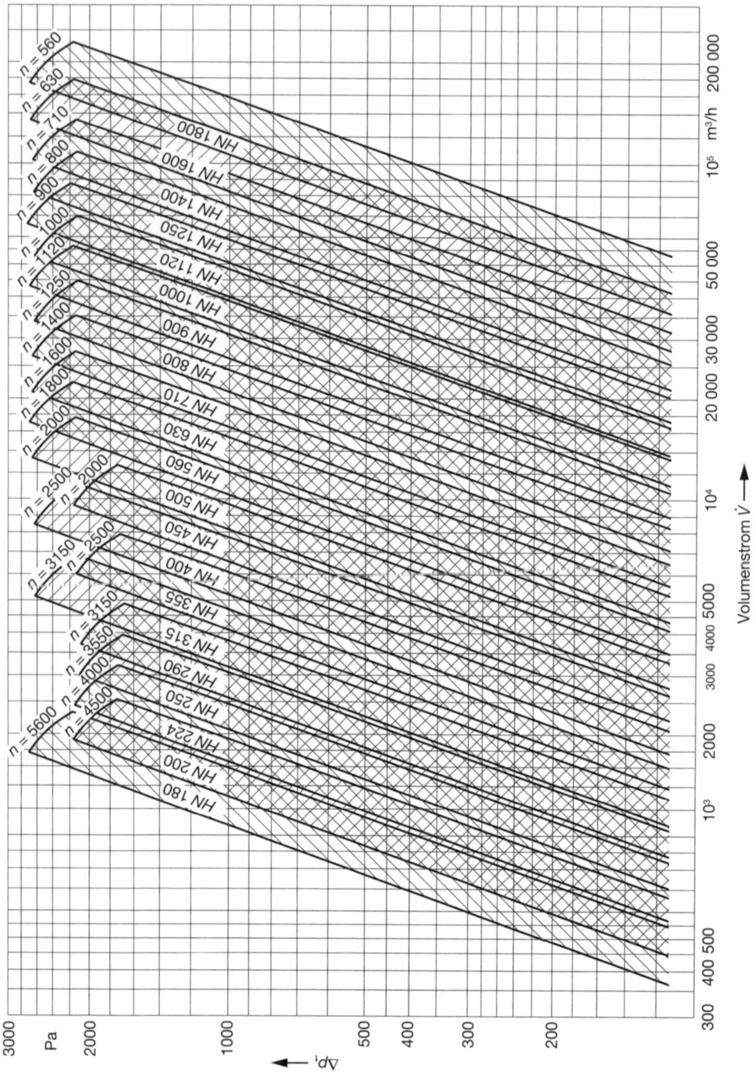

Das Diagramm enthält die Kennlinienzonen für einen Gesamtwirkungsgrad über 85% und dient zur Bestimmung der in Frage kommenden Baugrößen.
Die genauen Leistungsdaten sind den besonderen Kennlinienblättern zu entnehmen.
Hinsichtlich der Maximaldrehzahlen sind die Einzelkennlinienblätter zu beachten.

HN... ≙ saugseitiger ∅ (mm)

Leistung: $P = \dfrac{\dot{V} \cdot \Delta p}{10^3 \cdot \eta_V}$ $\qquad \dfrac{\Delta p_{t,1}}{\Delta p_{t,2}} = \left(\dfrac{n_1}{n_2}\right)^2$

P in kW
$\dot{V}$ in m³/h
Δp in Pa

7.2.10 Kennfelder von Kreiselpumpen

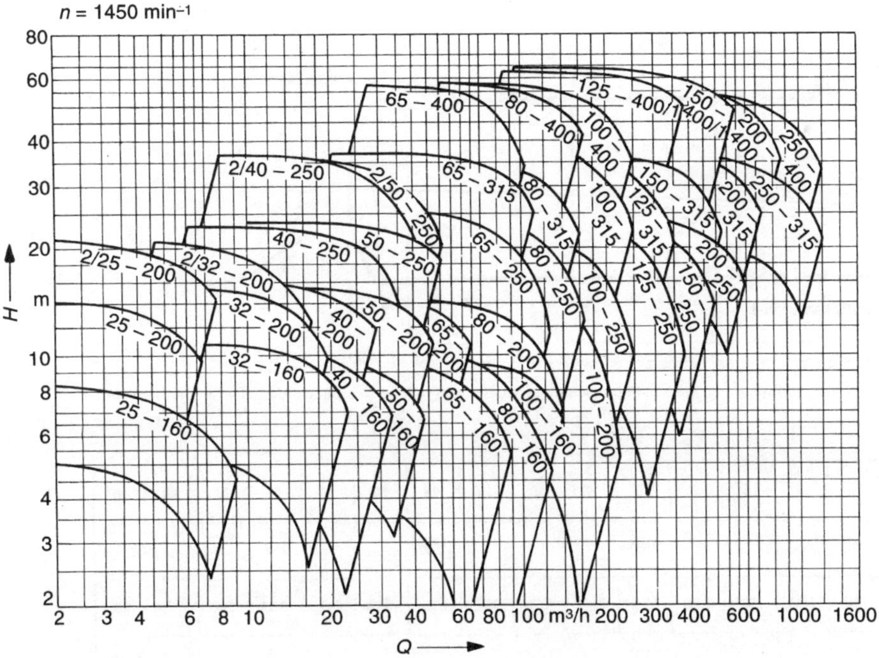

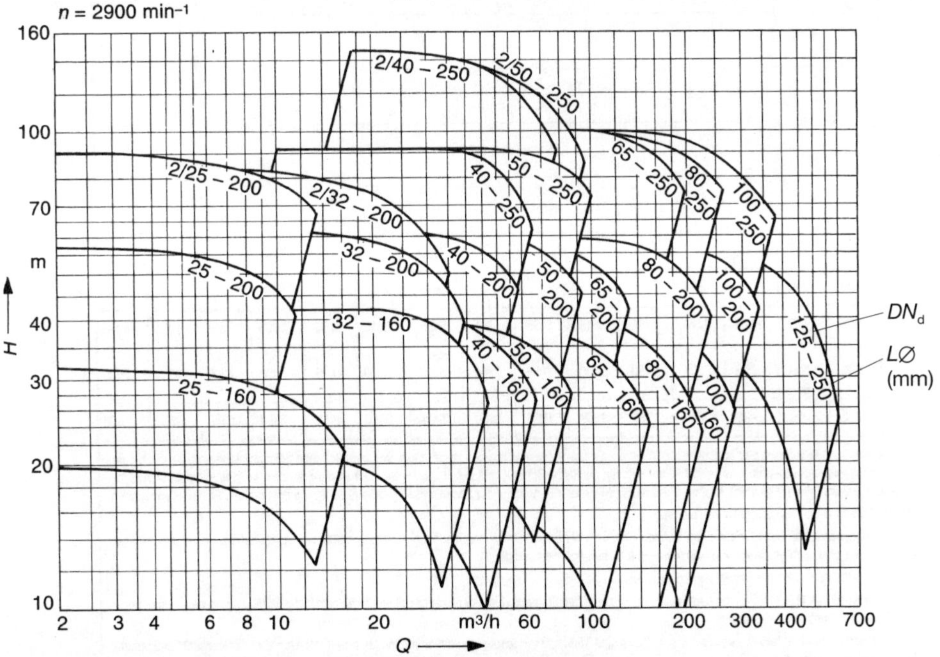

Genaue Leistungsdaten sind den Einzelkennlinien zu entnehmen.

7.2.11 Liegende Behälter (n. DIN 6615)

Form A ohne Halsstutzen

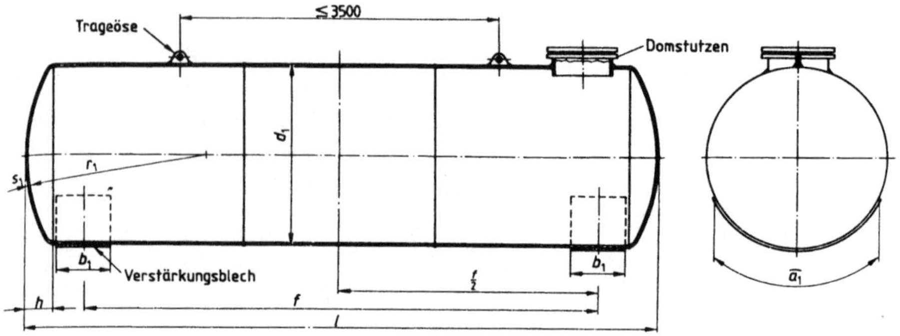

Behälter Form A ohne Halsstutzen können auch in doppelwandiger Ausführung (D) hergestellt werden. Hierfür gilt DIN 6608 Teil 2 sinngemäß.

Volumen ¹) in m³ min.	1	3	5	7	10	13	16	20	25	30	40	50	60	80	100
Außendurchmesser d_1	1000	1250	1600					2000			2500			2900	
Behälterlänge l max.	1510	2740	2820	3740	5350	6960	8570	6960	8450	10 120	8800	10 800	12 800	12 750	15 950
Bodenhöhe $h \approx$	180	220	260					320			400			450	
Blechdicke ²) (Nennmaß) s_1	5							6			7			9	
Lichte Weite des Domstutzens ³)	500							600							
Lichte Weite des Halsstutzens ⁴)	siehe Tabelle 3														
Anzahl der Trageösen ⁵)	–	1				2									
a_1	750	950	1670					2090			3300			3790	
b_1	250	300	350			525		610			970			1390	
f	800	1750	1770	2770	4290	5625	7135	5395	7005	8615	6760	8820	10 880	10 295	13 360
Masse in kg, Form A und C	265	560	740	930	1250	1550	1850	2400	2850	3400	4400	5300	6300	9500	11 500
Masse in kg, Form B	305	600	790	980	1300	1600	1900	2400	2900	3450	4450	5350	6350	9550	11 600

¹) Im Bereich bis 30 m³ Volumen sind neben den angegebenen Volumina (Größen) Zwischengrößen zugelassen. Den angegebenen Volumina kann auch der nächstgrößere Außendurchmesser zugeordnet werden. In beiden Fällen müssen die Blechdicke s_1 und die Größe der Verstärkungsbleche dem Außendurchmesser entsprechend in der Zuordnung nach Tabelle 1 gewählt werden. Für diese Behälter ist der Abstand der Sockelmitten (Maße f) zu errechnen und dem Besteller anzugeben.

²) Siehe DIN 1541 und DIN 1543 (nur eingeschränkte Toleranz)

³) Auf besondere Bestellung können für Behälter mit einem Volumen von 5 bis 16 m³ auch Dome mit einer lichten Weite von 600 mm und für Behälter mit einem Volumen ab 20 m³ auch Dome mit einer lichten Weite von 800 mm und 1000 mm geliefert werden.

⁴) Die lichte Weite des Halsstutzens ist bei Bestellung anzugeben.

⁵) Behälter mit einem Volumen von 1 bis 10 m³ haben eine Trageöse über dem Schwerpunkt. Liegt der Dom bei diesen Behältern in der Mitte, so sind zwei Trageösen in gleichem Abstand vom Schwerpunkt angeordnet.
Behälter mit einem Volumen ab 13 m³ haben zwei Trageösen. Diese sind 3500 mm voneinander entfernt und in gleichen Abständen vom Schwerpunkt angebracht. Zusätzliche Trageösen sind zulässig.

Form B mit Halsstutzen

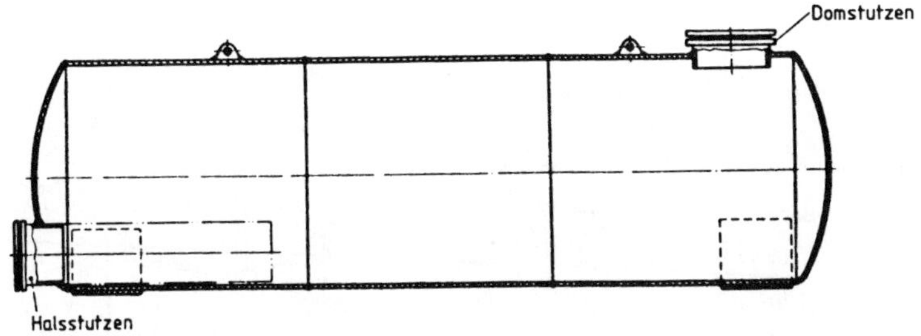

Übrige Angaben und Maße wie Form A

Form C mit Domstutzen im Behälterboden (für Einbau in Gebäuden)

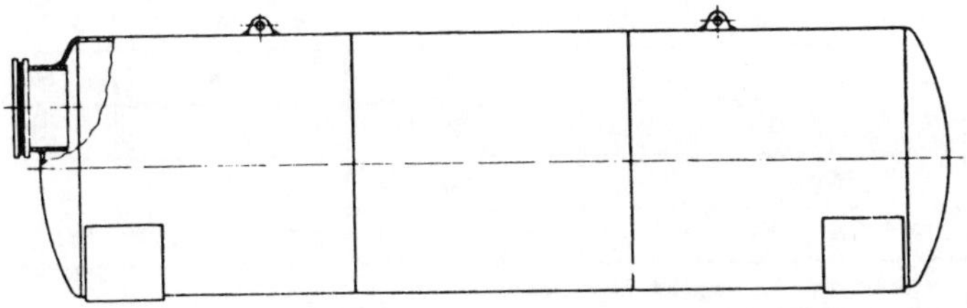

Domstutzen im Behältermantel (Form A, B und C)

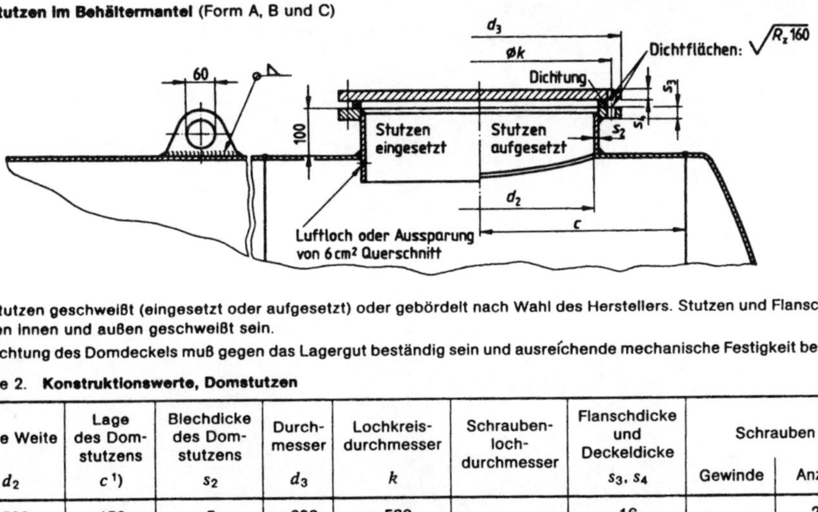

Domstutzen geschweißt (eingesetzt oder aufgesetzt) oder gebördelt nach Wahl des Herstellers. Stutzen und Flanschringe müssen innen und außen geschweißt sein.

Die Dichtung des Domdeckels muß gegen das Lagergut beständig sein und ausreichende mechanische Festigkeit besitzen.

Tabelle 2. **Konstruktionswerte, Domstutzen**

Lichte Weite d_2	Lage des Domstutzens c [1]	Blechdicke des Domstutzens s_2	Durchmesser d_3	Lochkreisdurchmesser k	Schraubenlochdurchmesser	Flanschdicke und Deckeldicke s_3, s_4	Schrauben Gewinde	Schrauben Anzahl
500	450	5	620	580		16		28
600	500	6	720	680	18	16	M 16	32
800	600	7	920	880		20		44
1000	700	7	1120	1080				48

[1]) Der Abstand des Domstutzens von Behälterboden (Maß c) kann auf besondere Vereinbarung auch vergrößert oder verringert werden, wobei im letzten Fall $c = \frac{d_2}{2} + 50\,\text{mm}$ nicht unterschritten werden darf.

Aufstellung

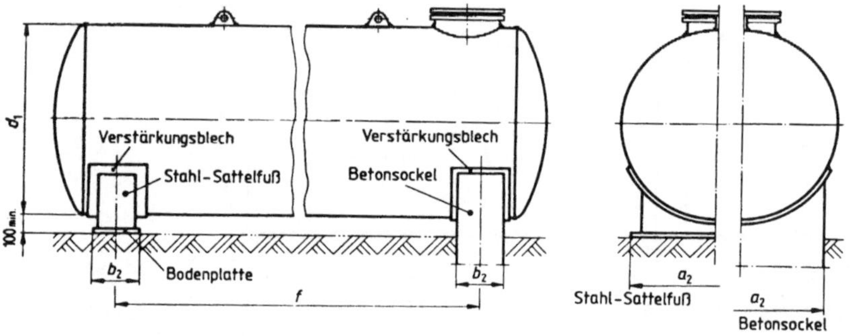

Stahlsockel und Betonsockel, Maße

Volumen in m³	1	3	5	7	10	13	16	20	25	30	40	50	60	80	100
d_1	1000	1250	1600					2000			2500			2900	
a_2	700	900	1390					1750			2390			2810	
b_2	200	250	300			475		550			900			1300	
f [1])	800	1750	1770	2770	4290	5625	7135	5395	7005	8615	6760	8820	10 880	10 295	13 360

[1]) Der Abstand der Sockelmitten entspricht dem Abstand der Verstärkungsbleche (siehe Tabelle 1)

7.2.12 Sättel für liegende Behälter, Form E nach DIN 28 080

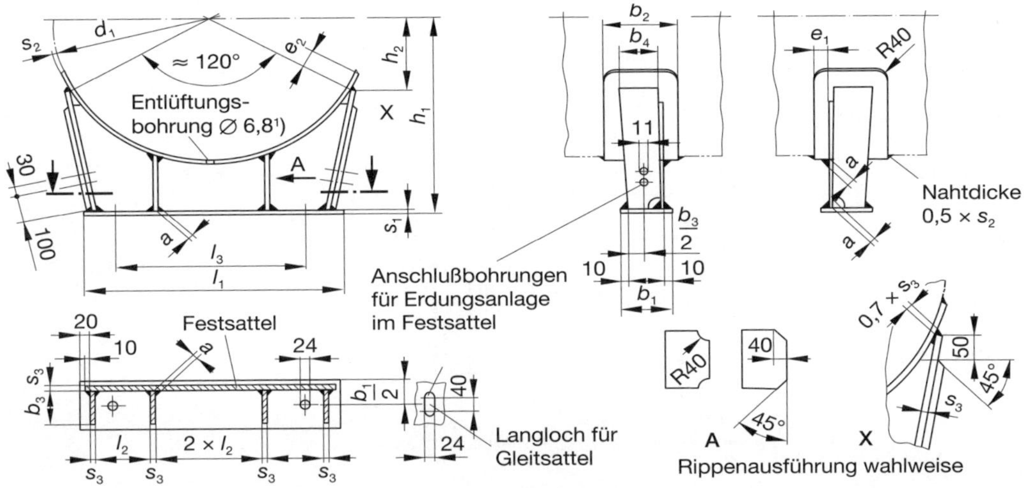

Außen-durchmesser d_1	Höhe h_1	Grundplatte l_1	b_1	s_1	Verstärkungsblech b_2	s_2	e_1	e_2	Bogenlänge	Steg und Rippen b_3	b_4	l_2	s_3
1000	700	750	120	10	200	6	30	50	1161	90	130	170	8
1100	750	900	160		240	8	40		1270	130	150	207	
1200	800								1375				
1400	900	1150	200	12	300			60	1640	170	210	267	10
1600	1050								1814				
1800	1150	1450		14				80	2063			343	
2000	1250								2272				

Außen-durchmesser	Höhe	Befestigungsschrauben Gewinde	Abstand l_3	Kehlnähte a min.	Gewicht je Sattel kg ≈
1000	250	M 20	600	3	46
1100	275		750	4	58
1200	300				59
1400	350		1000		98
1600	400				107
1800	450		1300		143
2000	500				144

Außenmaß von Fundamenten (Länge × Breite) Für $d_1 \leq 508$ mm: (l_1 + 100 mm) × 200 mm; Für $d_1 \geq 600$ mm: (l_1 + 150 mm) × (b_1 + 200 mm)

Steinschrauben und Fundamentaussparung

Steinschrauben für Sättel nach DIN 28 080

Steinschraube*)	Fundamentaussparungen Querschnitt mm	Tiefe
DIN 529 – M 16 × 200	70 × 70	Abhängig von der Fundamentausführung und dem Montageablauf
DIN 529 – M 20 × 250	85 × 85	
DIN 529 – M 24 × 250	100 × 100	
DIN 529 – M 30 × 320	120 × 120	

*) Es werden Vorzugslängen gewählt (s. Norm)

7.2.13 Apparat mit Profilfüßen nach DIN 28 081

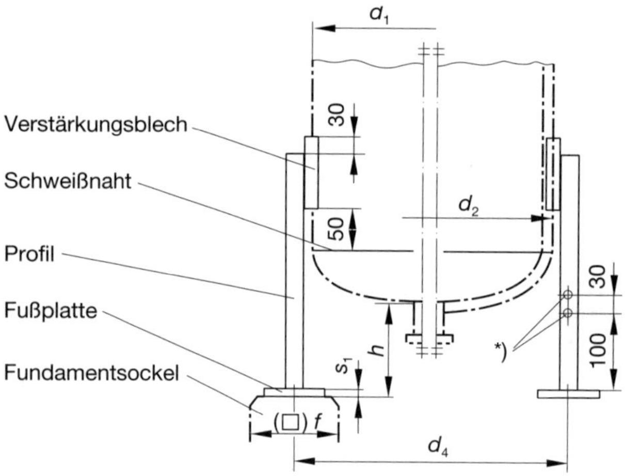

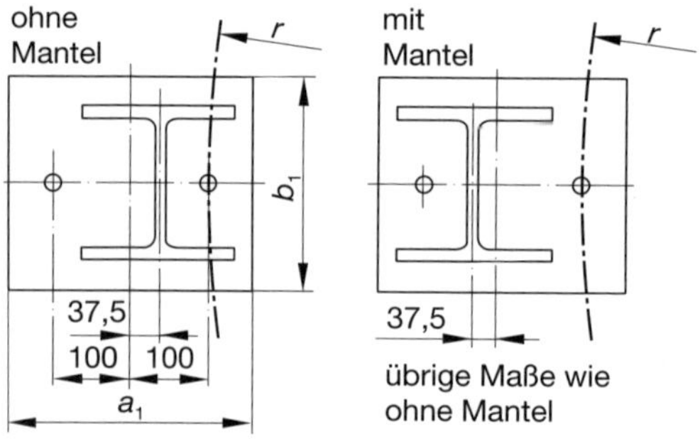

Apparate-Nenndurchmesser d_1	Apparatemantel-außendurchmesser d_2	Profil nach DIN 1025 T 2, 1026, 1028 (s. Normen)	Fußplatte				
			a_1	b_1	d_3	r	s_1
3200	3350	IPB 200	320	280	24	1650	25
3400	3550	IPB 200	320	280	24	1750	25
3600	3750	IPB 200	320	280	24	1850	25
3800	3950	IPB 200	320	280	28	1950	30
4000	4150	IPB 200	320	280	28	2050	30

Apparate-Nenndurchmesser d_1	Verstärkungsblech			Fundamentsockel	
	a_2	b_2	s_2	f	d_3
3200	260	430	10	440	3500
3400	260	430	10	440	3700
3600	260	430	10	440	4100
3800	260	430	10	440	4100
4000	260	430	10	440	4300

7.2.14 Rohrfüße für stehende Apparate nach DIN 28 018 T1

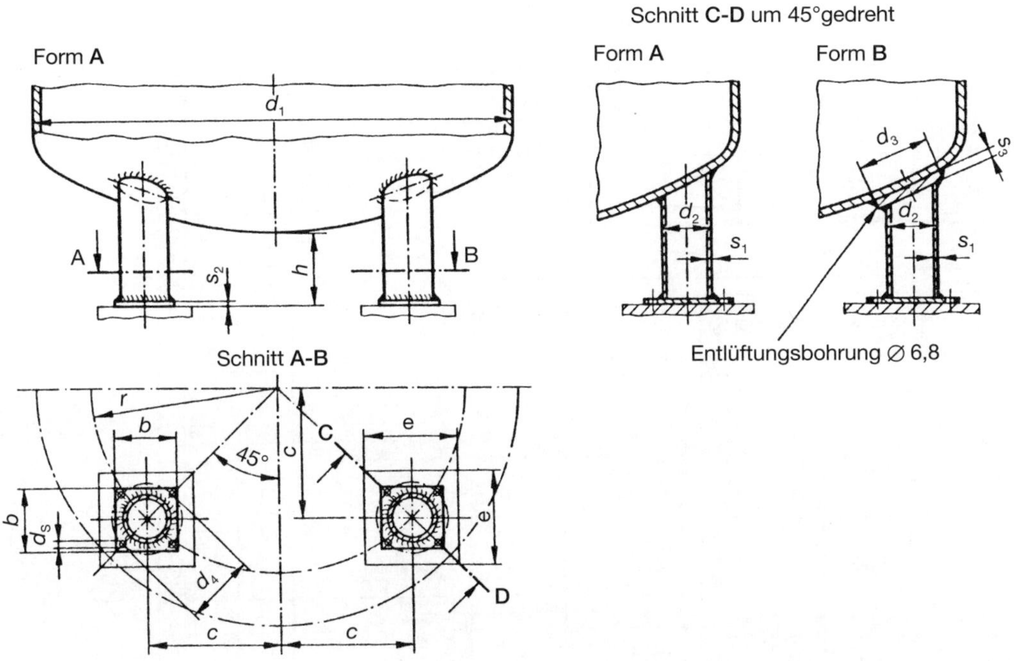

Apparate-Nenndurchmesser d_1	Rohr d_2	Rohr s_1	Verstärkungsblech d_3	Fußplatte b	Fußplatte s_2	Fußplatte d_4	Fußplatte d_5	Fußplatte r	Fußplatte c
800	88,9	5	120	150	12	160	18,5	310	219
900	88,9	5	120	150	12	160	18,5	340	240
1000	114,3	5,6	150	160	12	180	18,5	380	268
1100	114,3	5,6	150	160	12	180	18,5	430	304
1200	114,3	5,6	150	160	12	180	18,5	460	325

Apparate-Nenndurchmesser d_1	Schraube**) Gewinde	Schraube**) Länge	Fundament □e	Gewicht*) in kg ≈ je Fuß Form A	Gewicht*) in kg ≈ je 100 mm Verlängerung
800	M 16	200	240	4,2	0,7
900	M 16	200	240	4,3	0,7
1000	M 16	200	260	5,6	1
1100	M 16	200	260	5,7	1
1200	M 16	200	260	5,8	1

*) Für Rohr und Fußplatten aus unlegiertem Stahl. Bei Form B ist das Gewicht des gewählten Verstärkungsbleches zu addieren.

**) z.B. Steinschrauben nach DIN 529 (s. Norm)

7.3 Datenblätter

7.3.1 Datenblatt für Kreiselpumpen

KREISELPUMPEN DATENBLATT

Nr	Links	Mitte	Rechts	Nr
1	Anlage:		Verwendung:	1
2			Anforderungsgrad:	2
	Anzahl / Pumpen-Typ und -Größe: horizontal 1) / vertikal 1)	Maschinen-Nr des Herstellers	Antrieb: Art / Typ, Größe; Positions-Nr	
3	Betrieb			3
4	Reserve			4
5	Besteller: Anfrage-Nr: Datum:		Lieferer: Projekt-Nr: Datum:	5
6	Bestell-Nr: Datum:		Auftrags-Nr: Datum	6
7	Bedingungen am Aufstellungsort:			7
	Arbeitsbedingungen			
8	Fördergut	Förderstrom: Auslegung m³/h	NPSH bei Ausleg./max. Förderstrom: NPSHA m	8
9	Feststoffgehalt Masse %	Förderstrom: normal/max. m³/h	NPSHR m	9
10	Korr. Bestandteile	Förderstrom: min. erf./zul. m³/h	Ausleg. Drehzahl Pumpe min⁻¹	10
11	Erosive Bestandteile	Eintrittsdruck: Ausleg. bar	Leistungsbedarf Pumpe Pa: Ausleg. kW	11
12	Arbeitstemperatur t_A °C	Eintrittsdruck: max. bar	Leistungsbedarf Pumpe Pa: normal kW	12
13	Dichte bei t_A kg/dm³	Austrittsdruck: Ausleg. bar	Pa max.: ausgel. Laufrad-Ø kW	13
14	Kin. Viskosität bei t_A mm²/s	Austrittsdruck: max. bar	Pa max.: max. Laufrad-Ø kW	14
15	Dampfdruck abs. bei t_A bar	Ausleg. Differenzdruck bar	Ausleg.-Leistung Antrieb kW	15
16	Gefahrenklasse	Förderhöhe Ausleg./max. m	Selbstansaugend ja / nein	16
	Ausführung			
17	Nenndruck bar	Ges. Laufspiel: Schleißringe/-wände mm	Kühlung (K) Serie (S) / Heizung (H) Parallel (P): K H S P	17
18	zul. Betriebsüberdruck: Pumpe bar bei °C	Ges. Laufspiel: Wellenhülse mm		18
19	zul. Betriebsüberdruck: Zubehör bar bei °C	Ges. Laufspiel: Entl.-Kolben mm	Gehäuse	19
20	Prüfdruck bar	Schubausgleich durch	Lager	20
21	Stufenzahl	Radiallager Typ Größe	Ölkühlung	21
22	Laufrad-Ø: ausgel./eingebaut mm	Axiallager Typ Größe	Dichtungsgehäuse	22
23	Laufrad-Ø: max./min. mm	Schmierung/Versorgung	Kühler für Zirk.	23
24	Laufrad-Ø: Typ		Gegenring	24
25	Drehrichtung: Pumpe *) im/gegen Uhrzeiger		Fußabstützung	25
26	Drehrichtung: Antrieb **) im/gegen Uhrzeiger		Zul. Betr.-Überdr. bar	26
27	Flansch am Eintr.-Stutzen: DN Stellg.	Wellendichtung: Anordnung	Prüfdruck bar	27
28	Eintr.-Stutzen: PN und Bearbeitung	Wellendichtung: Fabrikat	Fremdversorgung: Funktion / Fluid / l/h / °C / ein bar aus	28
29	Flansch am Austr.-Stutz.: PN und Bearbeitung	Wellendichtung: Typ, Größe	Fremdversorgung	29
30	Austr.-Stutz.: DN Stellg.	Wellendichtung: Zul. Betr.-Überdr. bar	Fremdversorgung	30
31	Entlüftung	Hilfsrohrltg. Wellendichtg.: Anordg.	Fremdversorgung	31
32	Entleerung	Hilfsrohrltg. Wellendichtg.: gel. von	Fremdversorgung: Kühlung	32
33	Gehäusefuß	Ges.-Gewicht einschl. Antr. kg	Fremdversorgung: Heizung	33
34	Gehäuseteilung radial/axial	Spiralgeh.-Leitrad einf./doppelt/mehrf.	Fremdversorgung: el. Strom V Phase Hz	34
	Zubehör			
35	Kupplung: Fabrikat	Kupplungsschutz	Antrieb: geliefert von	35
36	Kupplung: Typ/Größe	Grundplatte: für Pumpe/Antrieb	Antrieb: montiert von	36
37	Kupplung: Zwischenstück Länge mm	Grundplatte: Art	Hilfsrohrltg. geliefert von	37
38	Kupplung: geliefert von	Grundplatte: geliefert von	Fundamentschrauben gel. von	38
	Werkstoffe			
39	Gehäuse/Leiteinrichtg.	Wellenschutzhülse	Stopfbuchse: Brille	39
40	Verbindungsschrauben	Drosselbuchse	Stopfbuchse: Packung	40
41	Gehäusedichtungen	Gleitringdichtung: Dichtungsdeckel	Stopfbuchse: Sperring	41
42	Laufrad	Gleitringdichtung: Drosselbuchse	Kupplung: Naben / Zwischenstück	42
43	Laufring	Gleitringdichtung: Pp.Seite / Atm.Seite	Kupplung: Elast. Elemente	43
44	Spaltring	Gleitringdichtung: Gleitring	Kupplung: Kupplungsschutz	44
45	Schleißwände/Auskleidg.	Gleitringdichtung: Gegenring	Grundplatte	45
46	Welle	Gleitringdichtung: Nebendichtung umlaufd.	Anstrich	46
47	Stufenbuchse	Gleitringdichtung: Nebendichtung feststehd.		47
48	Lagerträgerlaterne	Gleitringdichtung: Feder		48
49	Lagerträger	Gleitringdichtung: Sonstige Teile		49

Prüfungen

Nr	Prüfung	Werkstoff	Druck	Leistung	NPSH		Bauprüfung	Endprüfung	Nr
50	Prüfung	Werkstoff	Druck	Leistung	NPSH		Bauprüfung	Endprüfung	50
51	nach								51
52	durch wen								52

Dokumentation

Nr	Links		Zeichnungen		Nr
53	Leistungs-Kurve Nr: Angebot		Maßbild		53
54	Leistungs-Kurve Nr: Prüfung		Rohrleitungen: Wellendichtung		54
55	Bedienungsanleitung		Rohrleitungen: Hilfssysteme		55
56	Ersatzteilliste Nr		Einbauzeichnung: Pumpe		56
57			Einbauzeichnung: Wellendichtung		57

Bemerkungen:
1) Nichtzutreffendes streichen
◤ so gekennzeichnete Zeilen sind zumindest vom Besteller für die Anfrage auszufüllen
2) Angegebene Drücke sind Überdrücke, mit Ausnahme von Dampfdruck und Differenzdruck.
*) Von Antrieb auf Pumpe gesehen
**) Von Pumpe auf Antrieb gesehen

Blatt von	O Geprüft, Datum:	Zeichnung Nr:

7.3.2 Datenblatt für Sicherheitsventile

Sicherheitsventile Datenblatt	Kunde: Kennwort: Blatt: von:	

Nr.	Bereich	Bezeichnung		Einheit			
1		Anfrage/Angebot/Auftrag					
2							
3		Positions-Nr.					
4		Stückzahl					
5							
6		Vorschrift					
7	Betriebsverhältnisse	Medium					
8	Betriebsverhältnisse	Berechnugstemperatur		°C			
9	Betriebsverhältnisse	Zustand b. Abblasen f = flüss. d = dampff., g = gasf.			f☐ d☐ g☐	f☐ d☐ g☐	f☐ d☐ g☐
10	Betriebsverhältnisse	Molekulare Masse		kg/kmol			
11	Betriebsverhältnisse	Adiabatenexponent x	Realgasfaktor	Z			
12	Betriebsverhältnisse	Dichte beim Abblasen		kg/m³			
13	Betriebsverhältnisse	Hilfsgrößen:					
14	Betriebsverhältnisse	Viskosität					
15	Betriebsverhältnisse	Arbeitsdruck abs		bar			
16	Betriebsverhältnisse	Ansprechdruck abs		bar			
17	Betriebsverhältnisse	Fremdgegendruck abs		bar			
	Betriebsverhältnisse	konstant	variabel				
18	Betriebsverhältnisse	Einstellüberdruck p_0		bar			
19	Betriebsverhältnisse	Abblasmenge je Ventil	erforderlich	kg/h			
	Betriebsverhältnisse		möglich	kg/h			
20	Ventilausführung	Art: Vollhub-, Normal- oder Proportional-Ventil					
21	Ventilausführung	Hersteller-Typ		Si			
22	Ventilausführung	federbelastet	gewichtsbelastet				
23	Ventilausführung	Werkstoffe	Gehäuse				
	Ventilausführung		Abdichtung				
	Ventilausführung		Feder				
24	Ventilausführung	Anlüftung		ja/nein			
25	Ventilausführung	Haube		geschlossen/Offen			
26	Ventilausführung	Faltenbalg		ja/nein			
27	Ventilausführung	Gehäuse mit Entwässerung		ja/nein			
28	Ventilausführung	Engster Strömungsdurchmesser		d_0 mm			
29	Ventilausführung	Engster Strömungsquerschnitt F_0	erforderlich	mm²			
	Ventilausführung		gewählt	mm²			
30	Ventilausführung	Ausflussziffer		α_w			
31	Anschlüsse	Eintritts-/Austritts-Flansch	DN				
	Anschlüsse		PN				
	Anschlüsse		Dichtfläche (DIN 2526)				
32	Anschlüsse	Schweißende	Ein-/Austritt				
33		Stückgewicht		ca. kg			
34	Bemerkg.						
35	Bemerkg.						
36	Bemerkg.						
37							
38	Preis	Stückpreis[2]		DM			
39	Preis	Gesamtpreis[2]		DM			
40	Abnahme	Werkstoffprüfung Gehäuse/eintrittsstutzen					
41	Abnahme						
42	Abnahme	EndabnahmePrüfung					

Datum: Abteilung/Name:

[1] Berechnung entsprechend AD-Merkblatt A2/TRD 421 [2] ohne Abnahmekosten

7.3.3 Spezifikationsblatt für Stellgeräte

	MSR-Ausrüstung Spezifikationsblatt für Stellgeräte	MSR-Stelle Referenz-Nr. des Herstellers Referenz-Nr. des Bestellers

1	2	3	4	5				
	1		BETRIEBSDATEN FÜR DIE AUSWAHL DES STELLGLIEDES	Stellort				
	2			MSR-Aufgabe				
	3			Explosionsgefährdeter Bereich (Zone)				
	4			Umgebungstemperatur	min.		max.	
	5			Max. zul. Schalldruckpegel			dB (A)	
	6			Rohrleitungsnr.				
	7			DN	PN		Wandstärke	
	8			Rohrleitungs-Werkstoff				
	9			Rohrisolierung	☐ Thermisch		☐ Akustisch	
	10							
	11			Rohrleitungsanschluß				
	12			Betriebsstoff				
	13			Zustabd Eintritt	☐ flüssig	☐ dampff.	☐ gasförmig	
	14							
	15				Min.	Norm.	Max.	Einheit
	16			Durchfluß				
	17			Eingangsdruck p_1				
	18			Ausgangsdurck p_2				
	19			Temperatur T_1				
	20			Eingangsdichte ϱ_1 oder $\dot{M}$				
	21			Dampfdruck p_v				
	22			Therm. dyn. krit. Druck p_c				
	23			Kinematische Viskosität ν				
	24			Verhältnis der spez. Wärmen $\varkappa$				
	25			Realgasfaktor				
	26							
	27			Armatur dicht bei	p_1		p_2	
	28			Zuluftdruck der Anlage	min.		max.	
	29			Armatur ohne Hilfsenergie		☐ AUF	☐ ZU	☐ HALT
	30							

1	2	3	4	5			
	57		STELLANTRIEB	Hersteller	Typ		
	58			Pneumatisch	☐ Membrane	☐ Kolben	☐
	59			Wirk.weise	☐ Fed.rückst.	☐ dopp.wirk.	☐ Luftfed.
	60			Wirksame Fläche			
	61			Nennhub/Winkel			
	62			Zuluftdruck		max.	min.
	63			Nenn-Signalbereich			
	64						
	65			Luftanschluß			
	66			Andere Betriebsart	☐ elektr.	☐ hydraulisch	☐ Hand
	67						
	68			☐ Handbetätigung			
	69						
	70		STELLUNGSREGLER	Hersteller	Typ		
	71			Eingangssignal		☐ pneumatisch	☐ elektrisch
	72			Armatur AUF bei Stellsignal			
	73			Armatur ZU bei Stellsignal			
	74			Wirkungsweise	☐ einfachwirk.	☐ doppelt wirkend	
	75			Charakteristik	☐ linear	☐	
	76			Luftanschluß			
	77			Stellungsregler mit		☐ Bypass	☐ Manometer
	78			Ex-Schutz	☐ eigensicher	☐ druckfeste Kapselung	
	79						
	80		ENDSCHALTER	Hersteller	Typ		
	81			Wirkungsweise	☐ mech.	☐ induktiv	☐ pneum.
	82			Schaltposition	☐ zu	☐ % Hub	☐ auf
	83			Schaltfunktion	☐ schließt	☐ öffnet	
	84			Ex-Schutz	☐ eigensicher	☐ druckfeste Kapselung	
	85						

	Nr.		Gruppe	Angabe		
	31		C / LA	Berechn. max. Durchfl.-Koeff. C	☐ K_V	☐ CV
	32		C / LA	Berechn. min. Durchfl.-Koeff. C	☐ K_V	☐ CV
	33		C / LA	Gewählter Durchfl.-Koeff. C	☐ K_V	☐ CV
	34		C / LA	Berechneter Schalldruckpegel		dB (A)
	35		ARMATUR	Hersteller	Typ	
	36		ARMATUR	Bauform		
	37		ARMATUR	Durchflußrichtung		
	38		ARMATUR	Nenndruck *PN*		
	39		ARMATUR	Nennweite *DN*		
	40		ARMATUR	Verbindungsart ☐ gefl. ☐ o.Fl. ☐ m.Gew. ☐ geschw.		
	41		ARMATUR			
	42		ARMATUR	Anschweiß-Ende / Paßstück		
	43		ARMATUR	Obert.form ☐ Normal ☐ Verlängerung ☐ Faltenbalg		
	44		ARMATUR			
	45		ARMATUR	Gehäuse / Oberteil Werkstoff		
	46		ARMATUR	Garnitur ☐ Normal ☐ geräuscharm		
	47		ARMATUR	Kennlinie ☐ linear ☐ gleichprozentig		
	48		ARMATUR	Kegel-/Spindelwerkstoff	/	
	49		ARMATUR	Führung / Ventilsitzwerkst.	/	
	50		ARMATUR			
	51		ARMATUR	Ventilsitzart		
	52		ARMATUR	Panzer-Werkstoff		
	53		ARMATUR			
	54		ARMATUR	Leckmengenklasse		
	55		ARMATUR	Packungsmaterial		
	56		ARMATUR			

	Nr.		Gruppe	Angabe	
	86		MAGNETVENTIL	Hersteller	Typ
	87		MAGNETVENTIL	Bauform ☐ 2-Wege ☐ 3-Wege ☐ 4-Wege	
	88		MAGNETVENTIL	Bei Stromausfall Armatur ☐ AUF ☐ ZU ☐ HALT	
	89		MAGNETVENTIL		
	90		MAGNETVENTIL	Luftanschluß	freier Querschnitt
	91		MAGNETVENTIL	Elektrische Daten V Hz W	
	92		MAGNETVENTIL	Ex-Schutz ☐ eigensicher ☐ druckfeste Kapselung	
	93		MAGNETVENTIL		
	94		ANDERES ZUBEHÖR	☐ Druckminderer Herst.	Typ
	95		ANDERES ZUBEHÖR	☐ mit Filter mit Manometer	
	96		ANDERES ZUBEHÖR	☐ Signalumformer Herst.	Typ
	97		ANDERES ZUBEHÖR		
	98		ANDERES ZUBEHÖR	☐ pneum. Verst. Herst.	Typ
	99		ANDERES ZUBEHÖR		
	100		ANDERES ZUBEHÖR	☐ pneum. Verbl. Herst.	Typ
	101		ANDERES ZUBEHÖR		
	102		ANDERES ZUBEHÖR	Verrohrung Material	
	103		ANDERES ZUBEHÖR		
	104		SPEZ. FORDERUNGEN	Materialzeugnis ☐ chem. Analyse / mech. Test	
	105		SPEZ. FORDERUNGEN	andere Tests	
	106		SPEZ. FORDERUNGEN	Zeugnis für ☐ Geh./Obert. ☐ Schrauben/Muttern	
	107		SPEZ. FORDERUNGEN	☐ Garnitur	
	108		SPEZ. FORDERUNGEN		
	109		SPEZ. FORDERUNGEN		
	110		SPEZ. FORDERUNGEN		
	111		SPEZ. FORDERUNGEN		
	112		SPEZ. FORDERUNGEN		

Bemerkungen:

7.3.4 Datenblatt für Elektromotoren

	DATENBLATT Motor	Kom.-Nr.:	
		Anlage:	
		Kenn-Zahl:	
Best.-Nr.:	Betr.-Spannung:		
Best.-Dat.:	Phasen/Frequenz:		
Fabrikat:	Typ:	Verf.-Nr.	Pos.-Nr.:

Abt.	Nr.	Einheit			Betr. □	Res. □
Verfahr.-Abt.:	1 Benennung					
	2 Aufstellungsort		Drehzahl (Synchron)			min^{-1}
	3 Umgebungsbedingung		Leistungsbedarf			kW
	4 Antrieb		Anlauf	Art		
	5 Temperaturklasse (ex)			Leer/Last		
	6 Expl. Gruppe			Zeit		s
	7 Einschalthäufigkeit			Kupplung		
	8 Einschaltdauer					
	9 Einschaltung					
	10 Anlaufbedingung					
	11 Überwachung					
	12 Verriegelung					
	13 Maßnahme bei Ausfall					
	14 Sonstige Bedingungen					
Konstr.-Abt.:	15 Bauform		Bestellabteilung			
	16 Drehrichtung 1)		Raumtemperatur			°C
	17 Kraftübertragung		Anlauf-/Drehm.-Kurve			
	18 Wellenende		Trägheitsm.-Maschine			
	19 Befestigungsart		Motor-Kühlung	Art		
	20 Abweichung bei Probelauf			Kühl-Temp.		
	21 Bremsen					
Elektro-Abt.:	22 Nennleistung	kW	Klemmenkasten	Auf Antrieb gesehen		
	23 Betriebsart			Mechan. Schutzart		
	24 Isolierstoffklasse			Kabeleinführung: Art		
	25 Ex-Schutz			Kabeleinführung: Größe		
	26 Standheizung					
	27 Schutzart					
Hersteller:	28 Geänd. Nennleistung	kW				
	29 Nenndrehzahl	min^{-1}	Lager	AS (Typ)		
	30 Nennstrom	A		BS (Typ)		
	31 Anlaufstr. (% Nennstr.)			Schmierung		
	32 Anlaufm. (% Nennstr.)		Ges. Anlauf-Zeit	Kalter Zust.		s
	33 Kippm. (% Nennstr.)			Warmer Zust.		s
	34 Trägheitsm. Motor		Werkszertifikat			
	35 Wirkungsgrad	%	PTB-Nr.			
	36 Leistungsfaktor		Gewicht (Rotor und Stator)			kg
	37 te-Zeit	s	Anstrich			
	38 Läuferklasse		Verpackung			
	39 Ständerschaltung		Wicklungsausführung			
	40 Baugröße		Maschinen-Nr.			
Zchng.:	41 Verriegelungsdiagramm		MCC/Schaltanlage			
	42 Maßblatt		Abzweig			
	43 Strom/Zeit-Kurve		Stromlaufplan			
	44 Mom./Drehz.-Kurve					

	Bemerkungen: 1) Drehsinn auf Antrieb vom Wellenstumpf Motor auf Motorgehäuse gesehen.	
Ind. Datum Abt. Name		Bl.-Nr.
Änderungen	Gültig für: □ Weitere Ausl. □ Betriebshandbuch □ Anfrage □ Bestellung	

7.3.5 Datenblatt für Wärmeaustauscher – allgemeine Daten

Allgemeine Daten

Kurzbezeichnung	
Funktion	☐ Verdampfer ☐ Kondensator ☐ Wärmeaustauscher ohne Phasenänderung
	☐
Verwendung	
Zugehöriges Verfahrensfließbild (Zeichnungs-Nr.)	
Bauart	☐ Rohrbündel-Wärmeaustauscher mit ☐ Festrohrboden ☐ Schwimmkopf ☐ U-Rohren
	☐
	warme Seite ist ☐ Raum in den Rohren Raum um die Rohre
	☐ Plattenwärmeaustauscher
	☐ Spiralwärmeaustauscher
	☐ Grafitwärmeaustauscher
	☐
Aufstellung	☐ stehend ☐ liegend ☐ schräg mit ° zur Horizontalen
Anzahl	Stück ☐ in Serie ☐ parallel
Wärmeaustauschfläche	gesamt m² pro Apparat m²

Prozeßdaten und Stoffwerte

Zusammensetzung	☐ Stoffmengengehalt % ☐ Massengehalt % ☐ kg/h ☐ kg/s							
Stoffkomponente	Zustand (zutreff. ankreuzen)			mol. Masse	warme Seite		kalte Seite	
	gasflg.	flüssig	fest	kg/kmol	Eingang	Ausgang	Eingang	Ausgang

Massenstrom	Flüssigkeit	kg/h				
	Gas (= Dampf + Inertgas)	kg/h				
	Dampf	kg/h				
	Inertgas	kg/h				
	gesamt	kg/h				
	gewünschte Belastungsbreite	%				
Volumenstrom	Flüssigkeit	m³/h				
	Gas (= Dampf + Inertgas)	m³/h				
	Dampf	m³/h				
	Inertgas	m³/h				
zu übertragender Wärmestrom	Gas, fühlbare Wärme	kW				
	Flüssigkeit, fühlbare Wärme	kW				
	Kondensation oder Verdampfung	kW				
	gesamt					
Temperatur	normal	°C				
	maximal	°C				
	minimal	°C				
	normal	bar				
	maximal	bar				
	minimal	bar				

Bemerkungen

7.3.6 Datenblatt für Wärmeaustauscher – Prozessdaten und Stoffwerte

Prozeßdaten und Stoffwerte

	Größe			Einheit	warme Seite Eingang	warme Seite Ausgang	kalte Seite Eingang	kalte Seite Ausgang
bei normalen Betriebsbedingungen	Siedetemperatur			°C				
	Kondensationstemperatur			°C				
	Erstarrungstemperatur			°C				
	Dichte	Flüssigkeit		m³/h				
		☐ real ☐ ideal	Gas (= Dampf + Inertgas)	m³/h				
			Dampf	m³/h				
			Inertgas	m³/h				
	dyn. Viskosität	Flüssigkeit		mPa · s				
		Gas (= Dampf + Inertgas)		mPa · s				
		Dampf		mPa · s				
		Inertgas		mPa · s				
	Wärmeleitfähigkeit	Flüssigkeit		W/(m · K)				
		Gas (= Dampf + Inertgas)		W/(m · K)				
		Dampf		W/(m · K)				
		Inertgas		W/(m · K)				
	spez. Wärmekapazität	Flüssigkeit		kJ/(kg · K)				
		Gas (= Dampf + Inertgas)		kJ/(kg · K)				
		Dampf		kJ/(kg · K)				
		Inertgas		kJ/(kg · K)				
	Verdampfungswärme			kJ/kg				

Berechnung und Auslegung

Art der Beschichtung	–		
Dicke der Beschichtung	mm		
Wärmeleitfähigkeit der Beschichtung	W/(m · K)		
Foulingwiderstand	m² · K/W		
Wärmeleitfähigkeit des Rohrwerkstoffs	W/(m · K)		
mittlere Stoffstrom-Geschwindigkeit	m/s		
Druckverlust zulässig / berechnet	bar		
mittlere Wärmeübergangszahl alpha	W/(m² · K)		
Sicherheitszuschlag auf Wärmedurchgangszahl k	%		

mittlere Rohrwandtemperatur	°C	Wärmeaustauschfläche (bezogen auf d_a und l)	berechnet	m²
mittlere Manteltemperatur	°C		ausgeführt	m²
mittlere log. Temperaturdifferenz, korrigiert	K	mitt. Wärmedurchgangszahl k (bezogen auf d_a)	berechnet	W/(m² · K)
Wärmestrom normal	kW		ausgeführt	W/(m² · K)

Rohrzahl je Apparat berechnet ausgeführt				
Gangzahl rohrseitig			Rohrteilung	mm
Rohrabmessungen	Außendurchmesser d_a	mm		Dreieckteilung ☐ 30° (→◁) ☐ 60° (→△)
	Wanddicke s	mm		quadr. Teilung ☐ 45° (→◇) ☐ 90° (→□)
	Länge l	mm		
Umlenksegmente	Anzahl	mm	Umlenksegmentabschnitt	☐ senkrecht
	Abstand	mm		☐ waagrecht
	Durchmesser	mm		%
	Bohrungsdurchmesser	mm		mm
Manteldurchmesser		mm	Anzahl Dichtleisten	

Dämmung ☐ ja ☐ nein

Grundwerkstoff	Teil	Werkstoff-Nr.	Bezeichnung	Teil	Werkstoff-Nr.	Bezeichnung
	Mantel			Hauben		
	Rohre			Rohrplatten		

Teil	Bezeichnung, Werkstoff
Dicht. Hauben-Mantelverbindung	
Dicht. Schwimmkopfverbindung	

Bemerkungen

7.3.7 Datenblatt für Wärmeaustauscher – Stutzen und Maßskizze

Stutzen und Maßskizze

	Bezeichnung	DN	PN	Anzahl	Verwendung, Bemerkung
warme Seite Eingang					
warme Seite Ausgang					
kalte Seite Eingang					
kalte Seite Ausgang					
Entleerung					
Entlüftung					

Skizze

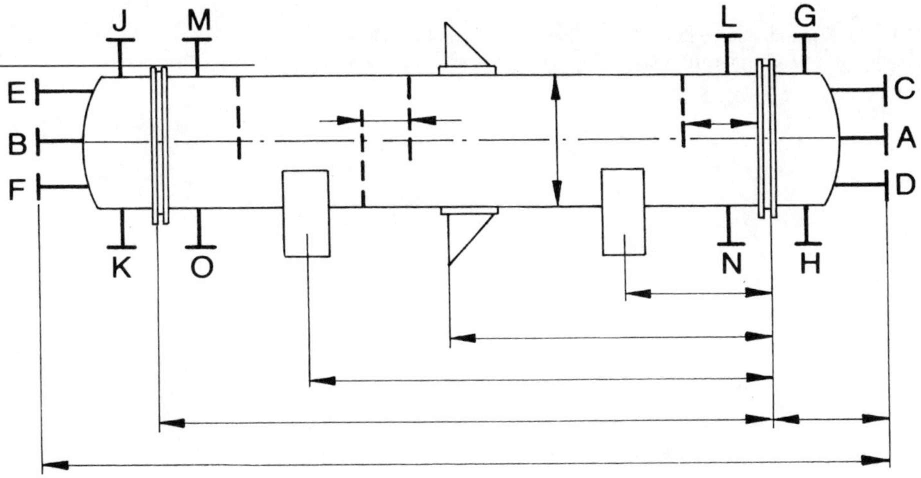

Bemerkungen

7.4 Vorschriften

7.4.1 Geltungsbereich der gesetzlichen Regelwerke zur Luftreinhaltung bei Feuerungsanlagen

Umweltschutzbestimmungen nach Anlagengröße (Feuerungswärmeleistung in MW)			
		Geltungsbereich gemäß 4. BImSchV	
Feuerungsanlagen für den Einsatz	**1. BImSchV nicht genehmigungsbedürftig**	**TA Luft genehmigungsbedürftig**	**13. BlmSchV genehmigungsbedürftig**
herkömmliche feste Brennstoffe	<1	1...<50	≥50
Heizöl EL, s. *)	<20 <1	20...<50 1...<50	≥50 ≥50
Erdgas, s. **)	<20 <10	20...<50 10...<50	≥50 ≥50
feste, flüssige oder gasförmige brennbare Stoffe	<0,1	0,1...<1	≥1

*) Methanol, Ethanol, naturbelassene Pflanzenöle und sonstige Heizöle
**) Flüssiggas, Gase der öffentl. Gasversorgung, Wasserstoff und sonstige gasförmige Brennstoffe

7.4.2 Übersicht für zulässige Emissionswerte gemäß TA Luft Juli 2002

Brennstoffe		Feuerungs-wärmeleistung	Bezugs-O_2-Gehalt	Emmissionsgrenzwerte Gesamt-Staub	CO	NO_x *1)	SO_x	C	Halo-gene
		MW	%	mg/m^3	mg/m^3	mg/m^3	mg/m^3		
gasförmige Brennstoffe s. Nr. 5.4.1.2.3*	• Kokereigas • Grubengas • Stahlgas • Synthesegas • Raffineriegas • Klärgas / Biogas • Flüssiggas • Wasserstoff • Gase der öffentlichen Gasversorgung	< 50	3	10 10 10 10 5 5 5 5 5	80 80 80 80 80 80 80 80 50	200 200 200 200 200 200 200 200 T_S <110 °C oder p_S < 0,05 MPa **100** 110 °C < T_S < 210 °C oder 0,05 MPa < p_S < 1,8 MPa **110** T_S > 210 °C oder p_S > 1,8 MPa **150**	50 35 35 35 50 350 5 35 10 Hochofengas 200 Koksofengas 350		
flüssige Brennstoffe s. Nr. 5.4.1.2.2*	• Heizöl El nach DIN 51603 T1 • Sonstige Heizöle	< 50	3	Rußzahl 1 50	80 80	T_S < 110 °C oder p_S < 0,05 MPa **180** 110 °C < T_S < 210 °C oder 0,05 MPa < p_S < 1,8 MPa **200** T_S > 210 °C oder p_S > 1,8 MPa **250** 350	850 850		
feste Brennstoffe s. Nr. 5.4.1.2.1*	• Kohle, Koks, Staub- und Rostfeuerung • Holz, Torf	< 50	7 11	50 für < 5 MW 20 für ≧ 5 MW 100 für < 2,5 MW (nur Holz)	150 150	500 für < 10 MW 400 für ≧ 10 MW Holz: 250	Kohle: 1300 Sonstige: 1000	Holz: 10	
sonstige feste und flüssige Reststoffe s. Nr. 5.4.1.3*	• Stroh oder ähnliche pflanzliche Stoffe	< 50	11	50 für < 1 MW 20 für ≧ 1 MW	250	500 für < 1 MW 400 für ≧ 1 MW			

* sind Abschnitts-Nr. der TA Luft

*1) T_S und p_S sind Einstellwerte der Sicherheitseinrichtung (z.B. Sicherheitstemperaturbegrenzer, Sicherheitsdruckventil) gegen Überschreitung

7.4.3 Emissionsgrenzwerte bei Großfeuerungsanlagen*) in mg/m³

Schadstoff		Neuanlagen		
		Brennstoffe		
		fest	flüssig	gasförmig
Staub		50	50	5 sonst. 10 Gichtgas 100 Industriegas
Schwermetalle		0,5	2	–
SO_2	> 300 MW	400 u. 15% Em.	Heizöl EL oder 400 u. 15% Em.	35 sonst. 5 Flüssiggas
	100...300 MW_{th}	2000 40% Em.	1700 40% Em	100 Kokereigas
	≤ 100 MW	2000 W: 400 oder 25% Em.	1700	200...800 Verbundgase
NO_x		800 1800 bei Schmelzfg.	450	350
CO		250	175	100
HCl		100 (>300 MW) 200 sonst.	30	–
HF		15(>300MW) 30 sonst.	5	–

Em. = max. Emissionsgrad für So_2 W = Wirbelschichtfeuerung
*) Zusammenstellung nach der Großfeuerungsanlagen-Verordnung (13. BlmSchV).

7.4.4 Druckgeräterichtlinie: Einteilung der Fluide

	Fluidgruppe	*Fluideigenschaften*
1	gefährliche Fluide	explosionsgefährlich, hochentzündlich, leicht entzündlich entzündlich,[1)] sehr giftig, giftig brandfördernd
2	weniger gefährliche und ungefährliche Fluide	Alle nicht zur Gruppe 1 gehörenden Fluide

Fluidgruppe:

«Fluide» sind Gase, Dämpfe und Flüssigkeiten
TS = maximal zulässige Temperatur
DN = Nennweite
PS = maximal zulässiger Druck
V = maßgebliche Volumen

[1)] Wenn die maximal zulässige Temperatur über dem Flammpunkt liegt

Diagrammauswahl für die Bestimmung der Kategorie eines Fluids nach DGRL.

	Unbefeuerte Druckgeräte				Befeuerte oder anderweitig beheizte überhitzungsgefährdete Druckgeräte zur Erzeugung von Dampf [2)]
	Fluid gasförmig		Fluid flüssig[1)]		
	Fluidgr. 1	Fluidgr. 2	Fluidgr. 1	Fluidgr. 2	
Behälter	Diagr. 1	Diagr. 2	Diagr. 3	Diagr. 4	Diagr. 5
Rohrleitung	Diagr. 6	Diagr. 7	Diagr. 8	Diagr. 9	

[1)]Wenn der Dampfdruck bei der zul. max. Temperatur um höchstens 0,5 bar über dem normalen Atmosphärendruck (-1013 mbar).
[2)]Wenn ein anderes Fluid als Wasser erhitzt wird, ist die Kategorie nach Diagramm 1 bzw. Diagramm 2 zu bestimmen.

Diagramme siehe Tabelle 7.4.5 bis 7.4.13

7.4.5 Behältereinstufung (Druckgeräte RL)
Fluide der Gruppe 1: $P_{(Dampf, TS)}$ > 0,5 bar(ü)

Diagramm 1 der DGRL

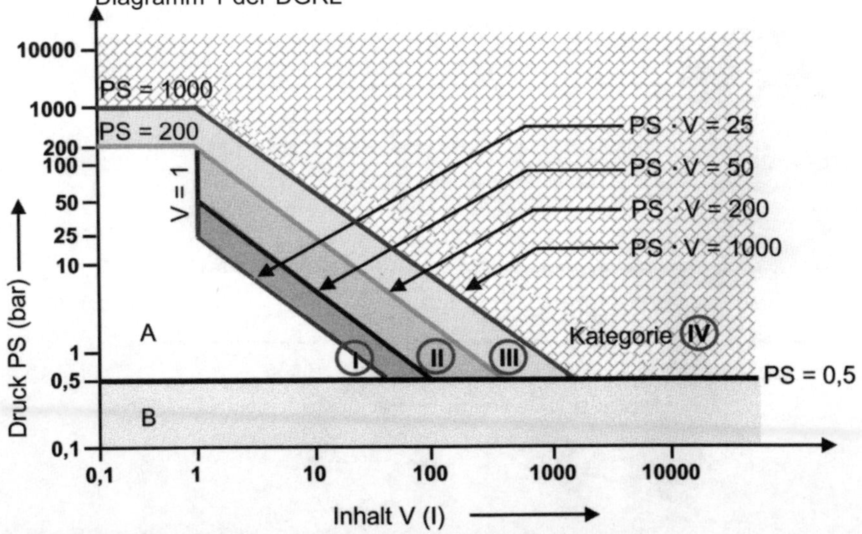

7.4.6 Behältereinstufung (Druckgeräte RL)
Fluide der Gruppe 2: $P_{(\text{Dampf, TS})}$ > 0,5 bar(ü)

Diagramm 2 der DGRL

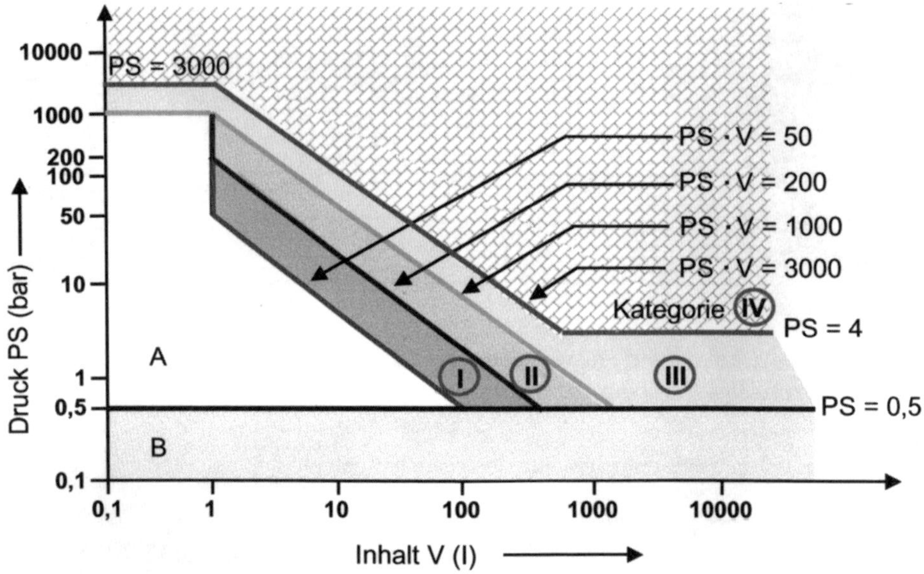

7.4.7 Behältereinstufung (Druckgeräte RL)
Fluide der Gruppe 1, Flüssigkeiten: $P_{(\text{Dampf, TS})}$ < 0,5 bar(ü)

Diagramm 3 der DGRL

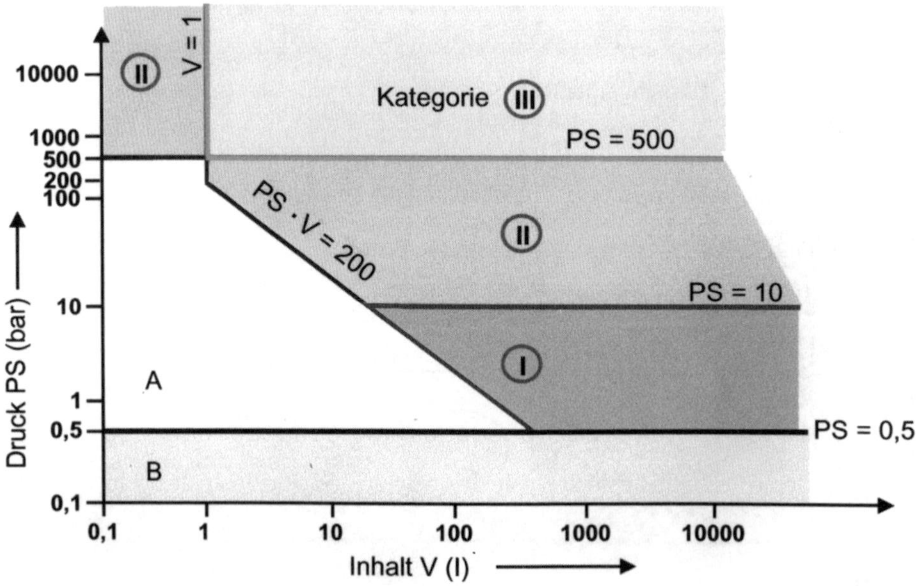

7.4.8 Behältereinstufung (Druckgeräte RL)
Fluide der Gruppe 2, Flüssigkeiten: $P_{(\mathrm{Dampf, TS})}$ < 0,5 bar(ü)

Diagramm 4 der DGRL

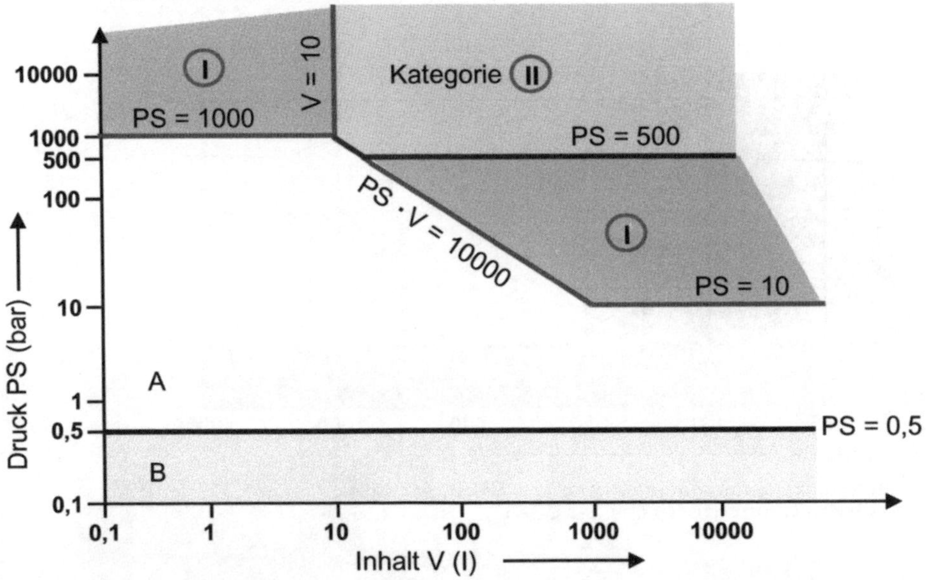

7.4.9 Beheizte überhitzungsgefährdete Druckgeräte (Druckgeräte RL)
TS > 110 °C, Fluide: Dampf oder Heißwasser

Diagramm 5 der DGRL

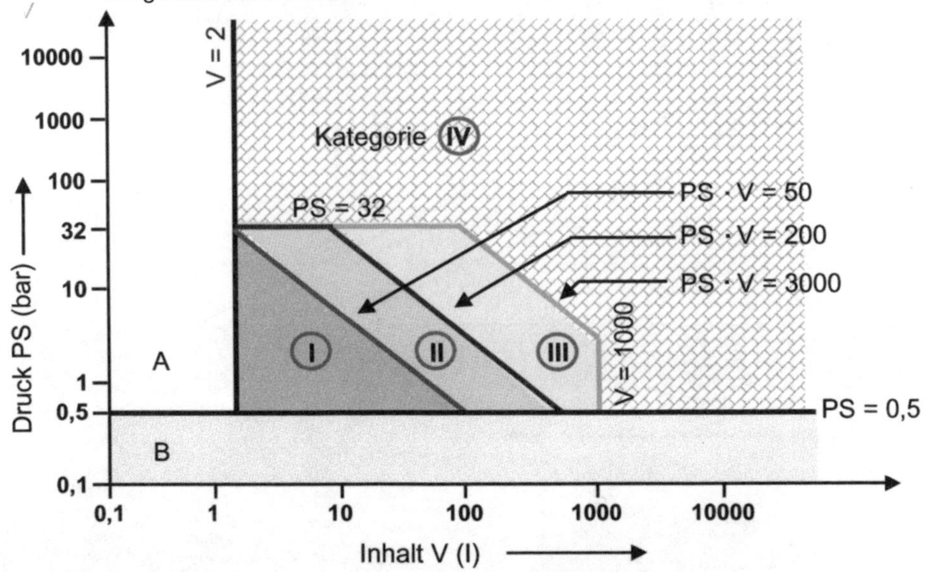

7.4.10 Rohrleitungseinstufung: Fluide der Gruppe 1: $P_{(\text{Dampf, TS})} > 0{,}5$ bar(ü)

Diagramm 6 der DGRL

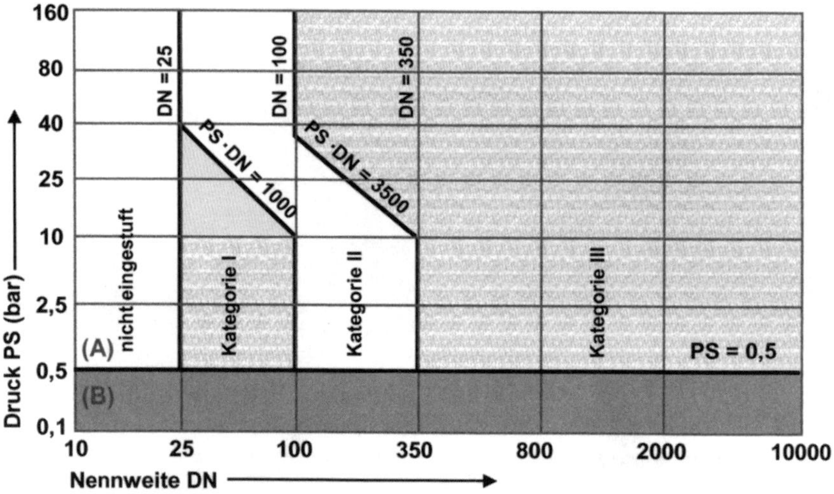

(A) - Herstellung nach guter Ingenieurpraxis, s. DGRL Art. 3(3)
(B) - Außerhalb des Geltungsbereichs der DGRL

7.4.11 Rohrleitungseinstufung: Fluide der Gruppe 2: $P_{(\text{Dampf, TS})} > 0{,}5$ bar(ü)

Diagramm 7 der DGRL

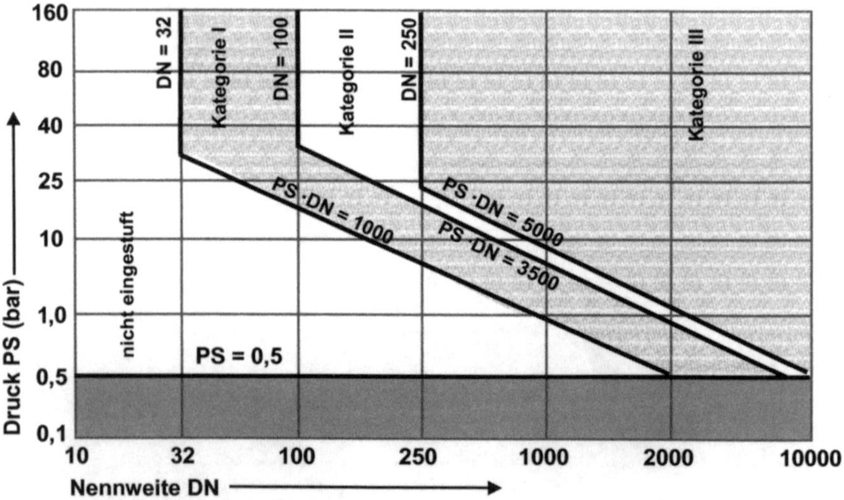

7.4.12 Rohrleitungseinstufung: Fluide der Gruppe 1: $P_{(Dampf, TS)} < 0{,}5$ bar(ü)

Diagramm 8 der DGRL

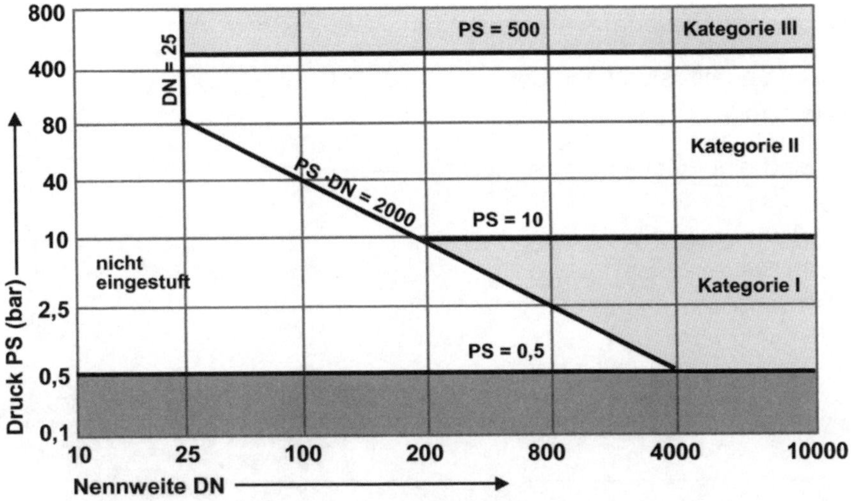

7.4.13 Rohrleitungseinstufung: Fluide der Gruppe 2: $P_{(Dampf, TS)} < 0{,}5$ bar(ü)

Diagramm 9 der DGRL

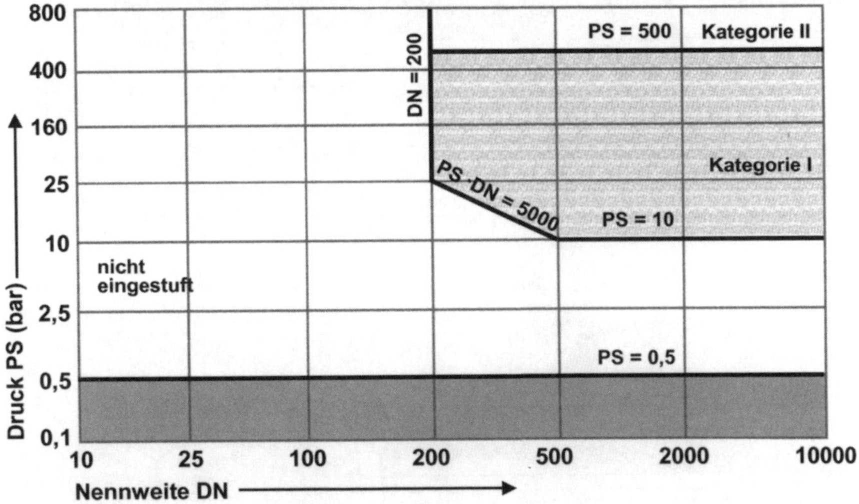

7.4.14 Konformitätsbewertung

- Der Hersteller muss jedes Gerät einem Konformitätsbewertungsverfahren unterziehen
- Dieses Verfahren richtet sich nach der Einstufungskategorie
- Baugruppen sind einer Gesamtbewertung zu unterziehen:
  - Bewertung jedes einzelnen Druckgerätes
  - Bewertung des Zusammenbaus
  - Bewertung der Baugruppe vor einem Überschreiten der zulässigen Betriebsgruppen

7.4.15 Inhalt der Konformitätsbewertungverfahren

<table>
<tr><th>Bewertungskriterium</th><th colspan="13">Modul</th></tr>
<tr><td></td><td>A</td><td>A1</td><td>D1</td><td>E1</td><td>B1+D</td><td>B1+F</td><td>B+E</td><td>B+C1</td><td>H</td><td>B+D</td><td>B+F</td><td>G</td><td>H1</td></tr>
<tr><td>Kategorie</td><td>I</td><td colspan="3">II</td><td colspan="5">III</td><td colspan="4">IV</td></tr>
<tr><td>Prüfung der Entwurfsunterlagen 1) durch</td><td colspan="4">Hersteller</td><td colspan="4">benannte Stelle</td><td>Herstell.</td><td colspan="4">benannte Stelle</td></tr>
<tr><td>EG-Entwurfsprüfbescheinigung</td><td colspan="4">-</td><td colspan="2">erforderlich</td><td colspan="2">in EG-Baumusterprüfb. enthalten</td><td>-</td><td colspan="2">in EG-Baumusterprüfb. enthalten</td><td>-</td><td>erford.</td></tr>
<tr><td>EG-Baumusterprüfbescheinigung</td><td colspan="4">-</td><td colspan="2">-</td><td colspan="2">erforderlich</td><td>-</td><td colspan="2">erforderlich</td><td colspan="2">-</td></tr>
<tr><td>........</td><td colspan="13">..............</td></tr>
<tr><td>Anbringung des CE-Kennzeichens durch</td><td colspan="13">Hersteller</td></tr>
<tr><td>Anbringung der Kennnummer der benannten Stelle durch</td><td>entfällt</td><td colspan="4">Hersteller</td><td>benannte Stelle</td><td>Hersteller</td><td>Hersteller 2)</td><td colspan="2">Hersteller</td><td colspan="2">benannte Stelle</td><td>Hersteller</td></tr>
</table>

1) Die Entwurfsunterlagen, Prüfberichte, Unterlagen zum QS-System und zugehörige Entscheide der benannten Stellen sind 10 Jahre zur Einsichtsnahme durch die nationalen Behörden aufzubewahren

2) unter Verantwortlichkeit der benannten Stelle

Beispiel: Kategorie II

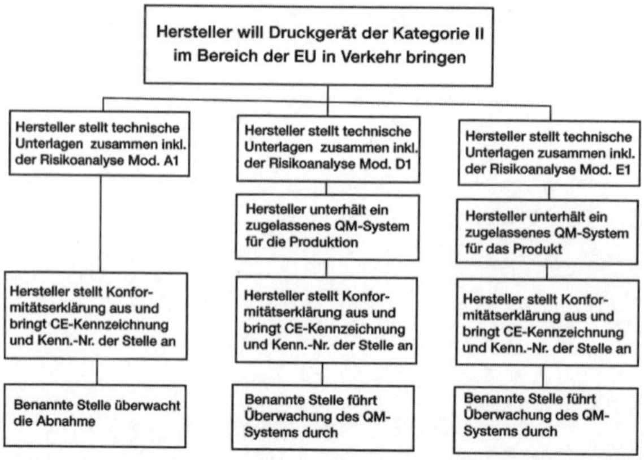

7.5 Stoffwerte

7.5.1 Wasserdampftafel: Sättigungszustand (Drucktafel)

Drucktafel: Wasserdampf im Sättigungszustand						Spezifische Werte	
1	2	3	4	5	6	7	8
Druck		Temperatur Sattdampf	Wärmeinhalt Wasser	Verdampfungswärme	Wärmeinhalt Dampf	Volumen Dampf	Dichte Dampf
Überdruck	absoluter Druck						
p_e bar	p bar	t_s °C	h' kJ/kg	Δh_v kJ/kg	h'' kJ/kg	v'' m³/kg	ρ'' kg/m³
Der Überdruck ist bezogen auf einen absoluten Umgebungsdruck von 1,000 bar	0,01	7,0	29,34	2485	2514	129,2	0,0077
	0,05	32,9	137,8	2424	2562	28,19	0,0355
	0,1	45,8	191,8	2393	2585	14,67	0,0681
	0,2	60,1	251,5	2358	2610	7,650	0,1307
	0,3	69,1	289,3	2336	2625	5,229	0,1912
	0,4	75,9	317,7	2319	2637	3,993	0,2504
	0,5	81,3	340,6	2305	2646	3,240	0,3086
	0,6	86,0	359,9	2294	2654	2,732	0,3661
	0,7	90,0	376,8	2283	2660	2,365	0,4229
	0,8	93,5	391,7	2274	2666	2,087	0,4792
	0,9	96,7	405,2	2266	2671	1,869	0,5350
0,0	1,0	99,6	417	2258	2675	1,694	0,5904
0,1	1,1	102,3	429	2251	2680	1,549	0,6455
0,2	1,2	104,8	439	2244	2683	1,428	0,7002
0,3	1,3	107,1	449	2238	2687	1,325	0,7547
0,4	1,4	109,3	458	2232	2690	1,263	0,8088
0,5	1,5	111,4	467	2226	2693	1,159	0,8628
0,6	1,6	113,3	475	2221	2696	1,091	0,9165
0,7	1,7	115,2	483	2216	2699	1,031	0,9700
0,8	1,8	116,9	491	2211	2702	0,977	1,023
0,9	1,9	118,6	498	2206	2704	0,929	1,076
1,0	2,0	120,2	505	2201	2706	0,885	1,129
1,5	2,5	127,4	535	2181	2716	0,718	1,392
2,0	3,0	133,5	561	2163	2724	0,606	1,651
2,5	3,5	138,9	584	2147	2731	0,524	1,908
3,0	4,0	143,6	605	2133	2738	0,462	2,163
3,5	4,5	147,9	623	2120	2743	0,414	2,417
4,0	5,0	151,8	640	2107	2747	0,375	2,669
4,5	5,5	155,5	656	2096	2752	0,343	2,920
5,0	6,0	158,8	670	2085	2755	0,316	3,170
6	7	165,0	697	2065	2762	0,2727	3,667
7	8	170,4	721	2046	2767	0,2403	4,162
8	9	175,4	743	2029	2772	0,2148	4,655
9	10	179,9	763	2013	2776	0,1943	5,147
10	11	184,1	781	1999	2780	0,1774	5,637
11	12	188,0	798	1984	2782	0,1632	6,127
12	13	191,6	815	1971	2786	0,1511	6,617
13	14	195,0	830	1958	2788	0,1407	7,106
14	15	198,3	845	1945	2790	0,1317	7,596
15	16	201,4	859	1933	2792	0,1237	8,085
16	17	204,3	872	1921	2793	0,1166	8,575
17	18	207,1	885	1910	2795	0,1103	9,065
18	19	209,8	897	1899	2796	0,1047	9,555
19	20	212,4	909	1888	2797	0,0995	10,05
20	21	214,9	920	1878	2798	0,0949	10,54
24	25	223,9	962	1839	2801	0,0799	12,51
25	26	226,0	972	1829	2801	0,0769	13,01
29	30	233,8	1008	1794	2802	0,0666	15,01
30	31	235,7	1017	1785	2802	0,0645	15,51
39	40	250,3	1087	1713	2800	0,0498	20,10
40	41	251,8	1095	1705	2800	0,0485	20,62
49	50	263,9	1154	1640	2794	0,0394	25,36
59	60	275,6	1214	1571	2785	0,0324	30,83
69	70	285,8	1267	1506	2773	0,0274	36,53
79	80	295,0	1317	1443	2760	0,0235	42,51
89	90	303,3	1364	1381	2745	0,0205	48,79
99	100	311,0	1408	1320	2782	0,0180	55,43
149	150	342,1	1611	1004	2615	0,0103	96,71
199	200	365,7	1826	592	2418	0,0059	170,2
220,2	221,2	374,15	2107	0	2107	0,0032	315,5

7.5.2 Enthalpiediagramm von Wasserdampf (*h*-*p*-Diagramm)

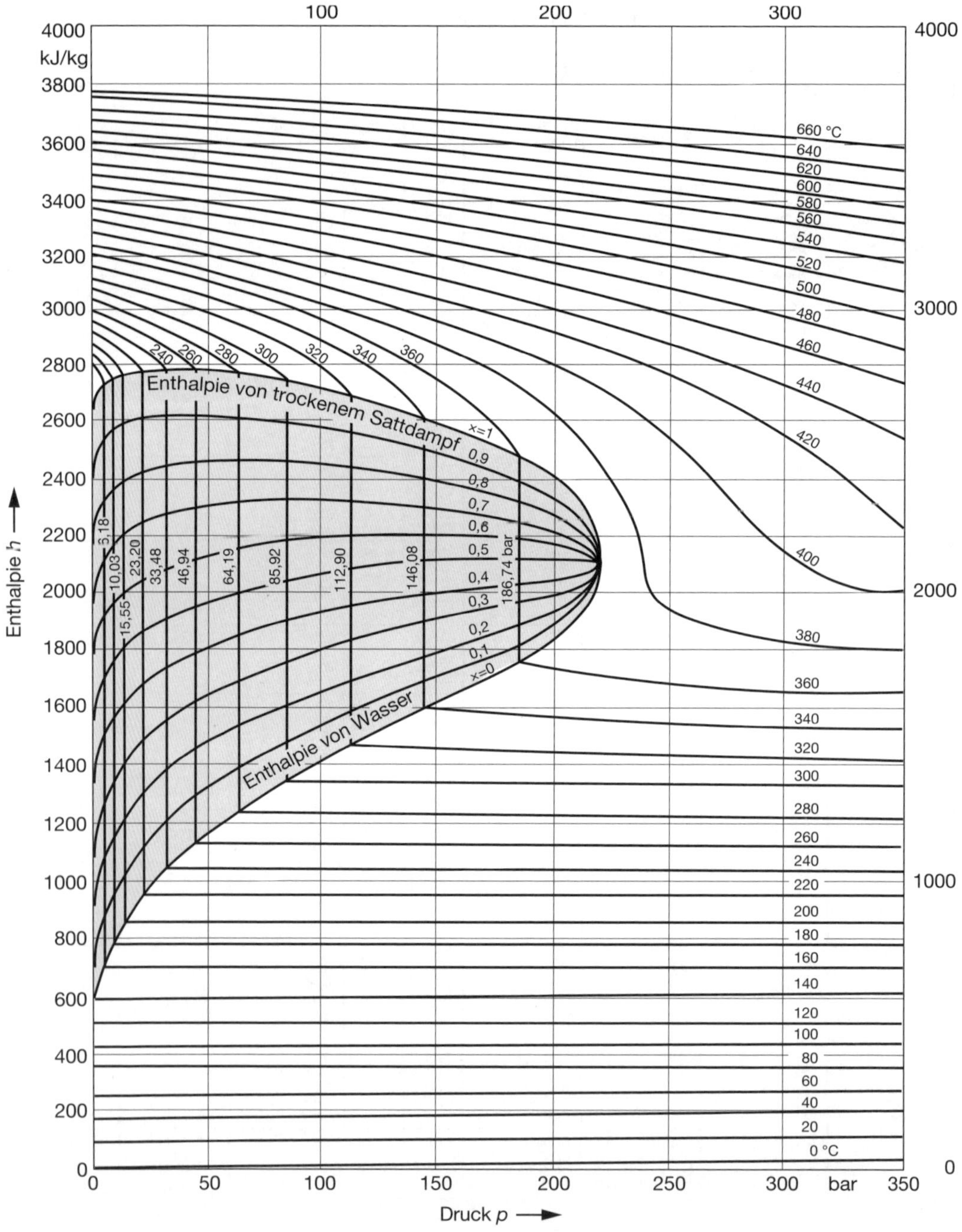

7.5.3 Übersichtsdiagramm: *T-s*-Diagramm von Wasserdampf mit Isobaren (ausgezogene Linien) und Isochoren (gestrichelt)

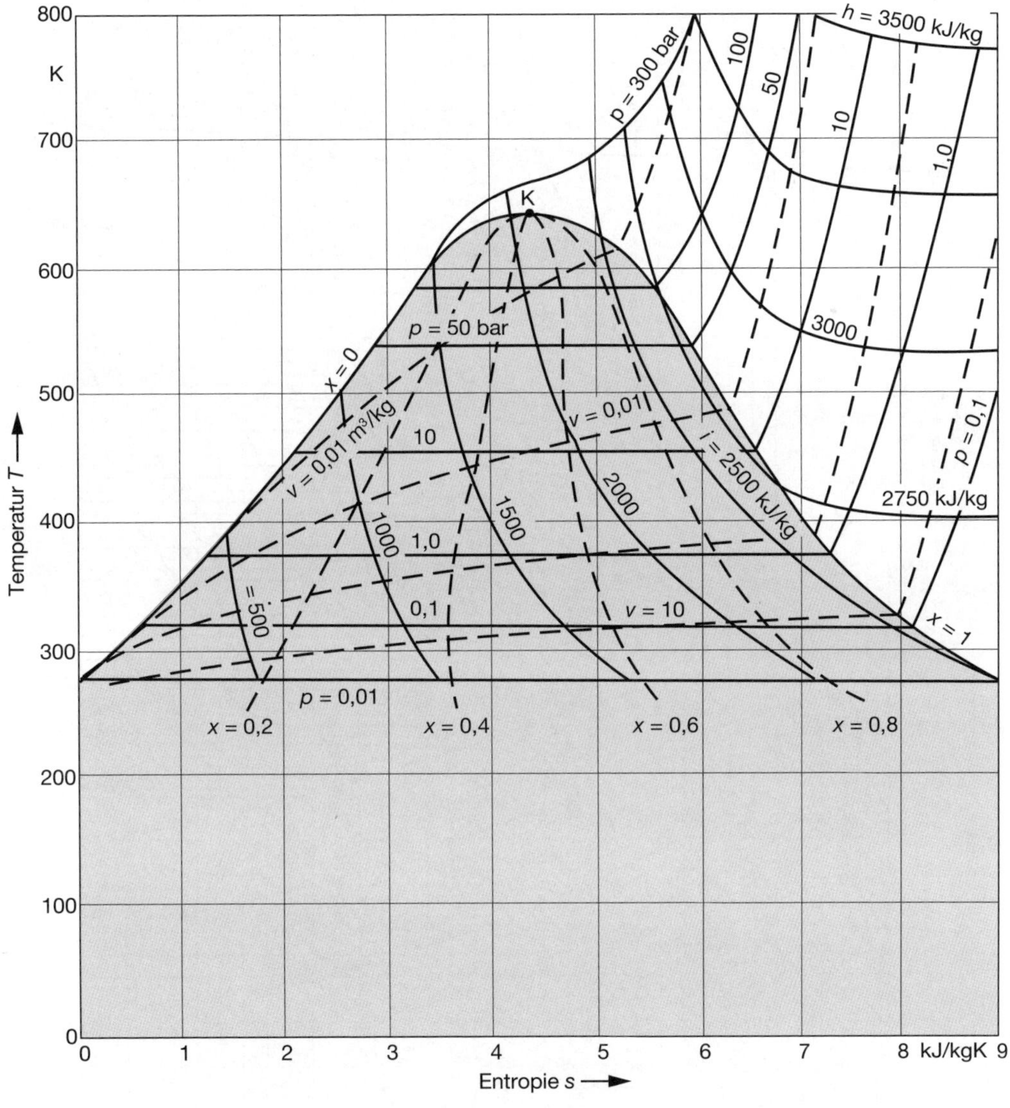

7.5.4 Übersichtsdiagramm: *h*-*s*-Diagramm von Wasserdampf

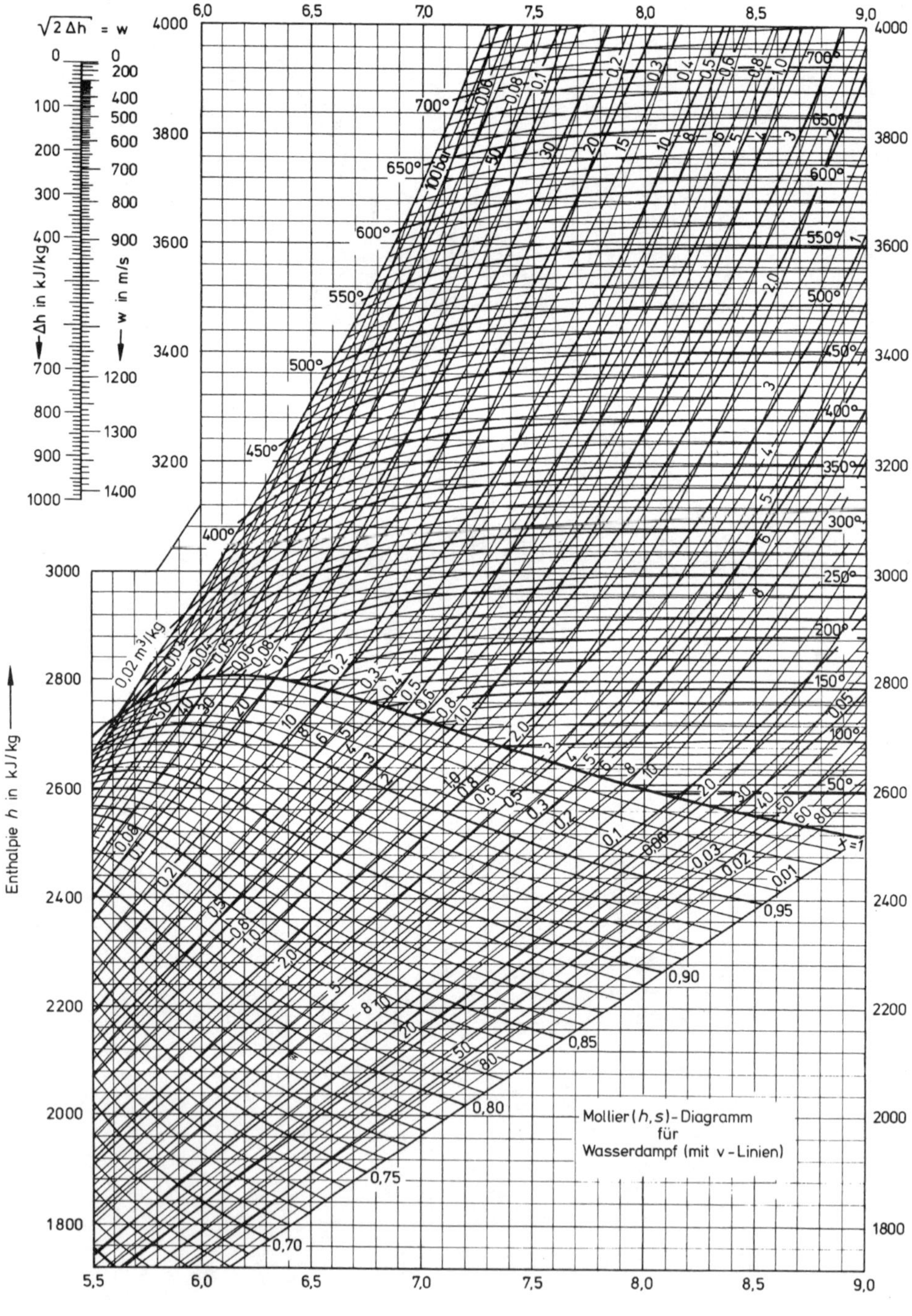

7.5.5 Dichte von trockener Luft in kg/m³

Temperatur (° C)	Druck (bar)								
	1	5	10	20	30	40	50	60	70
–25	1,404	7,049	14,16	28,58	43,23	58,09	73,13	88,30	103,6
0	1,275	6,391	12,82	25,77	38,83	51,98	65,20	78,46	91,73
25	1,168	5,848	11,71	23,48	35,30	47,14	58,98	70,83	82,65
50	1,078	5,391	10,79	21,59	32,39	43,19	23,96	64,70	75,39
100	0,9329	4,663	9,321	18,61	27,87	37,09	46,25	55,36	64,41
200	0,7356	3,674	7,336	14,63	21,86	29,05	36,18	43,25	50,26
300	0,6072	3,032	6,053	12,06	18,02	23,94	29,80	35,61	41,38
400	0,5170	2,581	5,153	10,27	15,34	20,38	25,37	30,32	35,23
500	0,4502	2,248	4,487	8,941	13,36	17,75	22,10	26,42	30,70
600	0,3986	1,990	3,974	7,919	11,84	15,72	19,58	23,41	27,22
700	0,3577	1,786	3,566	7,108	10,63	14,12	17,59	21,03	24,45
800	0,3243	1,620	3,234	6,447	9,640	12,81	15,96	19,09	22,20
900	0,2967	1,482	2,959	5,900	8,823	11,73	14,61	17,48	20,33
1000	0,2734	1,365	2,727	5,438	8,133	10,81	13,48	16,13	18,76
1100	0,2554	1,267	2,539	5,047	7,556	10,04	12,52	14,99	17,75
1200	0,2354	1,182	2,363	4,706	7,044	9,373	11,68	13,99	16,28

7.5.6 Spezielle Wärmekapazität von trockener Luft bei konstantem Druck in J/(kg K)

Temperatur (° C)	Druck (bar)				
	1	5	10	50	100
–25	1006	1016	1029	1136	1274
0	1006	1015	1026	1112	1216
25	1007	1014	1022	1089	1169
50	1008	1013	1020	1072	1133
100	1012	1015	1020	1055	1096
200	1026	1028	1030	1049	1072
300	1046	1047	1049	1061	1075
400	1069	1070	1071	1080	1090
500	1093	1094	1094	1101	1108
600	1116	1116	1117	1122	1128
700	1137	1137	1137	1141	1146
800	1155	1155	1156	1159	1163
900	1171	1172	1172	1175	1178
1000	1185	1186	1186	1189	1191
1100	1198	1198	1198	1199	1201
1200	1208	1208	1208	1210	1211

7.5.7 Stoffwerte von Wasser bei 0,981 bar bzw. bei Sättigungsdruck

ϑ	p	ϱ	c	λ	$10^3 \cdot \beta$	$10^3 \cdot \eta$	$10^6 \cdot \nu$	$10^6 \cdot a$	Pr
°C	bar	kg/m³	$\frac{kJ}{kg \cdot K}$	$\frac{W}{m \cdot K}$	1/K	$\frac{kg}{m \cdot s}$	m²/s	m²/s	–
0	0,9807	999,8	4,218	0,552	−0,07	1,792	1,792	0,131	13,67
10		999,7	4,192	0,578	+0,088	1,307	1,307	0,138	9,47
20		998,2	4,182	0,598	0,206	1,002	1,004	0,143	7,01
30		995,7	4,178	0,614	0,303	0,797	0,801	0,148	5,43
40		992,2	4,178	0,628	0,385	0,653	0,658	0,151	4,35
50		988,0	4,181	0,641	0,457	0,548	0,554	0,155	3,57
60		983,2	4,181	0,652	0,523	0,467	0,475	0,158	3,00
70		977,8	4,190	0,661	0,585	0,404	0,413	0,161	2,56
80		971,8	4,196	0,669	0,643	0,355	0,365	0,164	2,23
90		965,3	4,205	0,676	0,698	0,315	0,326	0,166	1,96
100	1,0132	958,4	4,216	0,682	0,752	0,282	0,295	0,169	1,75
120	1,9854	943,1	4,245	0,686	0,860	0,235	0,2485	0,171	1,45
140	3,6136	926,1	4,287	0,684	0,957	0,199	0,215	0,172	1,25
160	6,1804	907,4	4,324	0,682	1,098	0,172	0,1890	0,173	1,09
180	10,027	886,9	4,409	0,676	1,233	0,151	0,1697	0,172	0,98
200	15,550	864,7	4,497	0,666	1,392	0,136	0,1579	0,171	0,92
220	23,202	840,3	4,610	0,653	1,597	0,125	0,1488	0,168	0,88
240	33,480	813,6	4,760	0,636	1,862	0,116	0,1420	0,164	0,87
260	46,491	784,0	4,978	0,612	2,21	0,107	0,1365	0,157	0,87
280	64,191	750,7	5,309	0,581	2,70	0,0994	0,1325	0,145	0,91
300	85,917	712,5	5,86	0,541	3,46	0,0935	0,1298	0,129	1,00
320	112,89	667,0	6,62	0,491	4,60	0,0856	0,1282	0,111	1,15
340	146,08	609,5	8,37	0,430	8,25	0,0775	0,1272	0,0844	1,5
360	186,74	524,5	13,4	0,349		0,0683	0,1306	0,0500	2,6
374,2	221,24	326	∞	0,209	∞	0,0506	0,155	0	∞

7.5.8 Stoffwerte von trockener Luft bei 1,013 bar

ϑ	ϱ	c_p	λ	$10^5 \cdot \eta$	$10^6 \cdot \nu$	$10^6 \cdot a$	Pr
°C	kg/m³	$\frac{kJ}{kg \cdot K}$	$\frac{W}{m \cdot K}$	$\frac{kg}{m \cdot s}$	m²/s	m²/s	–
−150	2,869	1,026	0,0120	0,870	3,11	4,19	0,74
−100	2,040	1,009	0,0165	1,18	5,96	8,28	0,72
− 50	1,583	1,005	0,0206	1,47	9,55	13,4	0,715
0	1,293	1,005	0,0243	1,72	13,30	18,7	0,711
20	1,205	1,005	0,0257	1,82	15,11	21,4	0,713
40	1,128	1,009	0,0271	1,91	16,97	23,9	0,711
60	1,06	1,009	0,0285	2,00	18,90	26,7	0,709
80	1,000	1,009	0,0299	2,10	20,94	29,6	0,708
100	0,946	1,013	0,0314	2,18	23,06	32,8	0,704
120	0,898	1,013	0,0328	2,27	25,23	36,1	0,70
140	0,855	1,013	0,0343	2,35	27,55	39,7	0,694
160	0,815	1,017	0,0358	2,43	29,85	43,0	0,693
180	0,779	1,022	0,0372	2,51	32,29	46,7	0,69
200	0,746	1,026	0,0386	2,58	34,63	50,5	0,685
250	0,675	1,034	0,0421	2,78	41,17	60,3	0,68
300	0,616	1,047	0,0454	2,95	47,85	70,3	0,68
350	0,567	1,055	0,0485	3,12	55,05	81,1	0,68
400	0,525	1,068	0,0516	3,28	62,53	91,9	0,68
450	0,488	1,080	0,0543	3,44	70,54	103,1	0,685
500	0,457	1,093	0,0570	3,58	78,48	114,2	0,69
600	0,404	1,114	0,0621	3,86	95,57	138,2	0,69
700	0,363	1,135	0,0667	4,12	113,7	162,2	0,70
800	0,329	1,156	0,0706	4,37	132,8	185,8	0,715
900	0,301	1,172	0,0741	4,59	152,5	210	0,725
1000	0,277	1,185	0,0770	4,80	173	235	0,735

Bei vielen technischen Anwendungen kann man davon ausgehen, daß die Gase den Gesetzen für ideale Gase entsprechen.
Soweit diese Bedingungen vorliegen, können die spez. Wärmekapazität und die Enthalpie als druckunabhängig betrachtet werden.

η ist nur ganz schwach druckabhängig ($\nu = \eta/\varrho$ bei von 1,013 bar abweichendem Druck); auch λ ist nur schwach druckabhängig

$\beta = \frac{1}{T}$, $\varrho = 1{,}293 \cdot \frac{273}{T} \cdot \frac{p}{1{,}013}$ (kg/m³), p = Absolutdruck in bar

Kritische Zustandsgrößen:
$p_{krit} = 37{,}66$ bar; $\vartheta_{krit} = -140{,}63$ °C; $T_{krit} = 132{,}52$ K, $\varrho_{krit} = 313$ kg/m³;

Molmasse: $\tilde{M} = 28{,}96$ kg/kmol

7.5.9 Spezielle Wärmekapazität von trockener Luft und Rauchgasen (Näherung) bei 1 bar

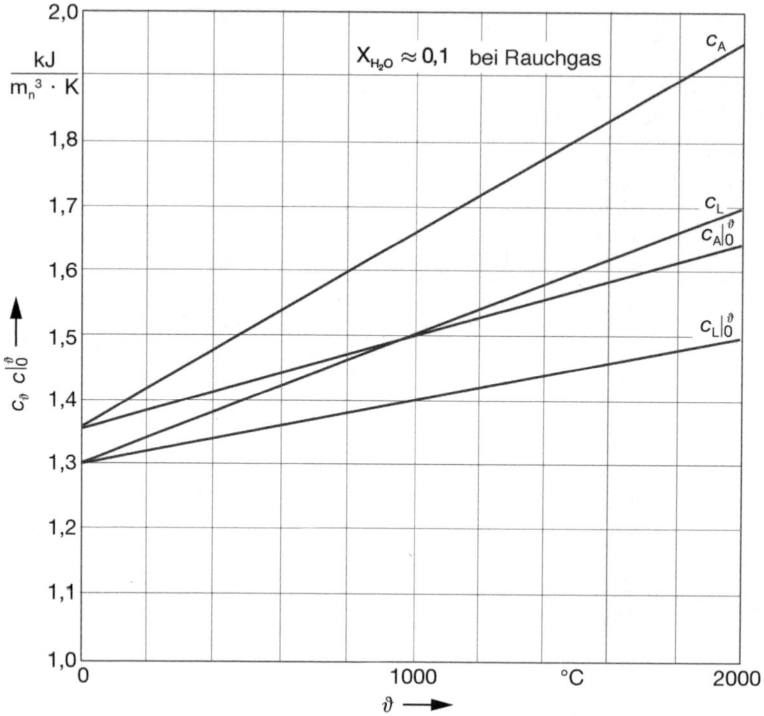

Integraler Wert:		Differenzialer Wert:	
Rauchgas:	$c_A\big\|_0^{\vartheta} = 1{,}35 + \dfrac{0{,}15 \cdot \vartheta}{1000}$	$c_{A,\vartheta} = 1{,}35 + \dfrac{0{,}3 \cdot \vartheta}{1000}$	in: kJ/(m_n^3 · K)
Luft:	$c_L\big\|_0^{\vartheta} = 1{,}30 + \dfrac{0{,}10 \cdot \vartheta}{1000}$	$c_{L,\vartheta} = 1{,}30 + \dfrac{0{,}2 \cdot \vartheta}{1000}$	ϑ in °C

Integraler Wert bezogen auf die Gasmasse

Luft: $C_L\big|_0^{\vartheta} = A_{C,L} + B_L \cdot \vartheta$ $\qquad \rho_{L,n,tr} = 1{,}293 \cdot \dfrac{kg}{m^3}$

Rauchgas: $C_A\big|_0^{\vartheta} = A_{C,A} + B_A \cdot \vartheta$

mit: $A_{C,L} = 1005 \cdot \dfrac{J}{kg \cdot K}$ $\qquad A_{C,A} = \left(1000 + 800\, X_{H_2O}\right) \cdot \dfrac{J}{kg \cdot K}$

$B_L = 0{,}08 \cdot \dfrac{J}{kg \cdot K^2}$ $\qquad B_A = 0{,}125 \cdot \dfrac{J}{kg \cdot K^2}$

X_{H_2O} = Massen-Wassergehalt in den Rauchgasen

7.5.10 *h*-*x*-Diagramm für feuchte Luft (x = Wassergehalt, p_D = Dampfdruck, t = Temperatur)

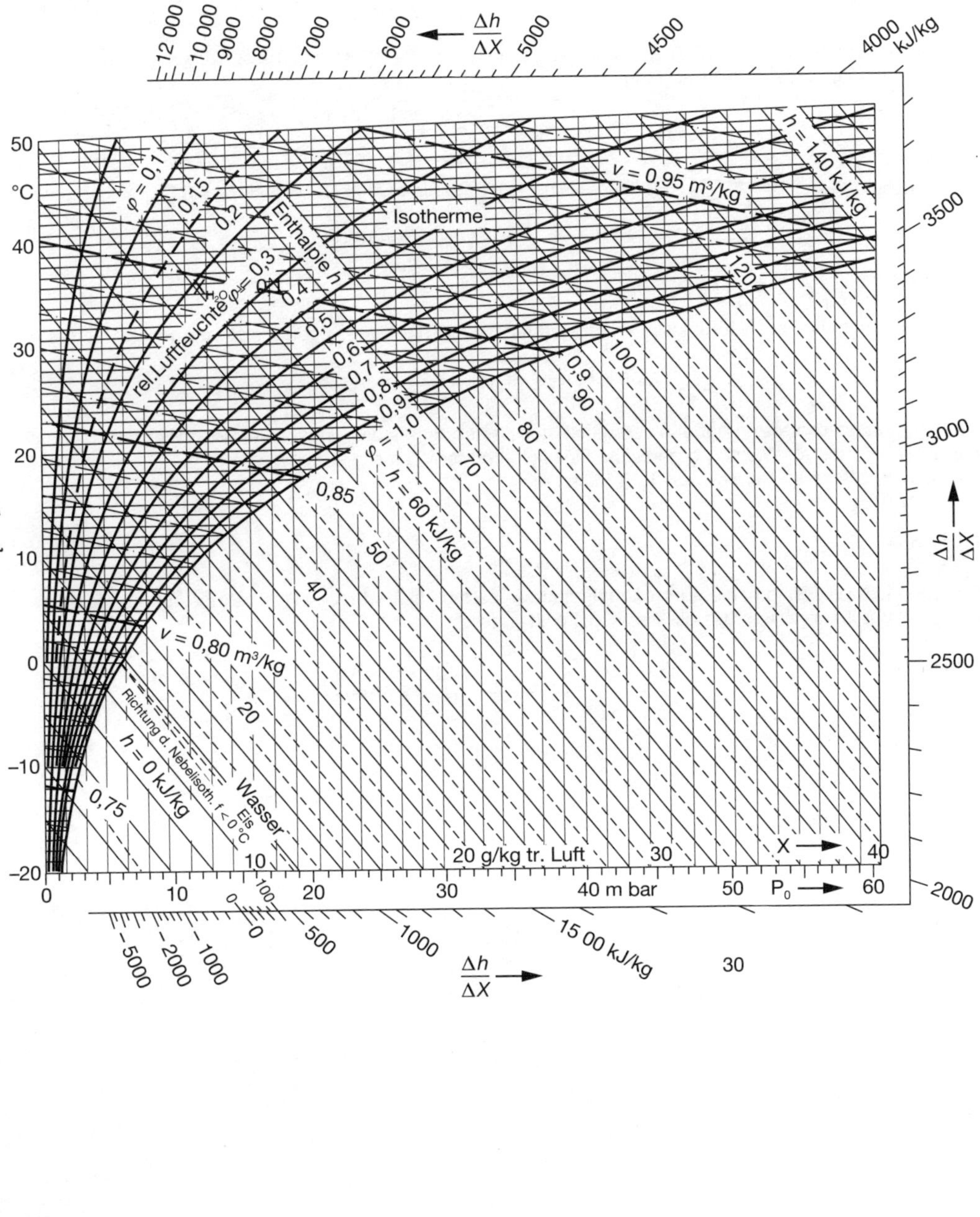

7.5.11 Stoffwertebereich ($\varrho \cdot c$) von Gasen, Flüssigkeiten und Feststoffen

Gase

für ideale Gase gilt auch $n = p/(\tilde{R}T)$, damit kann man sofort die volumetrische spezifische Wärmekapazität für Gase aus der einfachen Beziehung

$$\boxed{(\varrho c_p)_g \approx (2{,}5...5)\,\frac{p}{T}}$$

abschätzen. Bei $p = 10^5$ Pa, $T = 298$ K erhält man für 2atomige Gase (Zahlenfaktor = 3,5):

$$(\varrho c_p)_{2A\text{-}Gas}\ (1\ \text{bar},\ 25\ °\text{C}) \approx 1{,}2\ \text{kJ/(m}^3\text{K)}$$

Flüssigkeiten

Die volumetrischen spezifischen Wärmekapazitäten für Flüssigkeiten liegen meist im Bereich

$$\boxed{1000\ \text{kJ/(m}^3\text{K)} < (\varrho c_p)_l < 4200\ \text{kJ/(m}^3\text{K)}}$$

also um 3 Zehnerpotenzen höher als für Gase bei Umgebungsbedingungen. Der hohe Wert von 4,2 MJ m^{-3} K^{-1} gilt für Wasser; organische Flüssigkeiten haben meist volumetrische Wärmekapazitäten im Bereich von 1...2 MJ m^{-3} K^{-1}.

Feststoffe

Auch alle kompakten (d.h. nicht porösen) Feststoffe haben volumetrische Wärmekapazitäten, die in derselben Größenordnung wie die der Flüssigkeit liegen:

$$\boxed{1000\ \text{kJ/(m}^3\text{K)} < (\varrho c_p)_S < 4000\ \text{kJ/(m}^3\text{K)}}$$

7.6 Kalkulation

7.6.1 Montagezeiten für die häufigsten Rohrleitungsteile

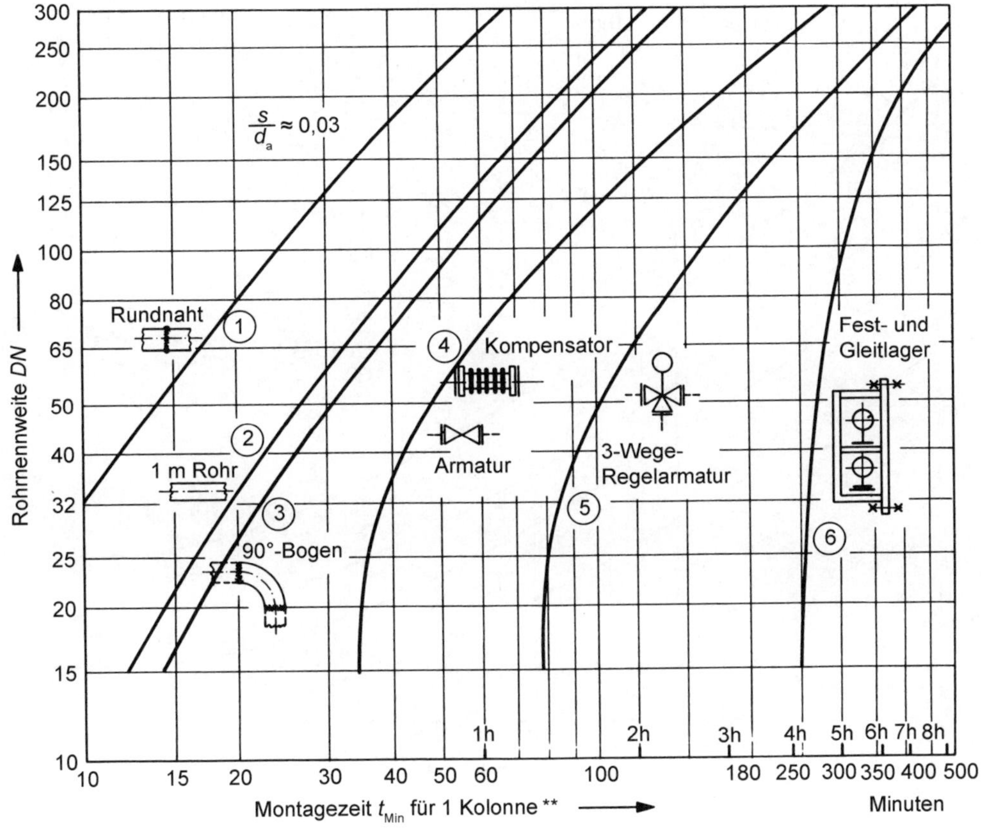

Erläuterung zu Nr.: (Rohre aus P235 GH mit Mindestwanddicke n. DIN 10 216-2)

1 Rundnaht herstellen [1]
2 1 m Rohr verlegen; mit Schweißnahtanteil [1]
3 90°-Bogen verlegen; mit 2 Rundnähten

(zu 1–3: Schweißnahtausführung n. DIN EN 1708-1 Bewertungsgruppe D**))

4 Armatur, Kompensator usw. montieren; mit Gegenflanschen, Schrauben und Dichtungen (PN 16)
5 3-Wege-Regelarmatur montieren; mit Gegenflanschen, Schrauben und Dichtungen (PN16)
6 Fest- und Gleitlager herstellen und montieren; ohne Material (Anhaltswerte) und ohne Maurerarbeiten

*) Bei Bewertungsgruppe B sind die Montagezeiten mit dem Faktor ca. 2,5 zu multiplizieren

**) 1 Kolonne: 1 Facharbeiter und 1 Helfer

1) Bei Edelstahlrohrleitungen sind die Montagezeiten mit dem Faktor von ca. 3 zu multiplizieren

7.6.2 Spezifische Kosten von Wärmeaustauschern aus C-Stahl in €/m² *

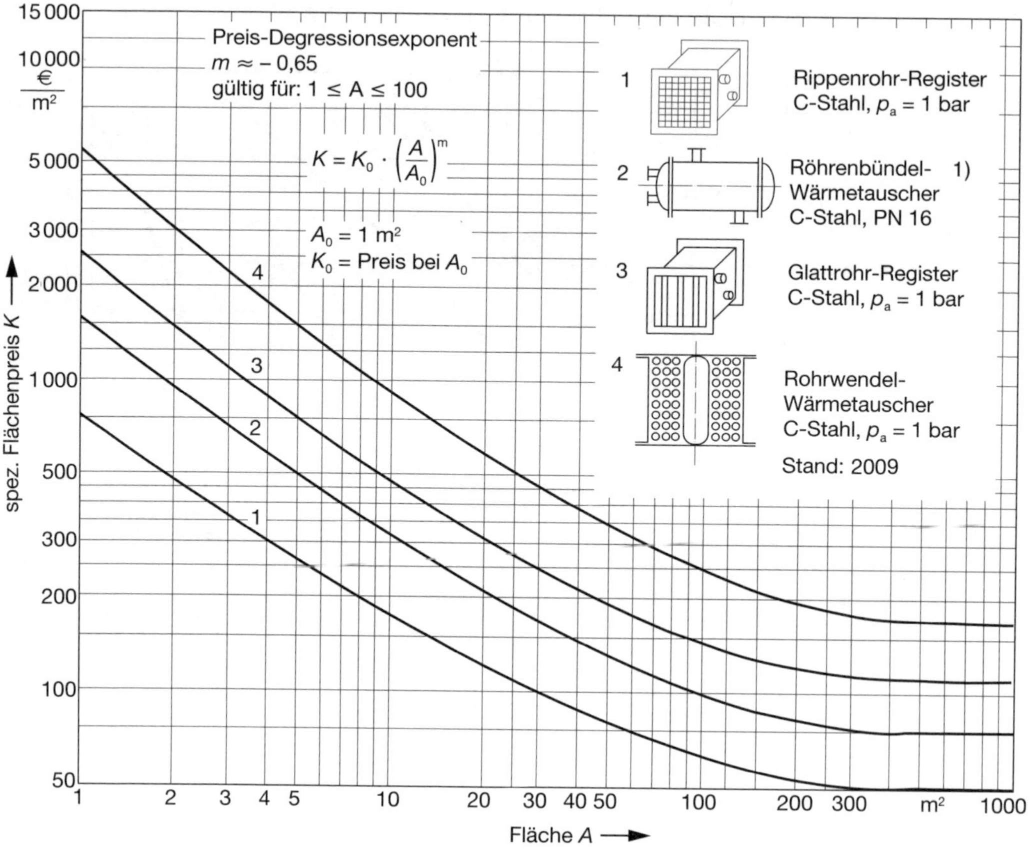

* Wärmeaustauscher aus Edelstahl mit dem Faktor ca. 3 multiplizieren.

1) Eine etwas genauere Kalkulation von verschiedenen Typen von Rohrbündel-Wärmeaustauschern findet man im Buch «Wärmeaustauscher» [7.2].

7.6.3 Spezifische Kosten von Behältern aus C-Stahl in €/l

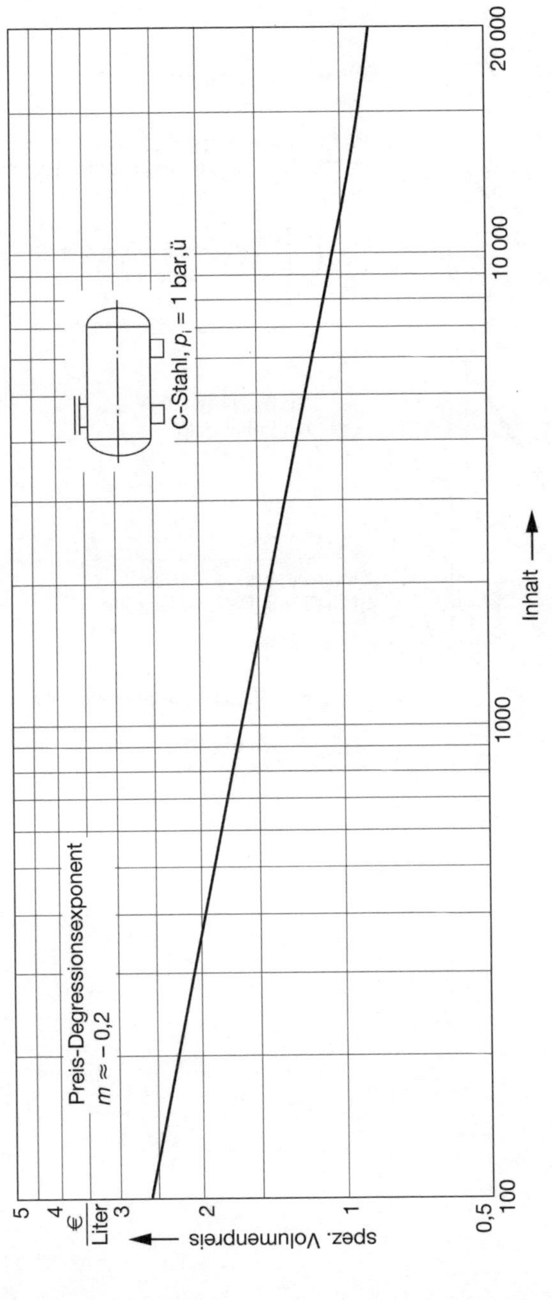

7.6.4 Kosten für Anlagenteile in Abhängigkeit von der Nennweite DN (bis PN 16)

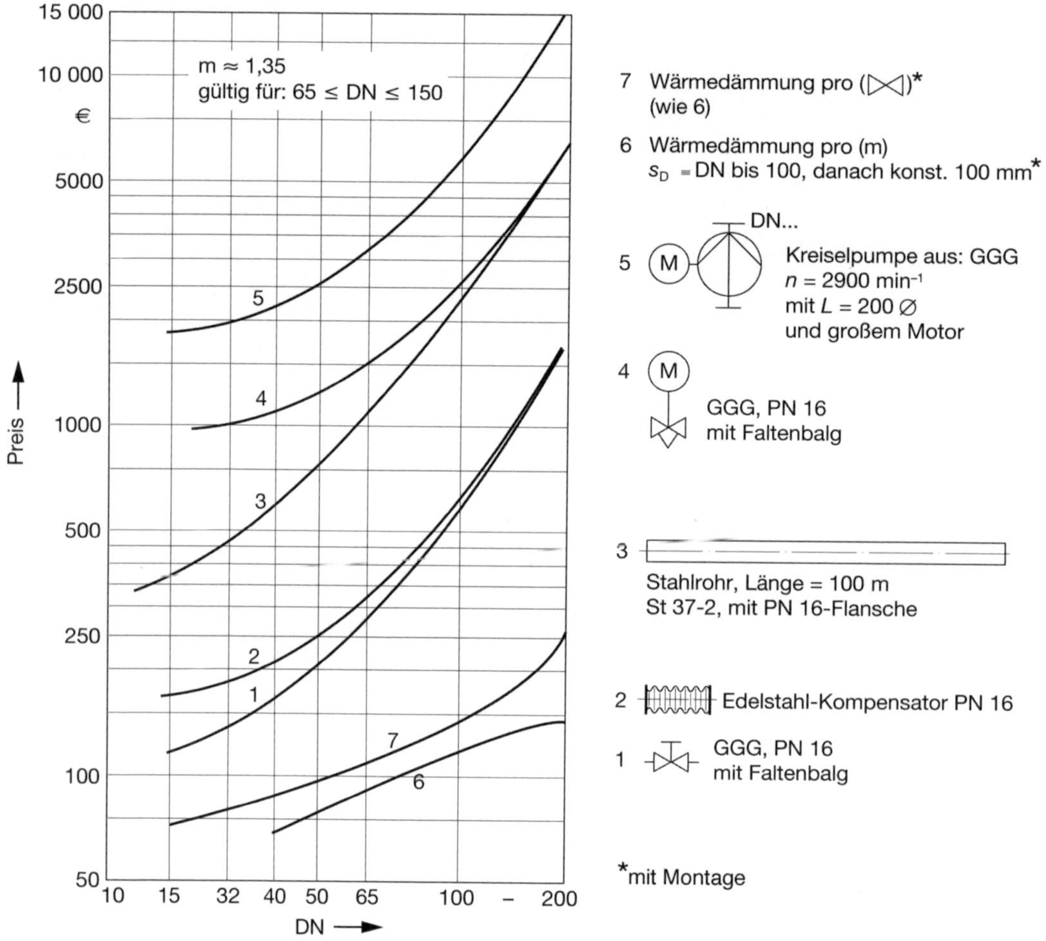

7.6.5 Richtwerte für spezifische Kosten

Gegenstand	Spezifischer Preis: k_{spez}
Strom	0,20 €/kWh
Erdgas	0,50 €/m³
Heizöl	0,40 €/L
Frischwasser	2,00 €/m³
Abwasser	2,00 €/m³
Erdbewegungen	50,00 €/m³
Beton (B25) mit Nebenarbeiten ohne Stahl	400,00 €/m³
Baustahl	2,50 €/kg
Straße	150,00 €/m²
Gebäude	600,00 €/m³
Büros	3000,00 €/m²
Apparatestahlbau (umbauter Raum)	300,00 €/m³

Personalkosten pro Jahr (2 000 h/a):
Ingenieurkosten 120 000 €/a
Monteurkosten 80 000 €/a
Helferkosten 40 000 €/a

Beispiel: Ermittlung eines Richtpreises
Ein Heißwasser-Rohrleitungssystem soll erweitert werden für den Anschluss einer neuen Maschine (s. Bild zum Beispiel).

Konstruktionsgrößen:
U-Bogen-Dehnschenkellänge ermittelt nach Diagramm 7.1.9,
Stützweite ermittelt aus Tabelle 7.1.2.

Materialkosten aus Diagramm 7.6.4:
94 m Rohr und 8 St. 90°-Krümmer DN100 (gerundet 100 m) 2 500 €
4 St. Armaturen DN100/PN16, $4 \cdot 600$ € 2 400 €
100 m Wärmedämmuung für DN100, $100 \cdot 120$ € 12 000 €
4 St. Wärmedämmung für Armatur, $4 \cdot 150$ € 600 €
$k_{Mat} = 17\,500$ €
Materialgemeinkostenzuschlag: $f_{M.Zuschlag} = 1{,}25$

Materialkosten: $K_{Mat} = k_{Mat} \cdot f_{Zuschlag} = 21\,875$ €

Montagekosten aus Diagramm 7.6.1:
– Rohr verlegen: 45 min/m
$t_{Rohr} = 94 \cdot 45 = 4230$ min
– Krümmer verlegen: 53 min/St
$t_{Krüm} = 8 \cdot 53 = 424$ min
– Armaturen montieren: 83 min/St
$t_{Arm} = 4 \cdot 83 = 332$ min
– Rohrlager herstellen u. montieren: 310 min/St
$t_{Lager} = 10 \cdot 310 = 3100$ min
Gesamtzeit: $t_{ges} = 8086$ min

Montagezeit in Stunden für 1-Kolonne:

$$t_{Mont} = \frac{t_{ges}}{60\ \text{min/h}} = 135\ \text{h}$$

Stundenlohn für 1-Kolonne (s. Beispiel in Abschnitt 2.1.5): $k_{Kolonne} = 60$ €/h

Montagekosten:
$K_{Mont} = k_{Kolonne} \cdot t_{Mont} = 60 \cdot 135 = 8100$ €

Aufwandsentschädigung:

Montagetage: $\text{Tage} = \frac{t_{Mont}}{t_{Tag}} = \frac{135\ \text{h}}{10\ \text{h/d}} = 13{,}5\ \text{d}$

Baustellenentfernung: 200 km (einfach)
Gesamtmontagetage:
$\text{Tage}_{ges} = 14$ d (mit Fahrzeit)
Arbeitstage pro Woche: 5 Tage

Arbeitswochen: $t_{woche} = \frac{\text{Tage}_{ges}}{Tage_{woch}} = \frac{14}{5} = 2{,}8$ Wochen

Auslösung: $n_{Auslös} = T_{Tage\ ges} + 2$ Wochenenden $= 14 + 4 = 18$ Tage
Kosten: $k_{Auslös} \cdot n_{Auslös} \cdot k_{Ausl.d} \cdot n_{Person}$
$= 17 \cdot 26 \cdot 2 =$ 936 €
Kilometergeld: (Kleinbus mit Werkzeug)
$k_{km} = 2 \cdot 200\ \text{km} \cdot 1$ €/km = 400 €
Übernachtungskosten:
$k_{Hotel} = (n_{Auslös} - 2) \cdot 2 \cdot k_{Pers}$
$= (17 - 2) \cdot 2 \cdot 40 =$ 1 280 €
Gesamtkosten für Aufwandsentschädigung: $K_{Aufw} = 2\,616$ €

Gesamtkosten:
Materialkosten: $K_{Mat} = 21\,875$ €
Montagekosten: $K_{Mont} = 8\,100$ €
Aufwandsentschädigung: $K_{Aufw} = 2\,616$ €
$K_{Kosten} = 32\,591$ €
Zuschlag für: Planung, Prüfungen, Abnahme, Dokumentation usw. $f_{allg} = 1{,}15$

Gesamtkosten: $K_{gesamt} = K_{Kosten} \cdot f_{allg} = 37\,480$ €

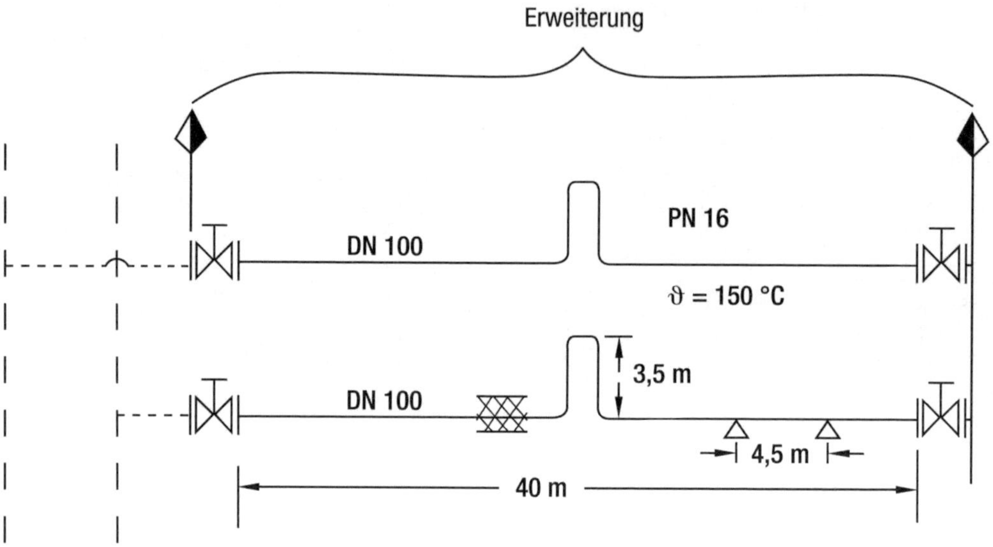

Bild zum Beispiel

7.6.6 Heizwerte von Brennstoffen

Heizwerte von festen und flüssigen Brennstoffen

Brennstoffart	**Heizwert H_u**	
	in MJ/kg	**in kWh/kg**
feste Brennstoffe		
Koks	26,0…30,0	7,20…8,00
Steinkohle	30,0…32,5	8,40…9,00
Nadelholz	18,80…0,216 x	5,22…0,06 x
Laubholz	16,78…0,198 x (x Wassergehalt in %)	4,66…0,055 x (x Wassergehalt in %)
flüssige Brennstoffe		
Heizöl EL	42,7	11,86 (10,08 kWh/l)

Heizwerte von gasförmigen Brennstoffen

Brennstoffart	**Heizwert H_u**	
	in MJ/m³	**in kWh/m³**
Stadtgas	14,74…17,60	4,10…4,90
Ferngas	15,90…18,80	4,42…5,24
Erdgas	27,27…42,53	7,57…11,81
Flüssiggas	45,7…46,5 MJ/kg	12,67…12,8 kWh/kg

Literaturverzeichnis

[1.1] REICHERT, O.: *Systematische Planung von Anlagen der Verfahrenstechnik.* München: C. Hanser Verlag, 1979.

[1.2] ULLRICH, H.: *Wirtschaftliche Planung und Abwicklung verfahrenstechnischer Anlagen.* Essen: Vulkan Verlag, 1996.

[6.1] WAGNER, W.: *Wärmeträgertechnik mit organischen Fluiden.* Würzburg: Vogel-Buchverlag, 2005.

[7.1] WAGNER, W.: *Rohrleitungstechnik.* Würzburg: Vogel-Buchverlag, 2008.

[7.2] WAGNER, W.: *Wärmeaustauscher.* Würzburg: Vogel-Buchverlag, 2009.

Weiterführende Literatur

SATTLER, K., KASPER, W.: *Anlagen.* Bd. 1 und Bd 2, Weinheim: Wiley-VCH, 2000.

HIRSCHBERG, H. G.: *Handbuch Verfahrenstechnik und Anlagenbau.* Berlin: Springer Verlag, 1999.

KRÜGER, H.-G.: *Anlagenmanagement.* Berlin: Springer Verlag, 1995.

ULLRICH, H.: *Wirtschaftliche Planung und Abwicklung verfahrenstechnischer Anlagen.* Essen: Vulkan Verlag, 1992.

Stichwortverzeichnis